COSMOS

우주에 깃든 예술

COSMOS

우주에 깃든 예술

로베르타 J. M. 올슨·제이 M. 파사쇼프 지음 | 곽영직 옮김

 북수힐

차례

—

1 파울 클레[Paul Klee, 〈파리의 혜성[The Comet of Paris]〉, 1918년, 종이에 검은 잉크·수성 물감·과슈(고무 따위를 섞
   어 만든 불투명한 수성 물감)로 그림, 20.8×10.6cm.

들어가며

—

많은 시각 자료를 포함하고 있는 이 책은 예술과 천문학에 나타난 우주에 대한 인간의 사랑을 이야기하고 있다. 우리는 우주가 어떻게 구성되어 있고, 어떻게 작동하고 있는지에 대해 관심을 가진 일반 독자들을 위해 놀라운 과학적 사실, 그리고 예술과 문화의 역사를 바탕으로 이 책을 집필했다.

우리가 함께 일하기 시작한 것은 탐사선을 이용해 태양계 안쪽으로 들어온 핼리 혜성을 자세히 조사하던 1985년부터였다. 그 후 우리는 예술 분야에서 천체 현상을 어떻게 다루어 왔는지에 대한 개척자적인 연구를 시작했다. 우리의 연구는 '천문학적 현상이 주는 영감'이라는 제목으로 진행된 학술회의를 비롯해 많은 저명한 국제 학술회의를 개최하도록 했고, 새로운 탐구 영역에서 이루어진 많은 열정적인 연구들을 이끌어 냈다. 일식 전문가이며 희귀한 천문학 서적 수집가인 천문학자, 다수의 상을 수상한 예술사학자와 같이 서로 다르지만 시각적인 직업이라는 공통점을 가진 사람들의 공동 연구는 다양한 분야의 독자들이 공감할 수 있는 혁신적인 접근 방법과 새로운 시각을 제공할 수 있었다. 30년 넘게 이 책에 사용될 자료들을 수집한 결과 우리는 수천 편의 자료를 보유하게 되었다.

이러한 공동 연구의 촉매 역할을 한 것은 1979년 「사이언티픽 아메리칸」에 실렸던 이 책 저자 중 한 사람인 올슨의 논문이었다. 이 논문에서 그녀는 조토 디 본도네Giotto di Bondone가 파도바에 있는 스크로베니 교회에 그린 〈동방박사의 경배Adoration of the Magi〉(1304~1306년경)에 나타난 별이 1301년에 나타났던 핼리 혜성이었다고 주장했고, 이는 이제 널리 받아들여지는 사실이 되었다. 이 논문으로 인해 유럽 우주국은 올슨의 허락을 받고 1985~1986년 사이에 나타났던 핼리 혜성을 조사한 탐사위성의 이름을 '조토Giotto'라고 명명했다. 조토 탐사위성의 조사 결과를 이탈리아 정부와 교황에게 보고하는 자리에는 그녀도 초대되었다. 최근 논문 중 하나인 2014년에 발표한 『그림자 밖으로: 일식의 예술Out of the Shadows: Art of the Eclipse』은 '북스 앤드 아트' 분야에 실린 글 중에서는 처음으로 「네이처」지의 표지를 장식했다.

우주에 대한 우리의 시각적 접근 방법은 과거 우리가 출판한 책들이나 주관한 행사들보다 우주 슈퍼스타들에 대한 훨씬 더 야심찬 도전이다. 연대순으로 배열된 각 장 주제와 관련된 사진 자료들과 친절하고 자세한 설명이 서로 잘 짜여 천문학과 예술의 발전 과정을 나타내는 멋진 걸개그림을 이루고 있다. 이것은 19세기 독일의 저명한 학자 알렉산더 폰 훔볼트Alexander von Humboldt가 그의 책 『코스모스Kosmos』에서 우주의 모든 면은 지상의 삶과 하늘로 짠 그물과 연결되어 있다고 했던 것을 연상시킨다. 어떤 장은 다른 장보다 역사적 사실에 더 많은 비중을 두었지만 기본적으로 이 책은 천문학, 예술, 역사, 문화, 그리고 미래 세대를 위해 환경을 보존하는 일에 관심을 가지고 있는 다양한 분야의 독자들을 위해 쓴 책이다. 이 책에는 예술 작품들과 천체 현상을 찍은 사진들이 함께 사용되었지만 마지막 장에서는 19세기 초 천체 사진이 20세기의 지상 망원경으로 찍은 사진으로, 그리고 다시 허블 우주 망원경을 비롯한 여러 탐사선들이 우주에서 찍은 천체 사진으로 발전해 가는 과정을 다루었다. 이 책은 서양 예술에 초점을 맞추고 있기는 하지만 천체 현상을 나타내는 전통이 다양한 배경으로부터 비롯되었기 때문에 다른 문화의 작품들에 대해서도 다루었다. 인간은 모두 우주에 속해 있고, 우리 모두는 우주 먼지로 만들어졌다.

Chapter 1

—

천문학:
의인화와 관습

천문학은 영혼으로 하여금 위를 바라보게 하고, 우리
를 이 세상으로부터 다른 세상으로 인도해 준다.

플라톤, 『국가The Republic』, I, 342

19세기 초에 열성적으로 천체를 관측했던 영국
의 풍경화 화가 존 컨스터블John Constable은 "하늘
은 가장 큰 감동을 준다."라고 말했다. 그러나 컨
스터블 이전에도 1000년이 넘는 오랜 세월 동
안 하늘은 동양과 서양 문화를 가리지 않고 인간
을 매료시켜 왔다. 인간은 하늘을 숭배했고, 우주
에 대한 설명을 찾아내기 위해 천체를 관측해 왔
다. 멕시코 화가 루피노 타마요Rufino Tamayo가 그
린 작품(그림 2)에는 이것이 구체적으로 표현되어
있다. 전깃불 공해로 인해 21세기를 살아가는 사
람들은 하늘이 고대 문명에 준 엄청난 충격과 신

비를 실감하기 어렵게 되었다. 고대인들에게는
천체와 천문 현상이 신의 의지를 전달하는 신성
한 의미를 가지고 있었다. 그럼에도 불구하고 고
대인들은 신화와 물리적 현상을 관측하는 좀 더
과학적인 방법을 통해 하늘의 신비를 파헤치고자
시도했고, 우주에 대한 의문에 답을 찾아내기 위
해 연구했다.

100년 전 그리스 해안의 바다 밑에서 발견된
안티키테라 메커니즘Antikythera Mechanism이라고 불
리는 고대의 기계 장치는 많은 흥미를 끌고 있다
(그림 3). 최초의 아날로그 컴퓨터라고 할 수 있는
이 장치는 강한 해류가 흐르는 크레타 부근의 에
게 해에서 해면을 채취하던 잠수부들이 기원전
70년에서 60년 사이에 좌초된 배 안에서 발견했
다. 많은 연구자들이 안티키테라 섬에서 조금 떨

2 루피노 타마요Rufino Tamayo, 〈사람El Hombre〉, 1953년, 패널 위에 염료를 칠한 비닐. 5.5×3.2m.

어진 바다 아래 2000년 넘게 가라앉아 있던 청동으로 만든 녹색 페인트를 칠한 이 3개의 납작한 기계 장치에 주목했다. 1970년대와 2005년에 더 많은 부품들이 인양되었지만 아직도 많은 부품들이 바다 밑에 남아 있을 것이다. 1970년대와 1990년대에 엑스선을 이용해 조사한 후에야 이 장치의 기능이 밝혀졌다. 이 장치는 하늘의 운동을 재현한 것이었다. 이것을 손에 들고 있으면 태양과 달, 행성들의 운동을 놀랍도록 정확하게 추적할 수 있었다. 심하게 부식되었지만 82개의 부품과 37개의 톱니바퀴로 이루어진 내부 장치는 매우 정밀해 현대에 만든 장치처럼 보인다. 1000년이 넘는 오랜 시간 동안 이처럼 정밀한 장치는 다시 만들어지지 않았다. 고고학자들과 과학자들은 이 장치가 회전하는 데 이용되는 손잡이를 갖추고 있었으며, 태양계의 기계적인 모형처럼 작동하는 매우 복잡한 천문학적 시계의 일부라고 믿고 있다. 이 시계의 바늘은 시간과 분 대신 태양과 달, 맨눈으로 관측 가능한 다섯 행성들이 나타내는 천문학적 시간을 가리키도록 되어 있었다. 뒤쪽에는 2개의 다이얼이 있었는데 하나는 달력이었고, 다른 하나는 별이 뜨고 지는 시간과 일식과 월식 시간을 나타냈다. 고고학자들은 남아 있는 목재 조각으로 보아 이 장치가 목재 상자 안에 설치되어 있었을 것이라고 추측하고 있다. 이 장치는 그리스인들이 자연과 우주가 수학에 기반을 두고 미리 정해진 원리에 의해 기계적으로 작동하고 있을 것이라고 생각했다는 것을 보여 줄 뿐만 아니라 근동 지방 문화의 영향을 받았다는 것도 보여 주고 있다. 점성술과 초기 천문학에서 사용되었던 12간지가 바빌로니아와

3 안티키테라 메커니즘Antikythera Mechanism, 이 장치의 82개 부품 중 하나. 기원전 205~100년경. 청동. 지름 15cm.

이집트에서 사용되었던 염소자리, 황소자리, 쌍둥이자리, 게자리, 사자자리, 처녀자리, 천칭자리, 전갈자리, 궁수자리, 양자리, 물병자리, 그리고 물고기자리와 일치하는 것이 중동 지방의 영향을 받았다는 증거다.

오래전에 근동과 메소포타미아 지방을 지배했던 아카드의 통치자 나람-신Naram-Sin은 승전 기념비(기원전 2150년경, 루브르 박물관, 파리)에 자신을 작은 적들을 정복하고, 태양과 거대한 별을 바라보는 신으로 조각해 하늘에 대한 경외심을 나타냈다. 그러나 처음으로 하늘을 체계적으로 관찰한 문명은 현재 이라크에 있는 지구라트를 건설한 바빌로니아 문명이었다. 하늘의 신성한 질서와 연결되어 있다고 믿었던 이 건축물을 천체 관측 장소로 이용한 바빌로니아 사람들은 당시로서는 가장 뛰어난 천체 관측 자료를 수집했다. 어떤 관측 장비를 사용했는지는 알려져 있지 않지만 바빌로니아 사람들은 때로는 20세기 이전의

과학자들보다 더 정확하게 태양과 달, 행성들의 운동을 예측했다. 많은 초기 문명에서와 마찬가지로 바빌로니아에서도 하늘을 신성하게 생각했기 때문에 그러한 관측 결과는 그들의 신앙과 연결되었고, 해당 천체 현상은 앞으로 일어날 일들의 징조로 여겨졌다. 기원전 4세기 알렉산더 대왕이 바빌로니아를 침공했을 당시 바빌로니아인들은 물시계를 이용해 일식을 정확하게 측정하는 방법을 알고 있었다. 그들의 정확한 일식 관측 결과는 점토판에 설형문자로 기록되어 오늘날까지 전해지고 있어 천체물리학의 귀중한 자료가 되고 있다. 바빌로니아인들은 혜성의 출현과 같은 다른 천체 현상에 대한 기록도 남겼으며, 달의 운동을 수학적으로 정확하게 예측해 상현달과 하현달을 이용한 달력을 만들기도 했다.

우리에게도 바빌로니아 천체 관측자들은 매우 중요하다. 기원전 400년에서 300년 사이에 시작된 것으로 보이는 수학적 천문학과 관측에 기반을 둔 그들의 정확한 예측은 서양 과학의 기초가 되었다. 아시리아와 같은 다른 근동 문화들도 바빌로니아 관측 결과의 일부를 기록으로 보존하고 있었고, 이는 알렉산더 대왕의 정복 이후 서양 과학의 전통을 만든 많은 과학자들을 고무시켰다. 그리스와 로마 시대의 천문학자이자 수학자였던 니케아의 히파르코스Hipparchus of Nicaea와 프톨레마이오스Ptolemy도 그런 과학자들 중 한 사람이었다. 서양 과학 전통에 대한 커다란 공헌에도 불구하고 근동 문명들은 천체들의 운동을 궤도와 같은 기하학적 개념으로 시각화하려고 시도하지 않았다. 그러나 그들은 하늘을 주관하는 신들의 이미지와 태양, 달, 별들을 원통형 인장과 기념비

에 새겨 넣었다.

이와는 대조적으로 그리스인들은 천체 현상을 기록했을 뿐만 아니라 행성들과 다른 천체들이 왜 그런 운동을 하게 되는지에 의문을 가졌다. 바빌로니아인들과 달리 그들은 관측 결과를 분석했고, 이론을 증명하거나 부정하기 위해 수학을 사용하기 시작했다. 고대 바빌로니아나 이집트, 중국의 강력한 중앙 집권적 관료 체계와는 다른 느슨한 그리스의 정치 체제는 과학적 사고가 잉태될 수 있는 좋은 환경이 되었고, 기하학의 발전은 천체 역학의 발전을 가능하게 했다. 기하학은 그리스인들을 숫자의 좁은 틀로부터 해방시켰고, 그들의 생각을 3차원 공간에 투영할 수 있도록 했다. 결정적인 발전은 기원전 150년경에 활동했던 천문학자 히파르코스에 의해 이루어졌다. 히파르코스의 연구는 대부분 프톨레마이오스의 『알마게스트Almagest』를 통해 전해지고 있다. 히파르코스는 하늘의 관측 결과들을 설명하는 놀라운 설명 체계를 만들었고, 삼각법을 이용해 이를 증명했다. 그리스인들의 체계적인 증명 방법과 미래에 대한 예측은 과학적 방법이 탄생하는 기반이 되었다. 그리스인들의 뛰어난 기술 수준은 고대 그리스의 천문학이 전에 생각했던 것보다 훨씬 더 발전했었다는 것을 나타내는 안티키테라 메커니즘을 통해서도 엿볼 수 있다. 이 장치는 태양과 달의 운동과 위치, 일식과 월식, 별과 다섯 행성의 위치를 예측하기 위해 고안되었다. 이런 예측은 달력 제작이나 점성술, 4년마다 개최되는 체육대회의 주기를 계산하는 데 사용되었다.

태양, 달, 별, 행성의 복잡한 모양 및 운동의 변화는 고대 문명이 이해해야 할 중요한 과제였

다. 천체들에 대한 지식은 물리적 세상과 영혼의 세상뿐만 아니라 무한한 우주 공간을 통제하고 예측할 수 있다는 생각을 가지게 했다. 천체 운동에 대한 지식을 통해 사냥과 경작의 시기를 예측할 수 있었고, 사제나 통치자들과 관련이 있는 신들의 존재를 인식할 수 있었다. 모든 고대 문명들은 자연의 힘들과 연관되어 있는 천체들의 위치 변화를 바탕으로 고유한 우주의 질서-점성술-를 만들어 냈다.

고대 중국부터 이집트, 바빌로니아, 마야 문명에 이르는 고대 문명에서 발전시킨 점성술의 흔적은, 오늘날에도 널리 행해지고 있는 바빌로니아에서 시작된 별자리 점성술에 아직도 남아 있다. 바빌로니아에서 천문학과 점성술은 서로 밀접한 관련을 가지고 나란히 발전했다. 점차 널리 사용된 수학적 방법은 천문학과 점성술 모두에 영향을 주어 기원전 400년경, 또는 늦어도 알렉산더 대왕이 이집트를 정복한 기원전 332년 이전에 황도의 12개 별자리가 정해졌다. 그리스의 역사학자이자 지리학자였던 스트라본Strabon은 기독교 시대가 시작되면서 천문학자들과 점성술사들 사이에 구별이 생기기 시작했다고 지적했다. 프톨레마이오스는 그가 쓴 『네 가지의 책 Tetrabiblos』에서 때로는 별들을 통해 인간의 운명을 읽어 내는 것이 가능하기도 하지만, 하늘 자체를 예측하는 것이 매우 확실하고 효과적이라며 천문학과 점성술을 구별했다. 그럼에도 불구하고 천체들과 우주 공간, 즉 지구 대기 바깥쪽의 물리적 세상을 다루는 과학을 가리키는 천문학astronomy이라는 말과 천체들이 인간의 일들을 지배한다고 믿는 신앙 체계를 가리키는 점성술

astrology이라는 말은 모두 별을 의미하는 그리스어 aster 또는 astron에서 유래했다. 따라서 천문학과 점성술은 밀접한 관계를 가지고 있었다.

의인화된 천문학과 학문으로서 천문학의 기원은 인류 역사와 천문학의 여신인 우라니아와 복잡하게 얽혀 있다. 우라니아Urania(그리스어로는 Ourania)는 '하늘'이라는 뜻을 가지고 있다. 그리스 신화에서 우라니아는 제우스의 첫 번째 딸로 아홉 명의 여신들 중 한 명이다. 천문학이나 점성술과는 관계없이 우라니아는 이집트 알렉산드리아에 있던 무세이온Mouseion(박물관을 뜻하는 museum이 이 말에서 유래함)에서 숭배되었고, 석관의 장식이나 그리스와 로마 시대에 만들어진 3차원 입상 또는 좌상 작품들에 다른 여신들과 함께 상징물로 등장했다. 아홉 명의 여신들은 사고와 시의 신인 아폴로의 수행원들로 아폴로와 함께 등장하는 경우가 많았다. 로마인들은 그리스의 여신들을 그들의 신전인 판테온에 받아들였고, 로마의 조각가들은 이전에 만들어진 원본들을 복제했다. 한때는 여신들의 일원이었던 이 우라니아의 조각상(그림 4)도 그리스의 원작을 복제해 만든 것이다. 로마 근교에 있는 하드리안 빌라에서 발견되어 현재는 마드리드의 델 프라도 박물관에 보관되어 있는 이른 시기에 만들어진 다른 우라니아 조각상들과 마찬가지로 이 우라니아 조각상도 천문 관측 도구인 캘리퍼, 나침반과 함께 그녀를 상징하는 천구를 들고, 마치 별들의 미래 위치를 예측할 수 있음을 나타내는 것처럼 별들을 가리키고 있다.

르네상스 초기였던 14세기 초에 파도바나 피렌체와 같은 곳을 중심으로 천체 현상을 본격적

으로 관측하게 되면서 우라니아가 전문적인 천문학자들로 대체되었다. 대표적인 예로 1330년대 상업 공화국 피렌체의 번영을 가능하게 한 인간의 창의적이고 생산적인 노력을 나타내기 위해 조토가 설계해 건축한 피렌체 성당의 종탑을 들 수 있다(그림 5). 여기에 조각된 천문학자는 지오니투스Gionitus라고 알려져 있다. 이탈리아의 철학자이며 시인이었던 단테 알리기에리Dante Alighieri가 쓴 『보물의 책Li Livres dou trésor』(1284년)에 의하면 지오니투스는 노아의 네 번째 아들로 천문학

의 창시자다. 그런가 하면 이 인물을 프톨레마이오스라고 보는 사람도 있고, 그냥 무명의 '천문학자'라고 주장하는 사람도 있다. 중요한 것은 의자에 앉은 덥수룩한 수염의 이 천문학자가 사분의로 하늘을 관측하고 있다는 것이다. 그의 책상에는 고대 대리석 조각들에도 다수 등장하는 황도가 그려진 천구가 놓여 있다(그림 19). 손상이 되기는 했지만 천구 위에 그려진 게자리, 쌍둥이자리, 황소자리 등 세 별자리가 확실하게 보인다. 기독교 기념물 안에 포함되어 있지만 기독교와

4 작자 미상, 우라니아 루도비시Urania Ludovisi, 천문학 박물관, 헬레니즘 시대 원본을 로마 시대에 복제, 1세기, 대리석.

5 안드레아 피사노Andrea Pisano와 조수들, 〈지오니투스, 천문학의 발명자 Gionitus, the Inventor of Astronomy〉, 피렌체 캄파닐레 남부, 1343~1348년경, 대리석.

관련 없어 보이는 이 조각은 천문학자를 둘러싸고 있는 오목한 천구로 이루어진 황도(물고기자리, 물병자리, 양자리의 부조가 보이는)가 나타나 있는 대담하게 생략된 기독교화된 프톨레마이오스의 천문 체계와 균형을 이루고 있다. 이 천구의 위쪽에는 신들의 아버지가 조각되어 있고, 양쪽에는 프톨레마이오스적인 우주를 운행하는 아홉 명의 천사들이 조각되어 있다. 이탈리아 조각가 안드레아 피사노Andrea Pisano가 사각형 형태로 설계한 종탑 위쪽에 있는 부조가 신앙을 나타내고 있는 것은 우연의 일치가 아니다. 종탑 같은 면의 더 위쪽에 있는 마름모 안에는 고대의 일곱 가지 인문학을 나타내는 인물들이 조각되어 있다. 여기에는 천문학을 상징하는 여성인 아스트로노미아Astronomia가 그녀를 상징하는 타원형 천구를 들고 있는 모습이 포함되어 있다. 벤치에 앉아 의자에 발을 올려놓고 있는 다른 인문학자들과 달리 아스트로노미아는 구름에 걸터앉아 소용돌이치는 우주를 둘러싸고 있는 하늘을 나타내는 아치 형태의 발걸이 위에 발을 올려놓고 있다. 천문학을 나타내는 이 두 가지 표현은 14세기 피렌체에서 인물을 이용해 천문학을 나타내는 의인화의 중요성과 함께 천문학을 상징하는 인물인 아스트로노미아와 관련된 이야기가 간단하지 않다는 것을 나타내고 있다.

천문학의 여신인 우라니아는 15세기 이탈리아의 페라라 출신으로 이름이 알려지지 않은 조각가가 우주의 질서를 보여 주기 위해 만든 유명한 50개의 나무 조각 작품 〈타로치Tarocchi〉에도 포함되어 있다(그림 6). 고전적인 의상을 입고 컴퍼스와 천구를 들고 있는 우라니아는 자매들이

나 아폴로와 함께 인간에게 우주 지식을 전달하는 역할을 했다. 이탈리아의 미술학자 체사레 리파Cesare Ripa가 쓴 『이코놀로지아Iconologia』(1593년 초판 인쇄, 1603년 증보판 발간)에 실린 설명으로 유럽 예술계에서 우라니아의 이미지가 확립되었다고 주장하는 사람도 있지만 사실은 그렇지 않다. 그의 책에는 서로 다르게 묘사된 네 명의 여신이 포함되어 있다. 더욱 혼란스럽게 하는 것은 두 번째 설명에 그녀가 천구를 들고 있는 것은 "그녀가 점성술과 연결되어 있기 때문이다."라고 설명

6 E-시리즈 타로치 마스터, 〈우라니아Urania〉, 1465년경. 손으로 색칠한 목판화. 17.8×10cm.

해 놓은 것이다. 리파가 이전에 쓴 영향력이 있는 다른 책들에는 우라니아의 삽화가 포함되어 있지 않았기 때문에 훨씬 더 많은 예술적 재량이 남아 있었다. 그리고 리파의 설명으로 인해 화가들이나 화가의 후원자들의 상상력이 제한받지 않을 수 있었다.

르네상스 운동이 시작되면서 고대 문명을 새롭게 발견하려는 인문주의자들의 열망과 함께 수학과 기하학 분야에서의 지적이고 과학적인 탐구에 대한 새로운 관심의 증대로 점성술과 천문학 사이에 커다란 쐐기가 박히게 되었다. 그로 인해 17세기에 점성술과 천문학이 분리되었고, 천문학은 좀 더 과학적으로 하늘에 접근하는 방향으로 나아가게 되었다. 르네상스 시대에 시도된 고대 천문학과의 연결은 독일의 수학자이며 천문학자인 레기오몬타누스Regiomontanus가 출판한 프톨레마이오스의 『알마게스트』에 포함되어 있는 목판화에 잘 나타나 있다(그림 7). 이 책의 출판은 그의 스승이었던 게오르크 폰 포이어바흐Georg von Peuerbach가 시작한 것이었다. 이 그림은 프톨레마이오스와 레기오몬타누스(원래 이름은 요하네스 뮐러 폰 쾨니히스베르크)가 거대한 혼천의를 이용해 플라톤-프톨레마이오스의 우주 구조에 대해 토론을 벌이는 장면을 나타내고 있다. 이 그림에서 당대의 레기오몬타누스는 오른팔로 혼천의를 가리키면서 능동적으로 토론에 임하는 반면 프톨레마이오스는 수동적인 자세로 자신의 책을 내려다보고 있다.

고리들로 이루어진 지구를 둘러싸고 있는 천구(프톨레마이오스의 천문 체계)나 태양을 둘러싸고 있는 천구(코페르니쿠스의 천문 체계)를 나타내는 혼

7 요하네스 뮐러Johannes Müller(Regiomontanus)와 게오르크 폰 포이어바흐Georg von Peuerbach, 『프톨레마이오스의 알마게스트 개요Epytoma in Almagestum Ptolemaei』(베네치아, 1496년)의 표제, 목판화.

천의와 같은 천문 관측기기들은 이 목판화에서 레기오몬타누스의 태도가 보여 주는 것처럼 당시 사람들이 천문학에 대해 어떤 생각을 하고 있는지를 나타낸다. 혼천의가 등장하는 또 다른 예는 바티칸에 있는 보르기아 아파트먼트에 핀투리키오Pinturicchio라고도 불렸던 베르나르디노 디 베토Bernardino di Betto가 그린 프레스코화(석회에 모래를 섞은 반죽을 벽에 바르고 마르기 전에 색깔을 칠해 완성한 그림)에 포함되어 있는 하늘에 대해 토론하고 있는 천문학자들과 점성술사들(모두들 철학자라고 여겨졌던) 위에 떠 있는 것처럼 보이는 커다란 혼천의 그림이다(그림 8). 이 그림은 알렉산더 6세 교황(보르기아)을 위한 방들 중 하나인 예언자의 방

8 핀투리키오Pinturicchio, 〈아스트로노미아/아스트롤로지아Astronomia/ Astrologia〉, 1492∼1494년, 프레스코화, 예언자의 방, 바티칸, 로마.

9 요하네스 데 사크로보스코Johannes de Sacrobosco, 『세상의 구De sphaera mundi』(베네치아, 1488년) 표제에 그려진 〈아스트로노미아Astronomia〉의 일부, 목판화.

을 장식하고 있는 벽화다. 이 그림에 나타난 예언자들이 당시의 인문주의자들이 구약 성서에 등장하는 예언자들의 선구자인 이 방 예언자들인 것으로 보아 이 방을 설계한 사람은 이 그림을 천문학이 아니라 점성술을 나타내기 위해 기획한 것으로 보인다. 특히 비슷하게 구획된 7개의 칸에 행성들이 들어 있는 것을 보면 그것을 짐작할 수 있다. 작게 나타내는 대신 중세에 널리 사용되었던 보석처럼 채색된 천체 상징들은 이 천체들의 중요성을 잘 나타내는 위치에 기념비같이 크게 그려져 있다. 교황이 서재와 도서관으로 사용했던 인접해 있는 인문학의 방에는 인문학자를 나타내는 여성이 수행원들에 둘러싸여 앉아 있는 그림이 크게 그려져 있다. 인문학 중에서는 천문학이 가장 큰 구역을 차지하고 있다. 이것은 천문학의 중요성을 나타낸다. 창문 위쪽 반달 모양의 구역에 자리 잡고 있는 천문학은 이 여성을 자연적인 빛 및 대우주와 연결시키고 있다. 그녀의 오른손에는 혼천의가 들려 있는데 마치 그것을 그림 속의 인물들과 방에 있는 교황의 방문자들에게 보여 주고 있는 것처럼 보인다. 이것은 예언자의 방을 구성한 핀투리키오의 의도가 천문학과 점성술이 아직 연결되어 있던 시대에 천문학 쪽에 더 큰 비중을 두었다는 것을 나타내고 있다. UFO처럼 공중에 떠 있는 금으로 된 거대한 혼천의 아래에서 여섯 명의 학자들이 토론을 벌이고

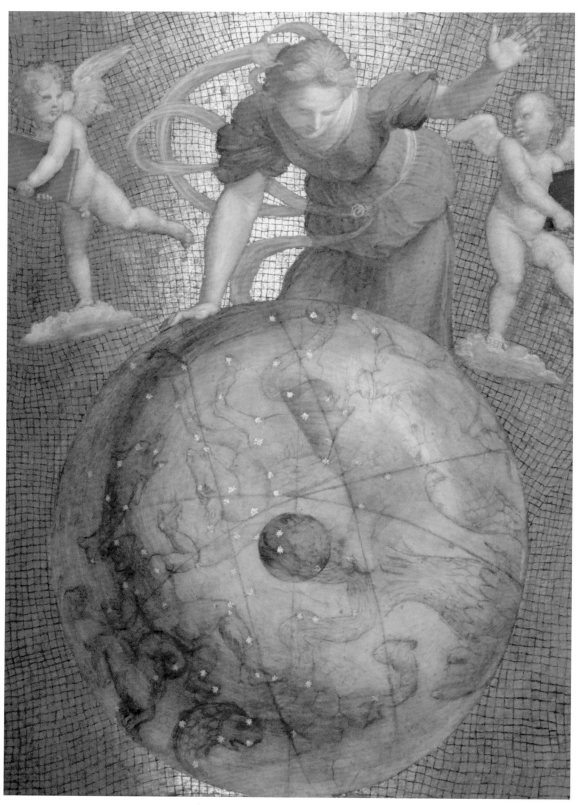

10 라파엘로 산치오Raphael Sanzio, 〈아스트로노미아Astronomia〉, 1509~1510년, 프레스코화, 서명의 방, 바티칸, 로마.

있다. 핀투리키오가 활동하던 17세기에는 적도, 황도, 자오선, 위도를 나타내는 금속 띠로 이루어진 혼천의가 아직 망원경을 사용하지 않고 있던 천문학자들과 항해사들이 천체들의 위치를 조사하고 지구 주위를 돌고 있는 천체들의 운동을 연구하는 가장 기본적인 과학기기였다. 히파르코스는 그리스의 천문학자 에라토스테네스가 혼천의를 발명했다고 기록해 놓았다. 15세기 말에 그려진 천문학자들은 대부분 혼천의를 들고 있는 것으로 묘사되어 있다. 『우주 형상지Cosmographia』로 널리 알려져 있던 프톨레마이오스 역시 자주 혼천의를 들고 있는 모습으로 묘사되었다. 1488년에 출판된 요하네스 데 사크로보스코Johannes de Sacrobosco가 쓴 『세상의 구De sphaera mundi』에 실린 삽화에 나타나 있는 아스트로노미아 역시 혼천의를 들고 있다(그림 9). 핀투리키오가 보르기아 아파트먼트에 그린 점성술 또는 천문학을 나타낸 두 점의 그림은 천문학과 점성술에 대한 토론에 불을 붙였다.

이러한 토론을 더욱 가열시킨 것은 보르기아 교황의 후임자였던 율리우스 2세(델라 로베레) 교황의 서명의 방에 있는 돔 천장에 핀투리키오의 뒤를 이어 바티칸의 실내 장식을 책임졌던 라파엘로 산치오Raphael Sanzio가 그린 아스트로노미아였다(그림 10). 아스트로노미아 그림에서 뿐만 아니라 그가 아래에 있는 벽에 그린 유명한 〈아테네 학당School of Athens〉에서도 핀투리키오의 프레스코화는 라파엘로가 그린 그림들의 원형이었다. 라파엘로가 준비 작업용으로 그린 아스트로노미아에서 알 수 있는 것처럼 라파엘로는 원래 천구 대신 혼천의를 그릴 생각이었다. 아테네 학당에

등장하는 고대 그리스 시대의 철학자들 중에는 천구와 지구본을 들고 있는 고대 천문학자 스트라본과 프톨레마이오스도 포함되어 있다. 새로운 세상에 대한 발견은 지질학적 지평선을 확장시켰다. 레오나르도 다빈치Leonardo da Vinci를 바티칸에 오래 머물도록 했던 율리우스 2세 교황은 그의 영역을 확장하는 수단으로 항해와 천문학에 많은 관심을 가지고 있었다.

라파엘로의 프레스코화에 그려진 인물은 아스트로노미아일 수도 있다. 아스트로노미아의 속성은 우라니아나 아스트롤로지아의 속성과 일부 겹쳐져 있기 때문에 16세기 초에 그려진 이 인물의 신분은 어느 정도 모호할 수밖에 없다. 앞서 지적했듯이 16세기 말까지는 많은 경우 과학계에서도 천문학과 점성술을 같은 것으로 여겼다. 16세기 말이 되어서야 점성술은 신적인 것과 연결되는 것으로 남은 반면, 천문학은 하늘에 대한 과학적 연구로 인식되었다. 예술사의 아버지라고 여겨지는 16세기 화가 조르조 바사리Giorgio Vasari가 쓴 『뛰어난 화가, 조각가, 건축가들의 생애Lives of the Most Excellent Painters, Sculptors and Architects』(1550, 1568년)에서는 라파엘로가 그린 인물을 '아스트롤로지아'라고 했고, 다른 사람들은 신으로서 이 인물의 역할을 강조해 '우라니아'라고 주장했다. 그러나 우리는 라파엘로나 그의 후원자들 모두가 이 인물을 인문학을 상징하는 아스트로노미아로 생각했다고 믿고 있다. 그녀는 별들이 박혀 있는 프톨레마이오스 체계에서 가장 바깥쪽에 있는 투명한 크리스털 천구의 뒤쪽 위에 서 있다. 라파엘로는 프톨레마이오스 시대에 알려져 있던 여러 개의 별자리를 천구에 그려 넣었다. 여기에 그려

11 프랑스(고블랭?) 제작소, 〈천문학Astronomy〉, 1515년경, 모직과 비단. 2.3×3.3m.

진 별자리에는 돌고래자리, 페가수스자리, 용자리, 양자리(이 별자리에서 태어나 아우구스투스 황제 시대 로마의 영광을 재현하려 했던 율리우스 교황을 암시하고 있다.), 물병자리, 물고기자리, 남쪽물고기자리(20세기 이전에는 노티우스 물고기자리), 고래자리 또는 안드로메다자리가 포함되어 있다. 이 별자리들은 율리우스가 교황으로 선출된 1503년 10월 31일(그레고리력으로는 11월 11일)에 볼 수 있었던 가을 별자리들이다. 라파엘로는 모든 별자리들을 정확하게 그린 것이 아니라 천구의 중심에 자리 잡고 있는 지구가 잘 보일 수 있게 적당히 배치했다. 또한 천구에 적도 또는 주야평분선, 고대 천문학에서 따온 천구의 북극과 남극을 지나는 2개의 자오선을 그려 넣었다. 황도 12궁이 그려져

있지 않은 이 그림은 점성술보다는 천문학을 강조하고 있다.

치밀하게 계산된 인문주의자들의 프로그램에서 〈아테네 학당〉의 위쪽에 있는 철학을 나타내는 원형화와 우라니아를 포함한 여신들이 아폴로와 함께 그려진 〈파르나소스Parnassus〉 위쪽에 있는 시를 나타내는 원형화 사이에 자리해 있는 이 그림의 위치로 인해 이 인물이 아스트로노미아라고 주장하는 사람들도 있다. 그녀의 고전적인 의상은 그녀의 신분을 암시하고 있다. 옆에 있는 원형화를 향하고 있는 두 명의 어린 천사는 시와 철학이 우주가 작동하는 데 중요하다는 것을 암시하고 있다. 아스트로노미아의 제스처는 그녀가 우주의 운동을 시작하고 있다는 것을 나타낸다.

12 요하네스 페르메이르Johannes Vermeer, 〈천문학자The Astronomer〉, 1668년, 캔버스에 유채, 51×45cm.

좌측에 있는 〈파르나소스〉에 그려져 있는 우라니아와 우측에 있는 〈아테네 학당〉에 그려져 있는 프톨레마이오스와 함께 만들고 있는 삼각형의 정점에 자리한 그녀의 위치는 사크로보스코의 『세상의 구』에 포함되어 있는 목판화에 나타난 인물의 위치와 동일하다. 사크로보스코의 목판화에는 아스트로노미아라고 새겨진 여성이 우라니아와 프톨레마이오스 사이에 앉아 있다(그림 9). 15세기에 그려진 많은 그림에 나타난 아스트로노미아와 아스트롤로지아는 이름이 확실하게 밝혀져 있는 경우에만 구별이 가능하다.

라파엘로가 그린 놀라울 정도로 진보적인 반투명 천구는 틀림없이 모델이 있었을 것이다. 아마도 후에 조반니 안토니오 바노시노Giovanni

Antonio Vanosino가 만든 천구도 같은 모델을 바탕으로 했을 것이다(그림 32). 수정 천구caelum cristallinum와 같은 시각적 상징물을 3차원 물체로 나타내기 위해 그는 자오선이나 적도의 경계를 재배열하고 온화한 색채를 사용해 사각형 금색 모자이크로 둘러싸여 있는 실물처럼 보이는 천구 그림을 만들어 냈다. 라파엘로가 기술적으로 도전적인 환상을 그림으로 나타낼 수 있었던 것은 뛰어난 재능을 가지고 있었기 때문이다. 이 그림을 기획하기 위해 그는 천문학자이며 지도 제작자, 화가인 요하네스 루이시Johannes Ruysch(Giovanni Ruisch라고도 불리는)의 도움을 받았다. 루이시는 신세계에서 천문학과 항해에 관계했다. 라파엘로가 이 방들의 벽화를 그리기 시작하기 전에 이탈리아에서도 교육을 받았던 니콜라우스 코페르니쿠스Nicolaus Copernicus는 라파엘로가 묘사한 프톨레마이오스의 천문 체계를 의심하기 시작했다. 그는 1507년에 이미 최초의 태양 중심 천문 체계에 관한 논문을 원고 형태로 회람시켰다.

아스트롤로지아와 아스트로노미아 사이의 혼동 정도는 리파가 1603년에 출판한 『이코놀로지아』에 세 명의 다른 아스트롤로지아를 천문학의 여신 우라니아와 연결시키는 설명과 함께 묘사하고 있는 것에서도 알 수 있다. 세 명의 아스트롤로지아는 모두 한 쌍의 날개를 달고 있었고, 푸른색 옷을 입고 있었으며, 다양한 부속물을 지니고 있었다. 부속물에는 천구, 혼천의, 천문 관측기구인 아스트로라베, 사분의, 여러 가지 점성술에 사용되는 기구들이 포함되어 있었으며 '별들과 천문학 그림이 있는 책'과 별 차트도 있었다. 1625년 판에는 날개가 없는 아스트롤로지아가 등장했다. 이것은 인쇄물에 두 인격이 구별되어 나타나기 시작했다는 것을 의미한다. 결국은 천문학이 승자였다.

르네상스 기간 동안 우라니아는 사크로보스코의 목판화의 경우처럼 누드로 표현되기도 했다(그림 9). 고전에서 우라니아는 종종 사랑의 여신인 아프로디테와 연관되었기 때문이다. 독일 화가 알브레히트 뒤러Albrecht Dürer는 세 점의 작품에서 우라니아를 누드로 그렸다. 이들 중 하나는 1502년 뉘른베르크에서 출판된 요하네스 스타비우스Johannes Stabius가 쓴 『예언Prognosticon ad annos MDIII-IIII』에 포함되어 있는 목판화다. 이 그림에서는 우라니아가 점성술 및 예언과 모호하게 연결되어 있다.

일반적으로 천문학자나 점성술사들은 육분의, 사분의, 혼천의, 아스트로라베와 같은 천문 관측기구들을 이용해 묘사했지만, 16세기에 시작된 중세의 문헌들에 포함되어 있는 천문학자의 초상화는 점차 관측을 하고 있는 모습을 그린 것들이 주를 이루었다. 이런 그림들은 소형 삽화에 자주 등장했다. 그러나 1515년에 제작된 실로 짜 넣은 대형 직물 그림에서도 천문학이 점성술을 추월하기 시작했다(그림 11). 이 그림에는 혼천의를 들고 있는 천문학자가 아스트로노미아(프랑스어로 Astronomie라고 새겨져 있음)의 도움을 받으면서 하늘을 바라보고 있고, 아스트로노미아는 태양과 이상하게 배열된 별들을 가리키고 있다. 다음 세기에는 『중국 황제들의 역사The History of the Emperor of China』 시리즈(1697~1705년경)에 포함되어 있는 베이유 직물 그림에서와 같이 천문학을 상징하던 아스트로노미아가 천체 관측활동으로 대부분 대체되었다.

17세기에는 천체를 관측하는 천문학자들의 모습을 그린 우리에게 익숙한 초상화와 같은 그림들이 많이 그려졌다. 예를 들면 천구를 살펴보고 있는 모습을 그린 요하네스 페르메이르Johannes Vermeer의 그림에 나타나 있는 천문학자(그림 12)는 화가의 이웃과 같은 모습을 하고 있다. 그럼에도 불구하고 창문과 천구의 나란한 배치는 대우주와 소우주를 암시하고 있다. 또 다른 천문학자의 묘사는 게릿 도우Gerrit Dou가 그린 극적인 야경화 〈촛불 옆에 있는 천문학자Astronomer by Candlelight〉(1650년대 후반, 장 폴 게티 박물관)에서와 같이 2차적인 철학적 주제를 포함하고 있다. 이 그림에 포함되어 있는 모래시계는 인생의 유한성을 나타내는 상징 그림vanitas으로 도입된 것이었다. 또한 알려지지 않은 화가가 그린(1620년, 장소 불명) 이탈리아 천문학자 겸 지도 제작자 조반니 안토니오 마지니Giovanni Antonio Magini의 초상화와 같이 직업적인 초상화 화가들이 그린 역사적 인물들의 초상화들도 그려졌다. 화가는 마지니를 혼천의와 다른 기구들을 이용해 천문학 계산을 하고 있는 학자로 묘사했다. 그의 서재 창문 밖에는 관측활동과 관련 있는 것들이 표현되어 있다. 아직 코페르니쿠스의 아이디어를 소화하는 중이던 갈릴레오 갈릴레이가 활동하던 세기에 천문학적 주제가 인기를 끌었던 것은 놀라운 일이 아니다. 이 시기에는 니콜로 토르니올리Niccolò Tornioli가 그린 〈천문학자들The Astronomers〉(1645년, 스파다 궁전, 로마)에서와 같이 여러 명의 천문학자들이 토론을 벌이는 그림도 자주 그려졌다. 그럼에도

불구하고 조반니 프란체스코 바르비에리Giovanni Francesco Barbieri(Guercino라고도 알려진)를 비롯한 일부 화가들은 후원자들을 위해 점성술과 천문학에 대해 토론을 벌이는 천문학자들과 점성술사, 그리고 '우주구조학자'들이 포함된 그림이나 윤곽선 그림을 그렸다(그림 13).

실제로 긴 사후 세계를 즐기고 있는 아스트롤로지아를 그린 그림들은 좀 더 보수적인 성향을 가지고 있던 후원자들을 위해 그렸을 것이다. 짚고 넘어가야 할 그림 중 하나는 구에르치노Guercino가 그린 그림(1650~1655년, 블란톤 미술관, 오스틴, 텍사스)이다. 이 그림에는 오랜 전통을 나타내기 위해 혼천의를 들고 있는 아스트롤로지아에 엄숙함과 상징성이 곁들여져 있다. 이런 예들은 매우 모호하기는 하지만 아스트로노미아로 해석할 수도 있다. 또 다른 예는 빈센조 마노

13 구에르치노Guercino, 〈천구와 컴퍼스를 들고 있는 '우주구조학자'Cosmographer' with a Celestial Globe and Compass〉, 1630년대, 종이에 갈색 잉크, 16.3×26.9cm.

14 빈센조 마노치|Vincenzo Mannozzi, 〈점성술/천문학Astrologia/Astronomia〉, 1650년경, 캔버스에 유채, 129.5×98cm.

15 프란체스코 라 파리나Francesco La Farina, 〈우라니아와 함께 케레스를 가리키고 있는 주세페 피아치Giuseppe Piazzi with Urania who Points out Ceres〉, 1808년. 캔버스에 유채. 150×125cm.

16 조르조 데 키리코Giorgio de Chirico, 발레 〈무도회Le Bal〉에 등장하는 점성술사를 위한 의상, 1929년, 흰색과 검은색의 모직 플란넬에 비단 장식과 페인트.

이 그림의 4분의 3 포맷은 이 그림이 학자들과 감정가들의 지적인 토론과 즐거움을 위해 제작된 소형 그림이라는 것을 나타낸다. 모호한 아스트로노미아가 이탈리아의 천문학자이며 가톨릭 사제였던 조반니 바티스타 리치올리Giovanni Battista Riccioli가 출판한 『신 알마게스트Almagestum novum』(1651년)의 표지를 장식하기도 했다. 이 그림에서 아스트로노미아는 시대에 뒤떨어진 혼천의를 들고 있으며, 코페르니쿠스의 태양 중심설과 리치올리의 지구 중심 체계(덴마크의 천문학자 티코 브라헤의 천문 체계를 바탕으로 한)를 비교하는 저울을 들고 있다. 별과 자오선이 새겨져 있는 의상을 입고 있는 아스트로노미아는 망원경을 들고 있는 천문학자의 도움을 받고 있다. 천문학자의 피부는 그리스 신화에 나오는 100개의 눈을 가진 거인 아르고스Argos의 눈처럼 보이는 커다란 눈들로 장식되어 있다.

후에는 우라니아가 작품 속에서 고대의 인물이나 아이디어를 나타내기 위해 사용되었다. 스위스의 화가 헨리 푸젤리Henry Fuseli가 천체 현상과 관련된 시들로 유명한 고대 그리스 시인 아라투스가 포함된 그림이나 존 키스 세르빈John Keyse Sherwin이 존 보니캐슬John Bonnycastle이 쓴 『천문학 개요Introduction to Astronomy』(1786년)의 표지를 위해 작업한 별들로 장식된 왕관을 쓰고 있는 여신의 판화가 그런 예들이다. 다른 맥락이기는 하지만 〈우라니아와 함께 케레스를 가리키고 있는 주세페 피아치Giuseppe Piazzi with Urania who Points out Ceres〉 초상화(그림 15)의 경우처럼 우라니아의 존재는 개인이나 사건의 중요성을 강조하기 위해 이용되기도 했다. 이 초상화는 주세페의 친구들이 1801

치Vincenzo Mannozzi가 그린 〈점성술/천문학Astrologia/Astronomia〉(그림 14)이다. 이 그림에서는 감각적인 몸과 아래로 늘어뜨린 하늘을 상징하는 푸른색 의상으로 감흥을 돋우는 반 누드의 여인이 각도기와 캘리퍼를 들고 혼천의에 손을 얹고 있다. 아마도 이 인물의 정체에 대한 토론을 유도하기 위해 의도적으로 모호하게 표현한 것으로 보인다.

년 피아치가 최초로 발견한 소행성으로 후에 왜소 행성으로 지정된 케레스를 발견한 것을 기념하기 위해 제작을 의뢰했다. 케레스의 발견은 19세기 천문학의 이정표가 되었던 7,646개의 별들이 포함된 피아치가 작성한 별 목록 이상으로 그를 유명하게 만든 놀라운 발견이었다. 이 그림에 나타나 있는 여신으로서의 우라니아는 관측보다 영감을 강조하고, 과학이 인문학을 향해 시적인 화살을 발사할 수 있도록 하고 있다.

더구나 르네상스 동안에 우라니아는 철학이나 하늘과 관련이 있던 사람들 사이에 시의 여신으로서 과학과 예술을 연결했다. 우라니아는 상상력을 자극하고 사람들의 영혼을 하늘로 올려준다고 믿어졌기 때문에 대개 위를 처다보고 있다. 계속적으로 우라니아를 불러낸 시인들과 과학 논문의 저자들 중에는 『우라노메트리아Uranometria』(1603년)를 쓴 요한 바이어Johann Bayer, 『실낙원Paradise Lost』(1667년)을 쓴 존 밀턴John Milton, 『우라노그라피아Uranographia』(1801년)를 쓴 요한 엘레르트 보데Johann Elert Bode가 있다. 우라니아는 또한 티코 브라헤Tycho Brahe가 벤 섬에 세운 우라니보르그 천문대(1580년)의 경우처럼 베를린에서 취리히까지 많은 천문대에 이름을 빌려주고 있다. 이들 천문대 중 일부는 우라니아의 이미지로 장식되어 있다. 펜실베이니아 주 피츠버그에 있는 알레게니 천문대의 2.7미터 높이 창문은 1903년 메리 엘리자베스 틸링하스트Mary Elisabeth Tillinghast가 그린 〈우라니아〉가 장식하고 있다. 1854년 7월 22일에 영국의 천문학자 존 러셀 힌드John Russell Hind는 소행성대에서 커다란 소행성을 발견하고 이를 '우라니아 30'이라고 명명해 천문학의

여신에게 하늘의 집을 마련해 줌으로써 천문학 역사의 일부가 되도록 했다.

지난 여러 세기 동안에 점성술과 점성술사들은 대중문화와 오락의 영역으로 추락했다. 이탈리아의 초현실주의 예술가 조르조 데 키리코Giorgio de Chirico가 세르게이 디아길레프Sergei Diaghilev가 조직한 전위적 발레단 뤼스에 의해 공연된 발레 〈무도회Le Bal〉(그림 16)에 등장하는 점성술사를 위해 디자인한 의상이 그것을 잘 나타내고 있다. 뤼스는 20세기 초에 가장 영향력 있는 발레단이었다. 미국으로 이민하기 전에 게오르게 발란친George Balanchine이 사기와 모호함을 다룬 이 발레를 안무했다.

천문학은 19세기와 20세기에 이르는 동안 우주 탐사에 있어 이전에는 상상도 할 수 없던 놀라운 성공을 거두었지만 시각 예술 분야에서는 전통적인 표현 방법이 과거의 영광을 고수하려 했다. 프랑스 조각가 장-밥티스트 카르포Jean-Baptiste Carpeaux와 다른 세 명의 조각가들이 공동으로 조각한 파리 천문대의 분수대가 그런 예다. 이 분수대를 장식하고 있는 4개의 대륙이 들고 있는 혼천의는 코페르니쿠스 이전의 생각을 돌아보게 한다(그림 17). 이 공공 프로젝트에서 카르포는 장식 디자인의 전권을 위임받았다. 그는 룩셈부르크 궁전이나 파리 천문대의 시야를 가리지 말라는 단 한 가지 조건만 만족시키면 되었다. 시대가 변하면서 천문학자들은 궁정에서 임명하는 직책에서 연구소로 그리고 대학으로 자리를 옮겼다. 천문학자들 중에는 20세기의 아이작 아시모프Isaac Asimov나 칼 세이건Carl Sagan처럼 언론을 통해 널리 알려진 사람들도 있었다.

17 장 밥티스트 카르포Jean-Baptiste Carpeaux, 파리 천문대 분수. 1874년. 청동과 대리석. 국립 파리 천문대 정원.

Chapter 2

우주의 역학:
성도, 별자리, 그리고 천구

별이 불덩이라는 것을 의심하라;

태양이 움직인다는 것을 의심하라;

진리가 거짓일 수 있다는 것을 의심하라;

그러나 내가 사랑한다는 것은 절대로 의심하지 말라.

윌리엄 셰익스피어, 『햄릿』, 2장 2막

천구와 함께 평면에 그린 별들의 지도(성도)는 하늘의 아름다움을 잘 나타낸다. 이집트와 유럽의 신석기 시대, 그리고 고대 근동의 바빌로니아 시대부터 우주에 대한 이해를 그림으로 나타내려는 노력이 계속되어 왔다. 기원전 1600년경 제작된 네브라 하늘 원반(그림 18)은 그런 노력의 하나다. 약 2000년 전에 로마의 조각가는 그리스 신화에 등장하는 어깨에 천구를 메고 있는 타이탄을 대리석으로 조각했다. 이 조각 작품은 오늘날 〈파

르네세 아틀라스Farnese Atlas〉(그림 19)라는 이름으로 불리고 있다. 오스트레일리아 원주민들이 우주의 구조와 힘들을 이해하기 위해 시도한 노력들을 나타내는 그림들도 있다. 그런 것들 중 하나 (그림 20)를 2017년에 국제천문연합의 별 이름 작업 그룹이 공식적으로 217개의 별 이름을 결정해 발표한 것을 기념하기 위해 사용했다. 최근에 일을 시작한 별 이름 작업 그룹은 다양성을 위해 전 세계 여러 문명으로부터 선정된 별 이름들을 목록에 포함시키고, 여러 세기 동안 사용되어 온 별 이름들을 코드화하는 작업을 하고 있다.

올려다본 하늘 모습은 오목한 표면에 그릴 수도 있고, 신의 시점에서 모든 것을 내려다본 모습으로 그릴 수도 있다. 15세기에 피렌체 산 로렌초에 있는 올드 새크리스티의 돔에 그린 프레스

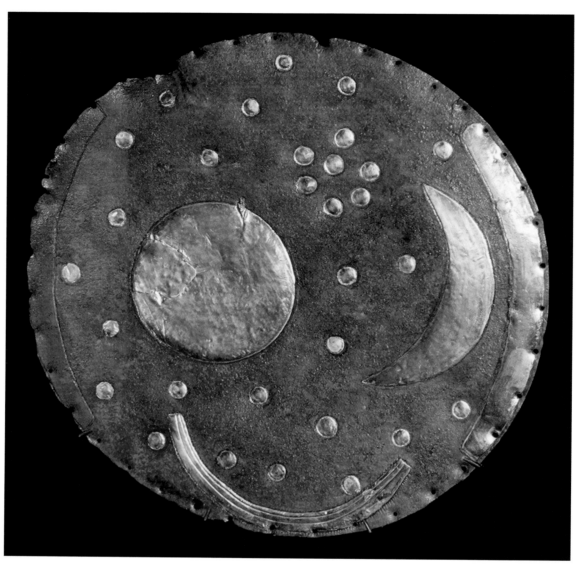

18 네브라 하늘 원반Nebra Sky Disc, 기원전 1600년경. 청동과 금. 지름 30cm.

19 〈파르네세 아틀라스Farnese Atlas〉, 2세기, 대리석, 높이 2.13m, 천구 지름 65cm.

20 빌 이둠두마 하니Bill Yidumduma Harney, <u>오스트레일리아 원주민의 은하수 지도</u>, 2000년경, 캔버스에 숲의 황토와 목탄.

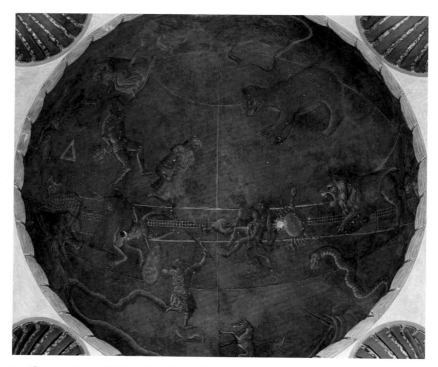

21 파올로 달 포초 토스카넬리Paolo dal Pozzo Toscanelli와 미상의 화가, 제단 위 돔에 그린 황소자리에 달이 있는 그림, 1442년 이후, 프레스코화, 올드 새크리스티, 산 로렌초, 피렌체.

코화는 오목한 표면에 하늘의 모습을 그린 예다. 천문학자였던 파올로 달 포초 토스카넬리Paolo dal Pozzo Toscanelli가 이 그림을 그린 이름이 알려지지 않은 화가를 위해 천체 지도를 구성해 주는 일을 한 것으로 보인다(그림 21, 103).

1500년 이상 유럽 문명은 주도적인 우주 이론으로 아리스토텔레스-프톨레마이오스의 천구(그림 22~24)가 둘러싸고 있는 지구 중심 천문 체계를 받아들였다. 여러 세기 동안 사용된 천문 체계는 2세기에 출판된 『알마게스트』의 수학적 계산을 바탕으로 하고 있었다. 이것은 일부 천체 현상을 예측할 수 있었지만 모든 천체 현상을 설명하지는 못했다. 지구 중심적 관점은 잘못된 것이었지만 피렌체의 화가 산드로 보티첼리Sandro Botticelli는 단테의 『낙원Paradiso』(그림 25)을 위해 그린 삽화에 지구 중심 체계를 아름답게 그려냈다. 이 그림에서는 달의 천구 위에 서 있는 베아트리체가 단테에게 하늘의 성격에 대해 설명하고 있다. 16세기로 바뀐 직후 베네치아의 화가 조르조네Giorgione가 그린 카스텔프랑코에 있는 카사 바바렐라의 지붕 난간을 장식하고 있는 인문학에 관한 프레스코화에는 지구의 극으로부터 적당한 각도에 황도 12궁이 포함되어 있다(그림 26). 그의 작업은 틀림없이 사크로보스코의 『구에 대한 소논문Sphericum Opusculum』(1485년)을 바탕으로 했을 것이다.

이 장에서는 복잡한 프톨레마이오스의 천문 체계와 이 체계가 예술과 과학에 끼친 영향에 대해 알아볼 예정이다. 프톨레마이오스의 지구 중심 천문 체계는 1543년 니콜라우스 코페르니쿠스가 『천구의 회전에 관하여De Revolutionibus Orbium Coelestium』를 통해 태양 중심 천문 체계를 제시함으로써 무너졌다. 코페르니쿠스 이전에 페트루스 아피아누스Petrus Apianus가 1540년에 출판한 『천문학 신전Astronomicum Caesareum』에는 아름다운 하늘의 이미지들뿐만 아니라 천체와 관련된 사건을 계산하는 데 사용되었던 볼벨레volvelles라고 불리는 서로를 돌고 있는 원반들의 그림도 포함되어 있었다(그림 27, 109).

사람들은 오래전부터 별들을 관측해 왔다. 프랑스 서부 지역에 있는 도르도뉴 지방의 라스코 동굴 안에서 발견된 약 1만 7000년 전인 신석기 시대에 그려진 벽화는 천문학적인 내용을 담고 있다. 후세 문명들은 별들의 배열에서 특정한 형태를 찾아냈고, 이를 바탕으로 별자리를 만들었다. 불행하게도 고대 바빌로니아나 그리스에 알려져 있던 48개 별자리의 기원은 전해지지 않고 있다. 상상력을 동원해 별들 사이를 연결해 만든 모양들이 별자리로 발전했고, 여기에 이야기가 보태졌다. 유럽의 별자리 이름이나 별자리와 관련된 이야기는 주로 그리스 신화에 등장하는 신들과 관련이 있다. 힘센 사냥꾼이었던 오리온은 황소인 타우루스를 막기 위해 방패를 쳐들고 있다. 전갈자리는 아폴로가 오리온을 죽이기 위해 보낸 전갈이다. 오리온이 너무 많은 시간을 아폴로의 동생인 아르테미스와 보내 하늘을 달리고 있는 달을 안내하는 역할을 제대로 하지 못하도록 했기 때문이다. 신들의 왕인 제우스는 오리온과 전갈을 하늘의 반대편에 배치해 절대로 지구에서 동시에 보이지 않도록 했다. 오리온은 '7자매'인 플레이아데스를 추적하는 데 지쳤다. 제우스는 7자매를 구해 비둘기로 변하게 했다. 그들

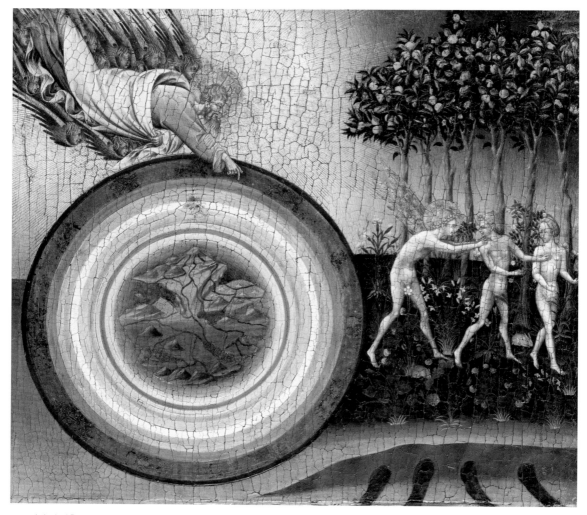

22 조반니 디 파올로Giovanni di Paolo, 〈세상의 창조와 낙원에서의 추방The Creation of the World and Expulsion from Paradise〉, 1445년, 목판화를 바탕으로 해 캔버스에 템페라와 금, 46.4×52.1cm.

은 안전하게 살기 위해 하늘로 달아났다. 이들은 항상 오리온자리 앞쪽에 있다.

　매년 태양은 12개의 별자리를 지나간다. 태양이 지나가는 12개의 별자리를 오래전부터 '황도 12궁'이라고 불렀다. 황도 12궁을 나타내는 영어의 zodiac이라는 단어는 '작은 동물로 이루어진 원'이라는 뜻의 고대 그리스어가 로마화된 것이다. 황도 12궁에는 사자자리, 황소자리, 게자리, 염소자리, 전갈자리, 양자리, 물고기자리가 포함

되어 있다. 황도 12궁의 기원은 태양이 1년 동안 지나가는 길을 12개의 똑같은 길이로 나누었던 2500년 전의 고대 바빌로니아 천문학자들까지 거슬러 올라간다. 『알마게스트』에서 프톨레마이오스는 황도 12궁을 좀 더 현대적인 용어로 설명하고, 여기에 48개 별자리를 포함시켰다. 현대에 활동하고 있는 사람들을 포함해 후세 점성술사들은 고대의 체계를 이용해 사이비 과학으로 돈을 벌고 있다. 지구는 자전축을 중심으로 세차 운

23 콘라드 폰 메겐베르크Konrad von Megenberg. '프톨레마이오스의 우주'. 『자연의 책Buch der Natur』(아우크스부르크, 1481년)의 20v(67)쪽. 손으로 색칠한 목판화.

동을 하고 있기 때문에 태양은 더 이상 점성술사들의 예측과 일치하는 별자리나 위치를 지나가지 않는다.

현재 사용되고 있는 별자리의 '공식적인' 이름은 대부분 그리스 신화에서 따왔다. 또한 별자리와 관련된 이야기는 바빌로니아, 이집트, 아시리아에 전해 오는 이야기를 바탕으로 하고 있다. 프톨레마이오스의 『알마게스트』에는 현재 사용되고 있는 88개 별자리들 중 48개만 실려 있

기 때문에 적도 남쪽을 탐사한 유럽의 탐험가들이 남반구 하늘 별자리에 이름을 붙였다. 남반구 별자리 이름에는 망원경, 분도기, 육분의와 같은 현대의 천문 관측기구 명칭을 반영한 것들이 많다. 새로운 별자리 이름들 중 많은 것들이 1603년 요한 바이어가 출판한 성도에 나타나 있다(그림 33, 34). 나머지는 1690년에 요하네스 헤벨리우스Johannes Hevelius가 출판한 성도에 포함되어 있다. 1763년에는 프랑스 천문학자 니콜라 루이 드 라카유Nicolas Louis de Lacaille가 새로운 별자리들을 추가했다.

여러 문명은 다양한 별자리 이름을 비롯해 별들과 관련된 다른 이야기를 가지고 있다. 중국인들은 별들을 '궁'으로 나누고, 이를 다시 더 작은 단위로 구분했다. 아메리카 원주민들 사이에는 북두칠성과 관련된 이야기가 전해지고 있다. 여름이 지나면 북두칠성의 큰 국자가 쏟아 놓은 여러 가지 색깔의 염료가 가을 단풍을 아름답게 물들인다는 것이다. 1919년에 조직된 국제천문연합은 1928년 하늘을 88개 '구역'으로 나누어 현재 사용되고 있는 별자리를 정의했다. 별자리 이름은 이보다 이른 1922년에 이미 승인했다. 88개 별자리들 중 19개는 사람, 42개는 동물을 나타낸다. 이 조직의 임무 중 하나는 발견되는 다양한 별들의 이름을 정하기 위해 정확한 위치를 결정하는 일이다. 새로 발견되는 별들은 어느 별자리에 속하는지를 결정한 후에야 이름이 정해진다.

16세기 이탈리아 화가들은 종종 별자리와 연관된 신화를 프레스코화나 캔버스화로 그렸다. 예를 들면 베네치아에서 활동한 화가 티치아노Titian와 야코포 틴토레토Jacopo Tintoretto는 모두 바

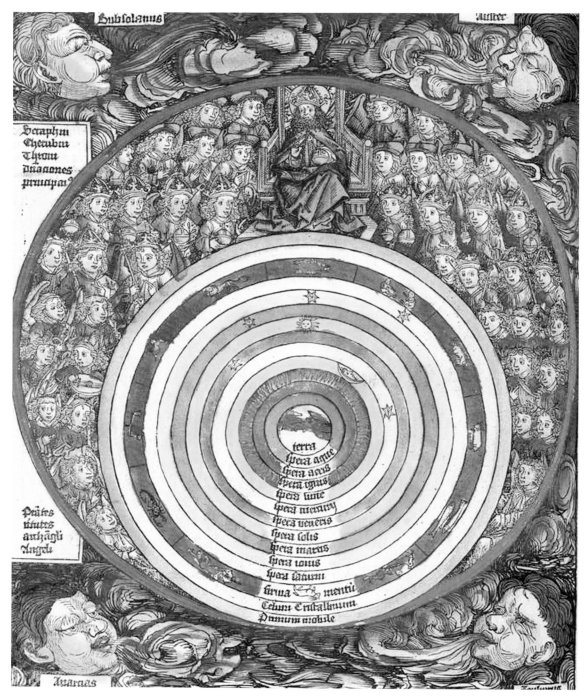

24 미하엘 볼게무트Michael Wolgemut와 빌헬름 플리덴뷔르프Wilhelm Pleydenwurff, '행성 천구와 회전', 하르트만 쉐델Hartmann Schedel의 『연대기Liber chronicarum』(뉘른베르크 연대기; 뉘른베르크, 1493년)의 5v쪽. 손으로 색칠한 목판화.

25 산드로 보티첼리Sandro Botticelli, 단테의 『낙원Paradiso』 2장. 1490년경. 양피지 위에 잉크로 그리고 은으로 점을 찍음. 32.2×47cm. 베를린 국립 박물관. 동판화 전시실.

26 조르조네Giorgione, (월면을 바탕으로 한) 리버럴 아트의 지붕 난간 일부, 1502년경. 프레스코화. 카사 바바렐라. 카스텔프랑코.

27 미카엘 오스텐도르퍼Michael Ostendorfer, 일식과 월식 계산기, 페트루스 아피아누스Petrus Apianus의 플레이트 G III, 『천문학 신전Astronomicum Caesareum』(잉골스타트, 1540년). 손으로 색칠한 목판화.

28 티치아노Titian, 〈바쿠스와 아리아드네Bacchus and Ariadne〉, 1520~1523년, 캔버스에 유채, 176.5×191cm.

쿠스와 아리아드네의 고전적인 신화를 그렸다. 이 신화에서 술의 신인 바쿠스는 이 세상에서의 유한한 사랑을 떠나지만 그녀를 북쪽왕관자리로 만들어 보상받는다. 이 별자리는 프톨레마이오스가 언급한 별자리들 중 하나로 오늘날에도 이름이 그대로 사용되고 있다(그림 28). 그 후 1540년에 알레산드로 피콜로미니Alessandro Piccolomini의 『항성에 대하여Delle stelle fisse』가 출판되었다(그림 29). 이 책에는 프톨레마이오스에게 알려져 있던

하나를 제외한 모든 별자리들과 남십자성이 테이블과 도표를 이용해 수록되었다. 각 별자리에서 가장 뚜렷한 별들은 그리스어 알파벳을 이용해 나타냈다. 이 책은 현대 성도들 중 첫 번째 책이며, 그 후에 출판된 아름다운 성도들의 선구자라고 여겨지고 있다. 『세상의 구에 대하여La sfera del mondo』에서 피콜로미니는 당시의 우주에 대한 지식을 설명해 놓았다.

코페르니쿠스는 지구가 아니라 태양이 우주

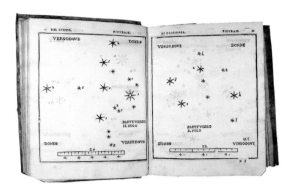

29 알레산드로 피콜로미니Alessandro Piccolomini, 시그너스와 카시오페이아.
『항성에 대하여Delle stelle fisse』(베네치아, 1540년)의 그림 9와 10. 판화.

의 중심이라는 전통에 반하는 생각이 담긴 『천구
의 회전에 관하여』의 출판을 망설였다(그림 30).
우주의 중심이 꼭 가장 영광적인 위치일 필요는
없었다. 이론적으로는 우주의 중심에 쓰레기가
모일 수도 있다. 오스트리아의 학자 게오르크 요
아힘 레티쿠스Georg Joachim Rheticus가 프라우엔부
르크(현재 폴란드 북동부에 있는 프롬보르크)로 코페르
니쿠스를 방문해 이 책의 원고를 넘겨받았다. 교
회의 가르침과 맞지 않는 내용으로 인해 이 책
의 출판은 코페르니쿠스가 사망한 해까지 연기
되었다. 저자와 멀리 떨어진 도시에서 이 책의 출
판을 감독하고 있던 성직자 안드레아스 오지안
더Andreas Osiander는 코페르니쿠스가 처벌받는 것
을 방지하기 위해 태양 중심 체계는 천문학적 계
산을 위해 필요한 가설일 뿐이라고 설명한 서문
을 저자의 동의도 받지 않고 추가했다. 하지만 이
는 사실이 아니다. 오지안더는 교회 반발을 피
하기 위해 코페르니쿠스가 정한 '회전에 관하여
De revolutionibus'라는 제목에 '천구의orbium coelestium'
라는 단어를 추가하기도 했다. 그리고 코페르니
쿠스는 교황의 비판을 피하기 위해 이 책을 교황
폴 3세에게 헌정하기도 했다. 실제로 코페르니쿠

스의 체계는 매우 혁명적이어서 그의 생각에 대
한 회의론이 1세기 이상 지속되었다.

코페르니쿠스의 생각이 널리 받아들여지기
전에 포르투갈의 궁정 화가였던 프란시스코 드
홀란다Francisco de Hollanda는 신플라톤주의와 지
구 중심 체계를 환상적으로 결합한 카발라와 기
독교(그림 31)를 그렸다. 이와는 반대로 코페르니
쿠스의 체계를 일찍 받아들인 조르다노 브루노
Giordano Bruno는 코페르니쿠스의 혁명적인 체계를
우주와 영원으로 확장하고 수없이 많은 세상이
존재한다고 주장했다. 우주론, 범신론, 그리고 영
혼이 이동할 수 있다는 것과 같은 이단적인 생각
으로 인해 브루노는 1600년 화형에 처해졌다. 로
마의 캄포 데 피오리에 가면 그가 화형에 처해졌
던 장소를 방문할 수 있다. 그곳에는 뒤늦은 그의
명예 회복을 위해 130년 전 그의 동상이 세워지
기도 했다.

3차원 우주를 평면 위의 그림으로만 나타낸
것은 아니었다. 초기의 예는 조반니 안토니오 바
노시노가 1567년에 그려서 제작한 바티칸 박물
관에 소장된 밝은 천구다(그림 32). 1세기 후 가장
유명한 천구 제작자는 빈센조 코로넬리Vincenzo
Coronelli였다. 이탈리아 출신으로 프랑스에서 활동
했던 그는 1683년에 시작해 프랑스 왕을 위해 거
대한 천구를 제작했다. 그의 작품들은 세계 곳곳
에서 발견할 수 있다. 예를 들면 프랑스 국립 도
서관(2006년 베르사유 궁전으로부터 이전), 세인트-제
네비에브 도서관, 파리 대학, 미국 코네티컷 주
뉴헤븐에 있는 예일 대학 등에 그의 작품이 보관
되어 있다. 코로넬리가 만든 것을 포함해 대부분
의 천구와 지구본은 종이 위에 삼각형 모양의 그

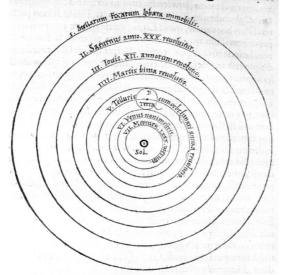

NICOLAI COPERNICI

net, in quo terram cum orbe lunari tanquam epicyclo contineri
diximus. Quinto loco Venus nono mense reducitur. Sextum
denicq; locum Mercurius tenet, octuaginta dierum spacio circū
currens. In medio uero omnium residet Sol. Quis enim in hoc

pulcherimo templo lampadem hanc in alio uel meliori loco po
neret, quàm unde totum simul possit illuminare? Siquidem non
inepte quidam lucernam mundi, alij mentem, alij rectorem uo-
ant. Trimegistus uisibilem Deum, Sophoclis Electra intuentē
omnia. Ita profecto tanquam in solio re gali Sol residens circum
gentem gubernat Astrorum familiam. Tellus quoq; minime
fraudatur lunari ministerio, sed ut Aristoteles de animalibus
uit, maximā Luna cū terra cognatiōe habet. Concipit interea à
Sole terra, & impregnatur annuo partu. Inuenimus igitur sub
hac

30 니콜라우스 코페르니쿠스Nicolaus Copernicus, 태양 중심 우주, 『천구의 회
전에 관하여De revolutionibus orbium coelestium』(뉘른베르크, 1543년) 4권의
9v쪽, 목판화.

31 프란시스코 드 홀란다Francisco de Hollanda, 지구 중심 우주, 〈삽화로 나타
낸 세상의 시대들De aetatibus mundi imagines〉, 1545~1573년, 양피지에 템
페라와 잉크, 원고 DIB/14/26. 7쪽, 스페인 국립 도서관, 마드리드.

림을 그린 다음 잘라내 구의 표면에 붙여 만들었
다. 코로넬리가 만든 가장 큰 천구는 지름이 4미
터나 되었다.

　오늘날 우리가 사용하는 것과 같은 기호와 문
자를 이용해 만든 최초의 현대적 성도는 1603
년 요한 바이어가 만든 『우라노메트리아』(그림 33,
34)였다. 이 책에 수록된 두 쪽으로 펼쳐지는 도
표는 제이콥 드 게인 3세Jacob de Gheyn III의 그림을

바탕으로 해 알렉산더 마이르Alexander Mair가 판화
로 만든 것이다. 그림 33은 근육질 황소인 타우
루스가 황소자리 알파별, 베타별과 함께 황도 지
역(태양, 달, 행성들이 나타나 있는)으로 돌격하는 모
습을 나타내고 있다. 그림 34는 그리스 신화에
나오는 바다 괴물 세투스를 그린 것이다. 물과 관
련이 있는 별자리들인 물병자리, 물고기자리, 에
리다누스자리 부근에 있는 이 별자리를 오늘날

32 조반니 안토니오 바노시노Giovanni Antonio Vanosino, 천구의, 1567년, 황동·페인트·금, 지름 195cm.

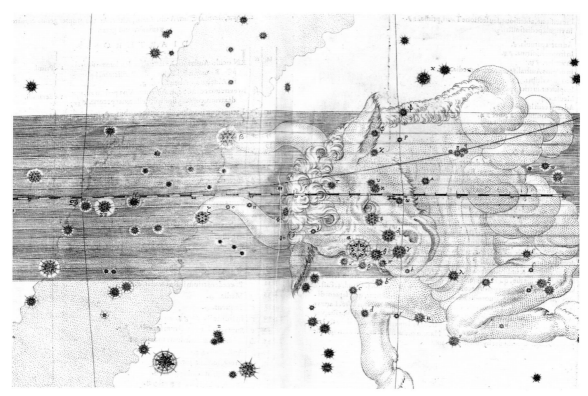

33 요한 바이어Johann Bayer, 〈황소자리Taurus〉, 『우라노메트리아Uranometria』(아우크스부르크, 1603년)의 23v쪽, 판화.

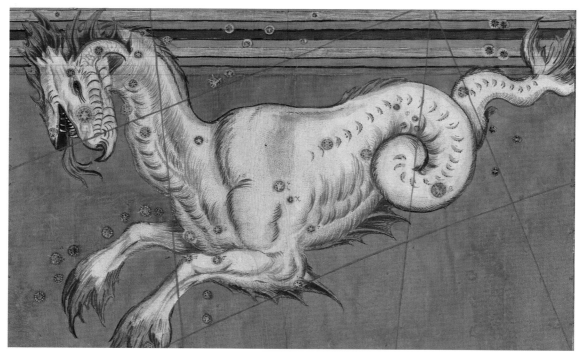

34 요한 바이어Johann Bayer, 〈고래자리Cetus〉, 『우라노메트리아Uranometria』(아우크스부르크, 1603년)의 34v쪽, 손으로 색칠한 판화.

35 페테르 파울 루벤스Peter Paul Rubens와 얀 브뤼헐Jan Brueghel the Elder, 〈시각의 알레고리Allegory of Sight〉, 1617년, 캔버스에 유채, 64.7×109.5cm.

에는 고래자리라고 부르기도 한다. 바이어는 별자리 이름을 대부분 프톨레마이오스에서 따왔고, 개개의 별을 나타내기 위해 피콜로미니의 체계를 수정해 사용했다. 그는 각 별자리에서 가장 밝은 별부터 차례대로 그리스 문자를 이용한 이름을 붙였다(그러나 북두칠성의 경우 국자 모양에 따라 국자 모양을 이루는 별들은 차례대로 알파, 베타, 감마, 델타라고 불렸고 손잡이를 이루는 별들은 엡실론, 제타, 세타라고 불렸다.). 별자리를 이루고 있는 별들에 붙일 그리스 문자가 모자랄 경우 로마 문자를 사용했다.

바이어의 『우라노메트리아』는 갈릴레이의 놀라운 발견이 이루어지기 이전에는 최신 천문학이었다. 갈릴레이의 발견에 대해서는 후에 다시 이야기할 것이다. 네덜란드에서 천체를 확대해 볼

수 있는 망원경이 발명되었다는 이야기를 전해들은 갈릴레이는 스스로 망원경을 만들어(당시에는 이것을 렌즈perspicillum라고 불렀다.) 하늘을 관찰하기 시작했다. 그는 오리온자리와 은하수에서 맨눈으로 볼 수 있었던 것보다 훨씬 많은 별들을 발견했다. 갈릴레이의 역사적 발견이 있고 몇 년 후에 로버트 플러드Robert Fludd는 『두 세상의 형이상학적, 물리적, 기술적 역사』(1617~1618년)에서 우주에 대한 고대의 생각을 고수했다. 그는 환상적인 우주 다이어그램의 일부에 우주 비둘기를 포함시켰다.

〈시각의 알레고리Allegory of Sight〉(그림 35)에서 페테르 파울 루벤스Peter Paul Rubens와 얀 브뤼헐Jan Brueghel the Elder은 정밀한 천문 관측 장비들을 묘

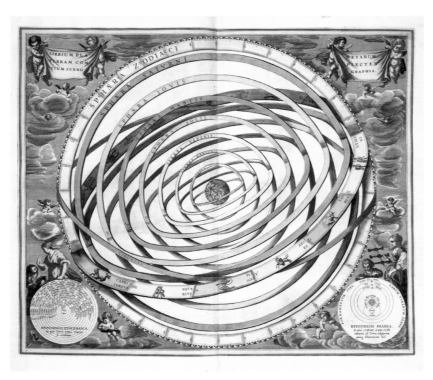

36 안드레아 셀라리우스Andrea Cellarius, 『미세우주의 조화Harmonia macrocosmica』(암스테르담, 1661년)의 세 번째 판화, 손으로 색칠한 판화.

37 안드레아 셀라리우스Andrea Cellarius, 『미세우주의 조화Harmonia macrocosmica』(암스테르담, 1661년)의 스물다섯 번째 판화, 손으로 색칠한 판화.

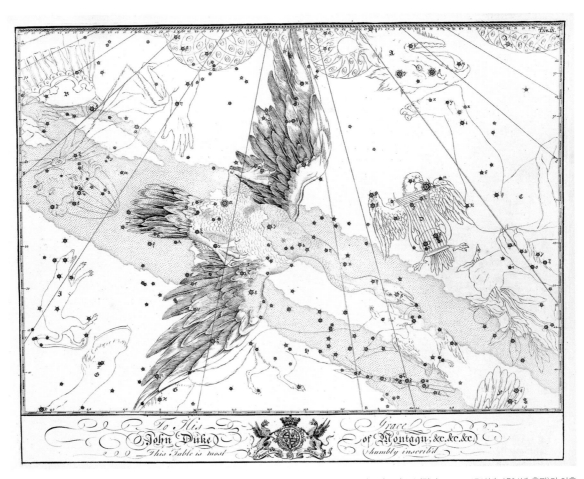

38 존 베비스John Bevis, 백조자리, 『우라노그라피아 브리태니커(또는 하늘 지도)Uranographia Britannica (or Atlas celeste)』(런던, 1747~1749년, 1786년 출판)의 아홉 번째 판화.

사했다. 여기에는 7년 전 갈릴레이가 최초로 천체 관측에 사용한 망원경도 포함되어 있다.(갈릴레이의 관측 결과는 1610년 『별 세계의 메시지Sidereus nuncius』라는 제목의 책으로 출판되었다.) 합스부르크 오스트리아 대공이었던 알베르트 7세의 궁정 화가였던 브뤼헐은 최초로 망원경 그림들 중 하나를 그렸다.(최초의 망원경 그림은 독일 천문학자 시몬 마리우스Simon Marius가 1614년에 출판한 『문두스 이오비알리스Mundus Iovialis』의 표제 그림에 포함되어 있는 망원경일 것이다.) 그는 아마도 갈릴레이의 망원경보다 먼저 만들어진 네덜란드의 한스 리페르세이 혹은 자카리

아스 얀센이 만든 스파이글라스를 본 적이 있었을 것이다.(2015년 국제천문연합에서는 새롭게 발견된 코페르니쿠스라고 이름 붙인 별 주위를 돌고 있는 2개의 외계 행성에 리페르세이와 얀센이라는 이름을 붙였다.)

〈시각의 알레고리〉는 친구 사이였던 루벤스와 브뤼헐이 1617~1618년 스페인령 네덜란드의 통치자였던 알베르트 7세와 그의 부인 이사벨라를 위해 5개의 감각기관을 주제로 그린 연작 중 하나다. 당시의 안트베르펜 화풍에 속하는 이 그림은 예술과의 복잡한 대화에서 천문 관측기구와 수학의 중요성을 보여 주고 있다. 이 그림에 포함

되어 있는 과학기구를 알아보는 능력은 그림에 포함되어 있는 인물들과 예술가들을 알아내고 그들이 상징하고 있는 것을 이해하는 것만큼 중요하다(한 사람은 맹인을 치료하는 예수를 나타낸다.). 이 그림에는 큰 규모와 작은 규모의 대상이 모두 포함되어 있다. 전체적인 풍경은 대우주를 의미하고, 소우주를 나타내는 서재나 화랑에는 지적인 학자들과 감정가들이 포함되어 있다. 이 그림의 주제는 예술과 과학은 모두 시각을 통해 우주를 이해하는 즐거움으로 이끌어 준다는 것이다. 갈릴레이가 코페르니쿠스 체계에 대해 토론하고 있는 동안(갈릴레이는 1616년 로마로 소환되어 심문을 받았다.) 그려진 〈시각의 알레고리〉는 지구 중심설과 태양 중심설의 논쟁에 관심을 갖게 했다. 신플라톤주의자였던 루벤스는 코페르니쿠스 체계에 대한 토론에 많은 관심을 가지고 있었다. 1602년과 1604년에 만투아에서 갈릴레이를 만났던 것으로 보이는 루벤스는 현재 퀼른에 있는 발라프-리하르츠 박물관에 보관되어 있는 단체 초상화 안에 갈릴레이를 포함시켰다.

천체 지도 제작자이기도 했던 많은 천문학자들과 수학자들은 우주와 우주의 구조에 대한 급진적인 새로운 생각에 관심이 많았다. 그들은 손으로 색을 입힌 화려한 천체 지도를 만들었다. 그 중에서도 안드레아 셀라리우스Andrea Cellarius의 천체 지도(그림 36, 37)가 가장 뛰어났다. 정밀한 천체 다이어그램과 성도, 동심원들을 포함하고 있는 셀라리우스의 화려한 천체 지도(미세우주의 조화Harmonia macrocosmica)(1661년)는 코페르니쿠스의 천문 체계를 나타냈을 뿐만 아니라 동시에 지구 중심 체계도 보여 주고 있다.

요하네스 헤벨리우스는 가족의 양조장 재산과 연금을 사용해 폴란드 스테넨베르크에 있는 사설 천문대에 성능이 개선된 망원경을 설치했다. 이로 인해 그는 1690년에 놀라운 성도인 『소비에스키의 하늘, 우라노그라피아Firmamentum Sobiescianum, sive Uranographia』를 출판했다. 이 천체 지도에는 폴란드 왕 조반니 3세 소비에스키를 기리기 위해 이런 이름을 붙였다. 이 책에 들어 있는 별자리 차트는 바이어가 전에 제작한 별자리 차트보다 더 큰 열정을 가지고 만들었다. 수십 년 후 영국의 궁정 천문학자 존 플램스티드John Flamsteed가 북반구 하늘의 정확한 별 목록을 만든 1729년에 그의 미망인과 친구들이 대형 성도인 『천구 지도Atlas Coelestis』를 제작했다.

뉘른베르크 대학의 수학 교수였던 요한 가브리엘 도펠마이어Johann Gabriel Doppelmayr도 1742년 『천구 지도』를 제작했다. 식이나 트랜싯과 같은 현상들과 천문 체계를 나타내는 두 쪽짜리 그림을 많이 포함하고 있던 이 책은 단순한 성도가 아니었다. 개개의 도판은 35년에 걸쳐 출판되었다. 그러나 성도 자체는 바이어나 헤벨리우스, 또는 플램스티드의 성도처럼 화려하지 않았다.

별의 위치를 좀 더 정확하게 계산할 수 있게 된 것이 내과 의사 존 베비스John Bevis(후에 이야기할 메시에 목록에 첫 번째로 등재된 게성운의 발견자)로 하여금 특히 아름다운 성도인 〈우라노그라피아 브리태니커Uranographia Britannica〉(그림 38)를 제작할 수 있도록 했다. 도판은 1747년에서 1749년 사이에 새겨졌지만 출판이 되지 않은 상태에서 불행하게도 출판사가 도산했다. 그러나 출판사의 소유주가 바뀐 후인 1786년에 책이 출판되었고,

39 더비의 조셉 라이트Joseph Wright of Derby, 〈오레리(태양계의)에 대해 강의하는 철학자A Philosopher Lecturing on the Orrery〉, 1766년, 캔버스에 유채, 147×
203cm.

『아틀라스 셀레스테Atlas celeste』라는 제목의 한정
판이 출시되었다(아마도 경매를 통해). 현재는 단 열
두 권의 『아틀라스 셀레스테』만이 알려져 있다.
베비스는 수십 년 전에 에드먼드 핼리Edmond Halley
가 돌아올 것이라고 예측했던 핼리 혜성이 1759
년에 돌아왔을 때 영국에서 그것을 관측한 두 사
람 중 한 사람이었다.

플램스티드의 성도가 큰 인기를 끌자 1776년
에는 프랑스에서도 출판이 되었고, 1795년에는
3판까지 출판되었다. 이들 축소판들도 별과 별자

리 구성을 그대로 가지고 있었으며 어떤 경우에
는 개선되기도 했다. 플램스티드의 원본에서는
두 쪽짜리 히드라자리를 하나의 도판에 담았던
것을 2개의 도판으로 나누어 전체 도판 수가 하
나 늘어났다. 그러나 원본의 화려함에는 미치지
못했다.

1704년경부터 소유해 온 얼 오레리Earl Orrery라
는 사람의 이름을 따 오레리라고 부르는 태양계
모형이 있다. 현재까지 보존되고 있는 가장 오래
된 오레리는 태양 주위를 돌고 있는 행성들을 공

40 조셉 포프Joseph Pope와 폴 리비어Paul Revere, 그랜드 오레리. 1776~1787년. 마호가니·황동·청동·뒤쪽이 칠해진 유리와 상아. 위쪽의 둥근 천장은 후에 추가한 것으로 보인다. 높이 163cm, 지름 171.4cm, 하버드 대학, 역사적 과학기기 수집소, 케임브리지, 매사추세츠.

41 베냐민 마틴Benjamin Martin, 오레리. 1781년. 목재·황동·상아. 높이 29.5cm.

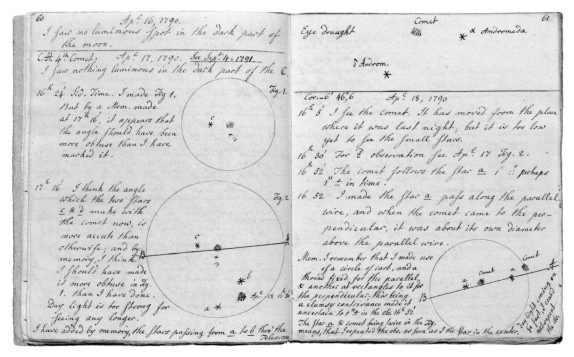

42 캐롤라인 허셜Caroline Herschel, 관측 노트, 1790년 4월 16일~18일, 종이에 갈색 잉크로 기록. 원고 RAS c.I/I.2. 왕립 천문학회, 런던.

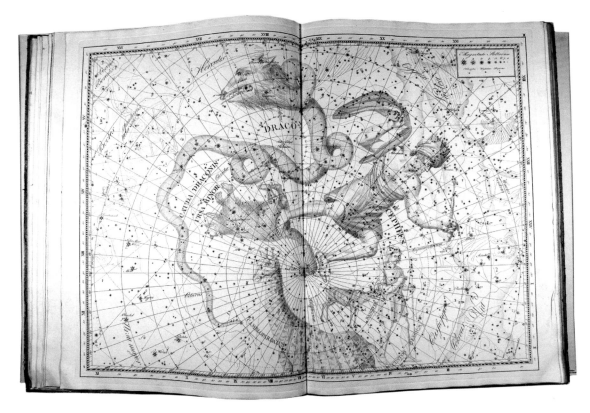

43 요한 엘레르트 보데Johann Elert Bode, 북극의 별자리, 『우라노그라피아Uranographia』(베를린, 1801년)의 세 번째 판화.

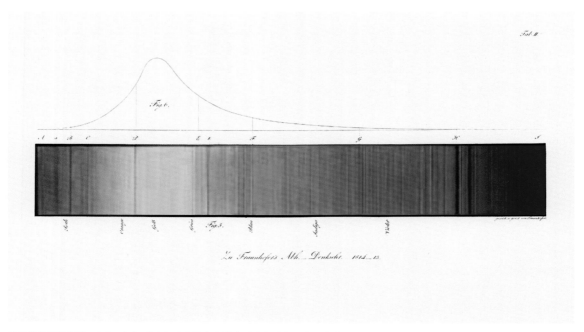

44 조셉 프라운호퍼Joseph Fraunhofer, 『여러 가지 유리의 빛의 차단과 색의 분산 능력의 결정Bestimmung des Brechungs-und Farbenzerstreuungs-Vermögens verschiedener Glasarten』(뮌헨, 1817년), 손으로 색칠한 동판화.

45 카를 프리드리히 싱켈Karl Friedrich Schinkel, 〈밤의 여왕의 별 돔Starry Vault of the Palace of the Queen of the Night, 모차르트의 '마술피리' 1막 6장〉, 1847~1849년. 동판 부식법으로 컬러 인쇄 후 손으로 색칠한 그림, 22.8×35cm.

46 알렉산더 칼더Alexander Calder, 2017년 4월 20일~6월 20일까지 열린 전시회를 위해 뉴욕에 있는 페이스 갤러리에 설치된 별자리 시리즈 작품들. 왼쪽부터 〈별자리Constellation〉(1943년), 〈별자리〉(1943년), 〈별자리〉(1943년경), 〈별자리 모빌〉(1943년), 〈별자리〉(1943년).

들을 이용해 나타내고 있다. 오레리는 태양 중심 체계를 3차원적으로 보여 주는 것으로 천체들의 조화로운 운동을 보여 주는 중요한 도구다. 18세기 초부터 매우 화려한 것에서부터 단순한 것에 이르기까지 다양한 형태의 오레리가 만들어졌다. 천문학이 큰 인기를 끌고, 과학이 오락의 한 형태가 되었던 18세기에는 과학자들뿐만 아니라 순회 강사들도 대중 강의를 위해 집과 학교에 오레리를 설치했다. 조셉 라이트Joseph Wright of Derby가 그린 〈오레리에 대해 강의하는 철학자A Philosopher Lecturing on the Orrery〉(1766년, 그림 39)는 이런 장면을 그린 것이다. 우주 팽창에 대한 연구에 대해서

는 성운과 은하, 빅뱅을 다룬 7장에서 자세히 이야기할 것이다.

아마도 지금까지 만들어진 오레리 중 가장 놀라운 것은 미국의 애국자 실버스미스 폴 리비어Paul Revere와 함께 조셉 포프Joseph Pope가 만든 포프 오레리일 것이다(그림 40). 하버드 대학의 호튼 희귀본 도서관에 오랫동안 전시되었던 이 오레리는 현재 매사추세츠 주 케임브리지에 있는 하버드 사이언스 센터 역사적 과학기구 수집소에 보관되어 있다. 18세기에 영국의 기계 제작자 베냐민 마틴Benjamin Martin이 해설서와 함께 제작한 훨씬 간단한 형태의 오레리는 상아로 만든 행성들

과 목성 주위를 도는 위성들, 고리를 두르고 있는 토성이 황동으로 만든 태양 주위를 돌고 있다(그림 41).

별자리에 대한 설명은 2000년 전에 만들어진 〈파르네세 아틀라스〉와 같은 고대 작품에 근거를 두고 있다. 산 로렌초의 올드 새크리스티 돔과 같이 르네상스 후기에 그려진 별자리는 별자리에 대한 지식을 넓힌 토스카넬리의 디자인, 남반구 하늘에 남십자성을 추가한 아메리고 베스푸치, 1515년에 알브레히트 뒤러가 새긴 별 차트를 바탕으로 하고 있다. 다음 세기에는 성도나 별자리 지도가 매우 정확해졌다. 1798년에 캐롤라인 허셜Caroline Herschel이 플램스티드의 관측 결과를 바탕으로 하고, 그녀의 오빠 윌리엄 허셜William Herschel(캐롤라인은 항상 오빠를 인용했다.)의 지도와 도움을 받아 만든 별 목록은 훨씬 더 정확했다. 이것은 허셜이 출판한 별이 아닌 천체들의 목록인 『제너럴 카탈로그』로 이어졌다. 그리고 다시 윌리엄 허셜의 아들이며 캐롤라인의 조카인 존 허셜이 19세기에 만든 『뉴 제너럴 카탈로그』로 발전했다. 오늘날까지도 사용되는 별이 아닌 천체를 나타내는 NGC 목록 번호는 이 카탈로그에 수록된 번호를 나타낸다. 캐롤라인은 '관측의 책'에 밤하늘을 관측한 결과를 기록해 놓았다. 여기에는 고정된 별들과 혜성의 그림이 포함되어 있었다(그림 42). 9개의 혜성을 발견한 그녀는 후에 왕립 천문학회로부터 천문학을 연구한 공로로 골드 메달을 받은 첫 번째 여성이 되었다.

아마도 판화로 제작된 화려한 성도들 가운데 가장 훌륭한 것은 오랫동안 베를린 과학 아카데미의 책임자로 일한 요한 엘레르트 보데가 1801년에 제작한 거대한 『우라노그라피아』일 것이다(그림 43). 99개의 별자리와 바이어가 만든 성도에 포함된 별들보다 10배나 많은 1만 7,240개의 별을 포함하고 있는 그의 성도(모든 별자리가 오늘날까지 살아남지는 못했지만)를 넘어서는 성도는 현재까지 만들어지지 않았다.

천문학자들은 아직 새로 발명된 분광기가 별 지도 그리는 일을 대신하게 될 것이라는 점을 알지 못했지만 별 지도를 만드는 일은 이제 시대에 뒤떨어진 것처럼 보이기 시작했다. 2018년 유럽 우주국의 가이아 탐사위성이 10억 개의 별 위치에 대한 자료를 공개해 별의 위치를 측정하는 연구의 영광을 다시 찾아 주기까지는 100년이 더 걸렸다. 1814년 독일의 광학자 조셉 프라운호퍼Joseph Fraunhofer는 태양 스펙트럼에서 500개의 흡수선을 찾아내고 그 결과를 다음 해에 출판했다(그림 44). 프라운호퍼가 바바리아의 왕으로부터 기사 작위를 수여받을 때 그의 이름에는 귀족을 나타내는 'von'이라는 칭호가 추가되었다. 그것은 그가 태어날 때보다 신분이 상승했다는 것을 나타낸다.

다른 성도들도 계속 출판되었다. 1832년부터 1833년 사이에 엘리자 버릿Elijah Burritt이 미국에서 만든 대중적인 성도는 많은 교육적인 차트를 포함하고 있었지만 인쇄 상태나 구성의 예술적인 질은 판화로 제작된 과거의 성도에 훨씬 미치지 못했다. 현대에 만들어진 정확한 성도들은 피콜로미니, 바이어, 헤벨리우스, 보데, 그리고 특히 동시대의 천체 지도 제작자 윌 티리온Wil Tirion이 만든 성도들의 후예들이라고 할 수 있다. 그러나 현대 성도에는 더 이상 전통적인 별자리 그림이 사용되지 않았다. 88개 별자리는 이제 1928년에 국제천문연합이 정한 경계를 이용해 하늘을 구역으로 나누어 나타내고 있다.

그러나 별과 별자리가 일반인들에게 매우 큰 인기를 끌고 있어 어디에서나 별자리 그림을 발견할 수 있다. 때로는 창조적인 아이디어로 별자리를 나타내기도 한다. 카를 프리드리히 싱켈Karl Friedrich Schinkel이 1847년부터 1849년 사이에 모차르트의 오페라 마술피리를 위해 설계한 별 돔이 대표적인 예다. 성도의 제작, 그리고 후에는 천문학 사진(10장 참조)이 20세기에 예술적 자유를 마음껏 발휘할 수 있도록 했다. 파블로 피카소Pablo Picasso는 먹물을 이용해 점과 선으로 이루어진 도식적인 그림 〈별자리Constellations〉를 그렸는데 이는 마치 음표처럼 보인다(1925년, 피카소 박물관, 파리). 우리는 호안 미로Joan Miró의 유화 〈별자리〉(1940~1941년)에 나타난 우주에 대한 창조적이고, 도전적인 사고를 존경한다. 그의 오랜 친구인 미국의 조각가 알렉산더 칼더 역시 〈별자리〉(1942~1950년)라는 제목으로 일련의 조각 작품들을 만들었다. 이 중에는 움직이지 않는 조각 작품도 있지만 움직이는 것들도 있다(그림 46). 좀 더

최근에는 미국의 예술가 키키 스미스Kiki Smith가 유리와 청동, 종이를 이용해 3차원 별자리 차트(1996년, 코닝 유리 박물관, 코닝, 뉴욕)를 만들었다.

앞으로 우리는 예술과 천문학이 겹쳐진 예를 더 많이 접하게 될 것이다. 서로 다른 분야 사이의 이러한 공동 작업은 갈릴레이가 1609년 망원경을 하늘로 돌린 이후 천문학 사상 최대의 진전이라고 할 수 있는 2015년에 레이저 간섭 중력파 관측소LIGO의 중력파 측정으로 발견된 거대한 블랙홀의 충돌을 나타내는 컴퓨터-예술의 기획으로 발전했다. 중력파 측정에 성공한 이 프로젝트의 책임 과학자들이었던 킵 손Kip Thorne, 배리 배리시Barry Barish(사망한 로널드 드레버Ronald Drever를 대신한), 라이너 바이스Rainer Weiss는 2017년 노벨 물리학상을 공동으로 수상했다. 그들의 이름은 갈릴레이의 이름과 함께 역사에 남을 것이다. 그러나 이 발견은 '광자'(그때까지는 천문학의 모든 것이었던 감마선, 엑스선, 자외선, 가시광선, 적외선, 전파)를 이용한 천문 관측을 세 가지 종류의 천문학 중 하나로 격하시켰다. 천문학에 대한 NASA의 최근 설명에 의하면 '광자, 입자, 중력파'의 세 가지를 이용한 천문 관측은 상호보완적으로 작동할 것이다.

47 타데오 가디Taddeo Gaddi, 〈양치기에의 고지Annunciation to the Shepherds〉, 1328~1332년, 프레스코화, 바르셀로나 교회, 산타 크로체, 피렌체.

Chapter 3

—

태양과 일식

천문학의 아름다움을 밤하늘에서만 찾을 수 있는 것은 아니다. 낮 동안 하늘을 밝혀 주는 태양 역시 고유한 아름다움을 가지고 있다. 개기일식의 장관은 그것을 목격하는 운 좋은 사람들에게 큰 감동을 선사한다.

하늘의 모든 천체들 중에서 태양은 가장 밝은 천체지만 모든 것을 압도하는 위엄 탓에 세밀한 관찰 또한 가장 어렵다. 과학자들이 태양 부근에 있는 것들을 관측하기에는 태양이 너무 밝다. 태양을 둘러싸고 있는 밝은 기체인 코로나를 관측할 수 있는 것도 일식 때뿐이다. 오늘날 우리가 사용하는 카메라를 이용해 일식 사진을 찍어도 태양의 모습이 제대로 나타나지 않는다. 태양을 향한 카메라에는 태양의 둥근 모습이 찍히는 것이 아니라 태양이 있는 하늘 부분이 밝게 나타날

뿐이다. 코로나와 태양의 자기장으로 인해 생긴 흐름, 극지방에서 뻗어 나오고 있는 기둥 모양의 태양 대기 흐름이 나타나 있는 자세한 일식 사진은 대개 여러 장의 사진을 합성해 만든다. 그림 48은 미국 전역에서 관측할 수 있었던 2017년 8월 21일의 일식 때 찍은 여러 장의 사진을 합성해 만든 것이다.

태양은 고대부터 인류에게 중요했다. 고대 그리스에서는 헬리오스Helios가 태양의 신이었다. 그리고 후에 로마에서는 아폴로(공화정 시절부터 이전의 태양의 신인 솔을 추월한)가 태양을 상징했다. 이 신들은 종종 예술의 소재가 되었다. 현재 사용되고 있는 과학 용어 중에도 이들의 이름에서 유래한 것들이 많다. '태양물리학'을 '헬리오피직스 heliophysics'라고 부르는 것도 그런 것들 중 하나다.

48 윌리엄스 칼리지 탐사대. 2017년의 개기일식. 디지털 합성 사진.

여러 세기 동안 천문학자들은 기초물리학을 설명하기 위해 일식에 관심을 가졌다. 기원전 2세기에 활동했던 그리스 천문학자 겸 수학자 히파르코스는 일식을 이용해 천체 기하학 문제를 해결했다. 관측자와 예술가, 과학자들은 매일 보는 태양의 모습과 평소에는 보이지 않다가 개기일식 때 모습을 드러내는 태양의 모습 모두에 큰 관심을 가지고 있다. 눈에 보이는 태양과 숨어 있는 태양의 모습은 1000년 이상 예술의 주제가 되어 왔다. 현재 과학자들은 태양의 여러 부분을 그리스어 이름으로 부르고 있다. 우리가 빛을 받고 있는 매일 보는 태양 표면은 광구photosphere라고 부르는데 이는 빛을 뜻하는 그리스어 'phos'에서

유래했다. 광구의 모습이 달에 의해 가려지는 것이 개기일식이다. 이때 우리는 잠시 동안 달의 앞쪽 가장자리에 붉은색이 나타나는 것을 볼 수 있다. 이것이 태양의 채층이다. 과학자들은 이 부분을 19세기부터 그리스어에서 색깔을 나타내는 'chromos'에서 따서 채층chromosphere이라고 부르고 있다. 일식이 끝나갈 무렵 우리는 달의 뒤쪽 가장자리에서도 채층을 다시 볼 수 있다. 그 사이에 우리는 태양의 가장 바깥쪽을 둘러싸고 있는 기체가 만들어 내는 아름다운 후광을 볼 수 있는데 이것은 왕관을 의미하는 라틴어를 따라 코로나corona라고 부른다.

태양의 광구를 맨눈으로 보기에는 너무 밝다.

49 윌리엄 블레이크William Blake, 『로스의 노래The Song of Los』의 표제, 1795년, 종이에 수성 물감·과슈·잉크, 벤틀리 카피 E, 헌팅턴 도서관, 산마리노, 캘리포니아.

타데오 가디Taddeo Gaddi가 그린 〈양치기에의 고지 Annunciation to the Shepherds〉(그림 47)에서는 그러한 태양의 강렬한 밝기를 종교적인 의미를 나타내는 데 이용하고 있다. 실제 태양의 밝은 빛을 이용해 신비한 분위기를 표현하고 있는 것이다. 화가는 일식(아마도 1330년 7월 16일에 있었던 개기일식)을 직접 목격했기 때문에 강한 확신을 가지고 빛을 묘사할 수 있었을 것이다. 그는 편지에서 일식 관측으로 인해 눈이 반쯤 멀었다고 고백했다. 한 양치기가 신비한 빛으로부터 눈을 가리고 있는 야경을 그린 이 그림에는 그의 트라우마가 나타나 있다. 윌리엄 블레이크William Blake가 1795년에 출판한 예언적 시인 『로스의 노래The Song of Los』(그림

49)의 표제 삽화는 일식 중에 있는 태양과 같은 천체가 다른 종류의 고도로 의인화된 신비주의를 나타내고 있다. 여기에서는 상상력의 신적 측면인 로스(영혼을 의미하는 sol의 철자를 거꾸로 쓴)가 제단 또는 그의 대장간 앞에서 존경의 표시로 무릎을 꿇고 있다.

하늘에 짙은 안개가 끼어 있는 경우나 해가 뜨거나 질 때와 같이 태양빛이 대기를 길게 통과하는 경우에는 필터 없이도 태양을 바라볼 수 있다. 클로드 모네Claude Monet가 그린 〈인상, 일출 Impression, Sunrise〉(1872년, 마르모탕 박물관, 파리)에는 안개를 통해 보이는 낮은 고도에 있는 태양이 그려져 있다(그리고 프랑스 르 아브르 항구의 물에 반사된

50 폴 맨십Paul Manship, 〈하루Day〉, 1938년. 청동. 34.3×66.7cm.

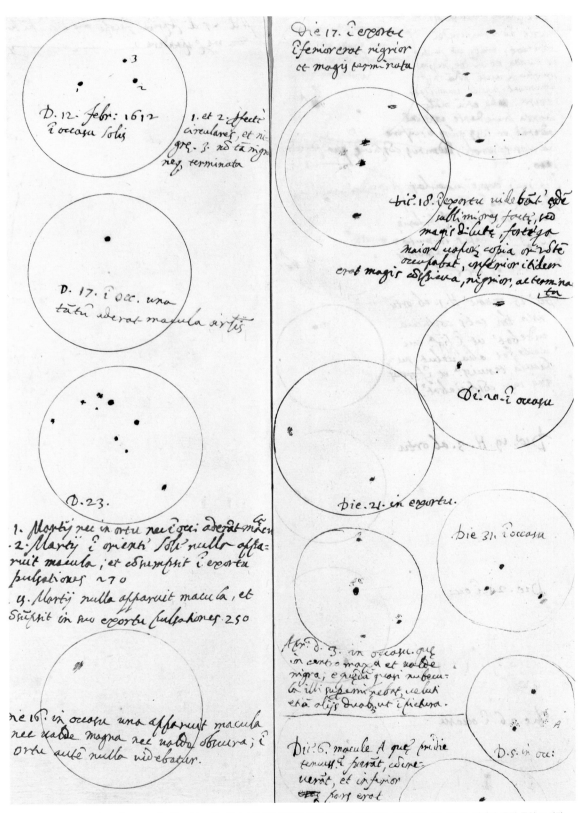

51 갈릴레오 갈릴레이(Galileo Galilei), 1612년 2월 12일~3월 1일까지 관측한 태양의 흑점. 종이에 갈색 잉크, 원고 GAL 57, 69r쪽, 피렌체, 국립 중앙 도서관.

52 도나토 크레티Donato Creti와 라이몬도 만치니Raimondo Manzini, 〈천체 관측: 태양Astronomical Observations: Sun〉, 1711년, 캔버스에 유채, 51×35cm.

53 요하네스 헤벨리우스Johannes Hevelius, 헤벨리우스가 태양의 모습을 어두운 방에 투영해 일식을 관측하고 있다. 『천체기기Machina coelestis』(단치히, 1673년)에서 발췌. 판화.

54 고수인 드 메츠Gossuin de Metz, 일식. 〈세계의 이미지Image du monde〉로부터 발췌한 그림의 일부. 1320년, 양피지에 수채. 원고 Français 574, 103r쪽. 프랑스 국립 도서관. 파리.

빛을 통해서도 태양을 볼 수 있다.). 「르 샤리바리」에 실린 이 그림에 대한 비평에서 평론가 루이 르로이Louis Leroy가 '인상파'라는 명칭을 처음으로 사용했다.

반대로 고흐Vincent Van Gogh가 그린 〈해질녘의 버드나무Willows at Sunset〉(1888년, 크뢸러-뮐러 미술관, 오테를로)에서는 낮은 고도에 있는 태양의 빛을 밝은색을 이용해 과장하고, 강렬한 빛살을 그려 태양과 풍경의 힘을 증폭시켰다. 낮 장면에서 고흐가 종종 그를 매료시킨 태양(그의 많은 작품들에서 다른 천체들 역시)의 힘을 강조한 것은 자연에 대한 그의 강렬한 반응을 표현한 것이다. 그는 〈별이 빛나는 밤The Starry Night〉(그림 246)에서와 같이 요

동치고 있는 창조적인 힘을 나타내기 위해 대담한 색채와 거친 붓질을 사용했다.

태양은 모든 표면에서 빛이 나오기 때문에 시대를 막론하고 예술가들은 태양의 빛살을 그릴 때 빛나는 것으로 표현한다. 많은 예술가들은 초현실주의 화가 조르조 데 키리코가 그린 〈이젤 위의 태양Sun on the Easel〉(1973년, 조르조 이사 드 키리코 재단, 로마)에서와 같이 구체적인 태양빛을 그렸다. 미국의 아르데코 조각가 폴 맨십Paul Manship이 제작한 청동 조각 작품 〈하루Day〉(그림 50)에서는 고도로 장식적이고 형식적인 방법으로 태양빛을 표현했다.

망원경으로 태양을 관찰하는 것(망원경을 이용

55 베아투스 데 리에바나Beatus de Liébana와 S. 히에로니무스S. Hieronymus, 일식과 월식, 『성 세베르의 묵시록 Apocalypse of Saint-Sever의 주해』에서 발췌, 11세기, 양피지에 수채, 원고 Latin 8878, 141r쪽, 프랑스 국립 도서관, 파리.

56 타데오 가디Taddeo Gaddi, 세 폭 제단화의 날개: 〈십자가 처형The Crucifixion〉, 1330~1334년경, 패널에 템페라와 금박, 39.5×13.9cm.

57 조반니 디 파올로Giovanni di Paolo, 식, 단테의 『신곡Divina Commedia』에서 발췌, 1444~1450년경, 양피지에 수채, 예이츠 톰슨 원고 36, 132쪽, 영국 도서관, 런던.

58 미상의 발렌시아 화가, 〈십자가 처형The Crucifixion〉, 1450~1460년경, 패널에 유채, 44.8×34cm.

59 마티아스 그뤼네발트Matthias Grünewald, 〈작은 십자가 처형The Small Crucifixion〉, 1511~1520년경, 패널에 유채, 61.3×46cm.

한 발견들과 함께)은 17세기 초 갈릴레이까지 거슬러 올라간다. 갈릴레이가 1613년에 출판한 『태양 흑점에 대한 편지Istoria e dimostrazioni intorno alle macchie solari』에 포함되어 있는, 1612년부터 잉크로 그린 태양 그림들에는 태양의 흑점이 나타나 있다. 갈릴레이가 거의 매일 그린 수십 장의 그림들을 매타에우스 그루터Matthaeus Greuter가 판화로 만든 이 그림들은 태양의 자전을 보여 주고 있다 (그림 51).

100여 년 후 도나토 크레티Donato Creti가 캔버스에 그린 〈태양Sun〉(그림 52)에서는 투영된 태양의 이미지를 이용하던 당시의 망원경을 볼 수 있

다. 특별한 필터 없이 태양을 바라보는 것은 위험하기 때문에 반사가 심하지 않은 표면에 투영시켜 보는 것이 안전하다. 이 그림은 군인이자 열정적인 자연주의자였고, 아마추어 천문학자였던 루이지 페르디난도 마르실리Luigi Ferdinando Marsili 백작이 그려 달라고 요청했던 여러 장의 천문 관측 그림들 중 하나다. 그는 교황 클레멘트 6세가 볼로냐에 그의 관측기구들(그림 116)을 설치할 천문대를 짓는 것을 지원하도록 설득하는 데 이 그림들을 사용하고 싶어 했다. 갈릴레이 역시 태양을 관측할 때 이와 같은 방법을 사용했을 것이 틀림없다. 그리고 1639년 제러마이아 호록스Jeremiah

Horrocks가 금성이 태양면을 통과하는 것을 관측할 때도 아마 동일한 방법을 사용했을 것이다. 금성의 태양면 통과(트랜싯)는 19세기 말에 그려진 맨체스터 시청 벽화들 중 하나의 주제가 되었다. 요하네스 헤벨리우스가 쓴 『천체기기Machina coelestis』(1673~1679년)의 첫 번째 책에는 태양의 일식을 관찰하는 또 다른 투영 방법이 나타나 있다(그림 53).

일식을 만들어 내는 태양과 달 사이의 관계는 기원전 2500년 전의 고대 스톤헨지 시대부터 잘 알려져 있었다. 우리는 현재 태양 지름이 지구 지름보다 100배 더 크고 달 지름보다 400배 더 크며, 태양까지의 거리가 달까지의 거리보다 400배 더 멀다는 것을 알고 있다. 따라서 태양과 달은 하늘에서 거의 같은 각도로 0.5도 정도의 호를 가진 크기로 보인다. 달은 타원 궤도를 따라 지구를 돌고 있고, 지구 역시 타원 궤도를 따라 태양을 돌고 있기 때문에 태양이나 달의 겉보기 크기는 10% 범위 안에서 변한다. 달이 밝은 태양 표면을 완전히 가리면 개기일식이 된다. 달의 크기가 태양의 밝은 표면을 모두 가릴 수 없을 정도로 작으면 태양의 가장자리가 고리 형태로 보이는 금환일식이 나타난다.

14세기에 고수인 드 메츠Gossuin de Metz가 쓴 〈세계의 이미지Image du monde〉라는 제목의 원고에 포함되어 있는 삽화(그림 54)에는 일식이 일어나는 과정이 양피지 위에 그린 도표를 이용해 설명되어 있다. 고수인 드 메츠는 이 그림에 일식을 일으키는 세 천체의 위치 관계를 정확하게 묘사했다. 이것은 11세기에 그린 『성 세베르의 묵시록Apocalypse of Saint-Sever』에 실려 있는 삽화(그림 55)에서 일식과 월식을 비유적이고 비과학적으로 묘사한 것으로부터 큰 진전이 있었음을 나타낸다. 4세기 후 조반니 디 파올로Giovanni di Paolo는 단테 알리기에리의 『신곡Divina Commedia』의 삽화로 일식을 그렸다(그림 57).

여러 세기 동안 일부 기독교인들은 예수가 십자가에서 처형될 때 일식이 일어났다고 믿었다. 그러나 수 세기 동안의 연구에 의하면 예수가 처형되던 역사적인 순간에 천문학적인 사건은 없었다. 실제로 그런 일이 일어나지 않았어도 지상에서의 사건을 천문학적인 사건과 연결시키는 일은 자주 있는 일이었다. 14세기 중반에 타데오 가디는 종교적인 세 폭짜리 그림 중 우측 그림에 강렬한 〈십자가 처형The Crucifixion〉 장면을 그렸다(그림 56). 이 일식 장면은 마가복음, 마태복음, 누가복음서에 십자가 처형이 있었던 날 낮에 하늘이 어두워졌다고 기록되어 있는 것을 그림으로 나타낸 것이다. 가디는 개기일식을 나타내기 위해 뾰족한 벽의 맨 위쪽에는 금색 바탕 대신에 어두운 청색을 칠했고, 테두리는 은색(현재는 산화되었지만 한때는 밝은색이었다.)으로 둘렀다. 우리는 이 화가가 일식으로 인해 일시적으로 시력을 잃었다는 사실을 알고 있다. 그는 개기일식에 대한 자신의 경험을 이처럼 혁명적인 방법으로 표현했다. 우주가 혼돈 속에 있다는 것을 상징하는 일식에 대한 그의 묘사는 이탈리아 르네상스 초기에 나타나고 있던 자연 현상 관찰에 대한 관심을 잘 드러낸다.

다음 세기에도 십자가 처형 장면에 일식 또는 달 없이 태양만 포함시키는 전통이 계속되었다(그림 58). 16세기에 마티아스 그뤼네발트

60 페테르 파울 루벤스Peter Paul Rubens, 〈십자가 들어올리기Raising of the Cross〉(세 폭 제단화의 두 패널), 1611년, 패널에 유채, 중앙 패널 4.6×3.4m, 날개 패널 4.6×1.5m, 성모마리아 성당, 안트베르펜.

Matthias Grünewald가 그린 〈작은 십자가 처형The Small Crucifixion〉(그림 59)에서는 태양의 좌측 아래쪽이 달그림자에서 벗어나 밝아지는 것을 보여 줌으로써 개기일식이 끝나기 직전의 순간을 나타내고 있다. 페테르 파울 루벤스는 안트베르펜 성당을 위해 그린 세 폭짜리 제단화인 〈십자가 들어올리기Raising of the Cross〉(그림 60)와 〈쿠 드 랑스Coup de lance〉(1619~1620년, 왕립 미술관, 안트베르펜)에 일식을 그렸다. 다른 화가들도 이런 전통을 따랐다. 그런 화가들 중에는 〈십자가 처형〉에

부분일식을 포함시킨 필리프 드 샹파뉴Philippe de Champaingne(1655년, 그르노블 박물관), 마티유 르 냉 Mathieu Le Nain(1635~1640년, 개인 소장), 후세페 데 리베라Jusepe de Ribera(1643년, 디오세사노 미술관, 빅토리아, 알라바, 스페인) 같은 사람들이 있다.

종종 태양-달-지구가 완전하게 배열되어 있지 않아 지구에서는 부분일식만 보일 때도 있다. 2018년에도 부분일식이 관측되었다. 그리고 개기일식이 일어날 때도 중심 부분에서 벗어나 있는 사람들에게는 부분일식으로 보인다. 이렇게

61 내과의사의 접는 연대기에 수록되어 있는 일식, 1430~1431년, 양피지에 수성 물감과 잉크, 원고 Harley 937, 8r쪽, 영국 도서관, 런던.

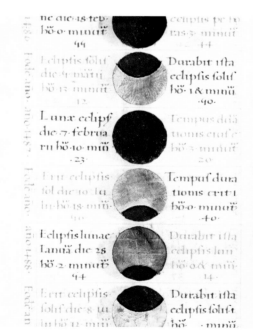

62 크리스티아누스 프롤리아누스Christianus Prolianus, 〈일식 테이블Tabulae Eclipsium〉, 조아키누스 드 지간티부스Joachinus de Gigantibus의 『아스트로노미아Astronomia』 5부에서 발췌, 1478년, 양피지에 수채, Latin 원고 53, 71r쪽, 라이랜드 중세 컬렉션, 맨체스터 대학.

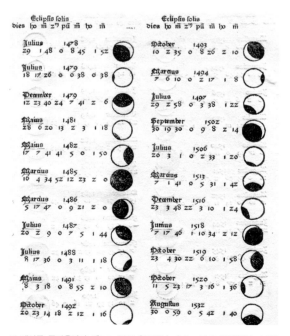

63 제이콥 플라움Jakob Pflaum, 일식, 『달력Calendarium』에서 발췌(울름, 1478년), 목판화.

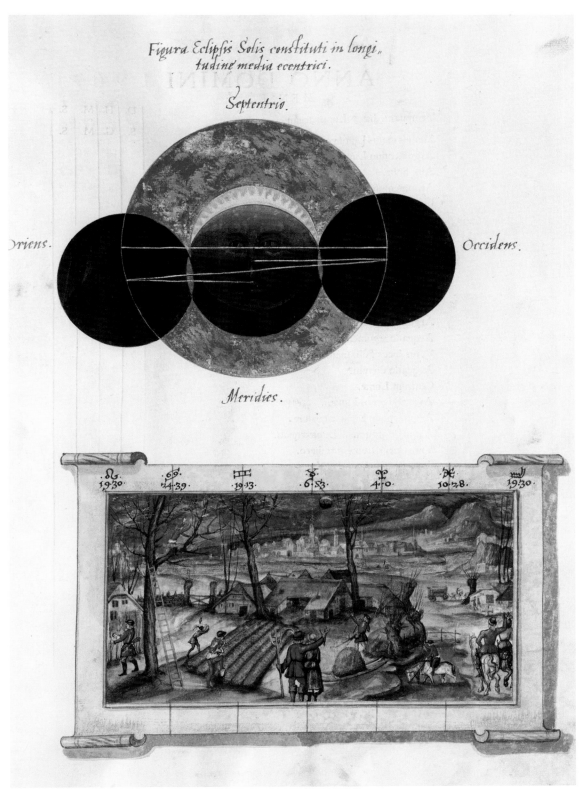

64 사이프리안 카라섹 르보비키(Cyprián Karásek Lvovický), 『이클립스 루미나리움Eclipses Luminarium』에서 발췌한 1567년 4월 8일에 일어날 것으로 예측된 부분일식. 1555년. 양피지에 수채. 원고 Cod. icon. 181 (HSS), 21r쪽, 바이에른 국립 도서관, 뮌헨.

65 안드레아 오르카냐Andrea Orcagna, 일식을 보고 있는 〈죽음의 승리The Triumph of Death〉의 일부. 1350년경, 프레스코화, 오페라 박물관, 산타 크로체, 피렌체.

66 라파엘로와 작업실 화가들, 〈이삭과 레베카를 훔쳐보는 아비멜렉Isaac and Rebecca Spied upon by Abimelech〉, 1518년, 프레스코화, 레오 10세의 방, 바티칸, 로마.

중심축에서 벗어난 위치에서 일어나는 일식을 그린 예에는 15세기에 발행된 내과 의사 연감에 포함되어 있는 그림(그림 61)과 독일 천문학자 레기오몬타누스가 만든 『달력Calendarium』(1476년)에 포함된 목판화가 있다. 30년 후에는 월식도 포함되었다. 거의 같은 시기에 만들어진 크리스티아누스 프롤리아누스Christianus Prolianus가 만든 다이어그램(그림 62)과 제이콥 플라움Jakob Pflaum이 만든 『달력』(그림 63)에도 일련의 부분일식 그림이 포함되어 있다.

16세기에 보헤미아의 천문학자 사이프리안 카라섹 르보비키Cyprián Karásek Lvovický가 그린 〈이클립스 루미나리움Eclipses Luminarium〉은 현대 컴퓨터가 많은 영상을 합성하는 것과 비슷한 방법으로 일식을 일으키면서 태양 앞을 지나가는 달의 그림자를 보여 주고 있다(그림 64). 앞에서도 이야기했듯이 페트루스 아피아누스가 1540년에 출판한 『천문학 신전Astronomicum Caesareum』에는 여러 개의 동심원을 이용해 일식을 계산하는 장치에

대한 설명이 포함되어 있었다(그림 27).

가장 성공적인 개기일식에 대한 초기 설명은 오르카냐Orcagna라는 이름으로 더 잘 알려진 안드레아 디 시오네Andrea di Cione가 그린 〈죽음의 승리The Triumph of Death〉(그림 65)를 장식하고 있던 테두리 그림에 나타나 있다. 아쉽게도 현재는 손상되어 전해지지 않는다. 흑사병이 유행했던 1348년 이후 그려진 이 그림에는 당시의 종말론적 세계관과 앞에서 이야기했던 가디가 그린 2개의 일식 그림에도 나타났던 관측에 대한 초기 르네상스의 관심이 반영되어 있다. 오르카냐가 그린 그림에는 신비한 빛을 보기 위해 눈을 가리고 있는 두 사람이 포함되어 있다. 대략 200년 후 라파엘로가 그린 소형 프레스코화 〈이삭과 레베카를 훔쳐보는 아비멜렉Isaac and Rebecca Spied upon by Abimelech〉(그림 66)에도 달그림자와 태양 주변의 코로나가 보이는 일식이 포함되어 있다. 이 그림은 아마도 1518년 6월 8일에 그가 관측한 금환일식을 바탕으로 하고, 개기일식 때 달그림자 둘

67 작자 미상. 1483년의 일식, 『기적에 관한 아우크스부르크의 책Augsburg Book of Miracles』 87쪽, 1550년경, 종이에 수성 물감·과슈·검은 잉크, 카틴 컬렉션.

레에 밝게 보이는 태양의 코로나가 보이도록 일부 수정했을 것이다. 우리가 이전에 출판한 책에서도 언급했듯이 창세기 26장 7~8절의 내용을 그린 이 그림에서 라파엘로는 이삭과 레베카가 일식이 일어날 때의 어둠을 이용해 그들의 애정행각을 숨기려 했지만 아비멜렉이 그것을 보고 있었다는 것을 표현하고 있다. 1550년에 독일에서 출판된 '기적'이라는 제목의 책에 포함되어 있는 이름이 알려지지 않은 화가가 그린 또 다른 일식 그림(그림 67)은 1483년에 있었던 일식을 나타냈을 가능성이 있다. 달 주변에 개기일식 때 볼 수 있는 흰색 코로나를 그린 화가는 그해 롬바르디아를 휩쓸어 5만 명의 목숨을 앗아간 또 다른

불길한 사건인 메뚜기의 재앙도 포함시켰다. 요하네스 케플러Johannes Kepler는 1604년에 출판한 『광학Optics』에서 이 코로나를 처음으로 언급했다.

프랑스의 매너리즘 화가 앙투안 카롱Antoine Caron은 그의 수수께끼 같은 그림 〈일식을 관측하고 있는 천문학자들Astronomers Studying an Eclipse〉(그림 68)에서 비정통적인 일식(다른 천체 현상일 가능성도 있는)을 그렸다. 실제 태양 코로나는 카롱이 그린 것과 달리 노란색이 아니며, 하늘과 구름도 일식 때 나타나는 것과는 다르다. 그러나 색을 제외하면 태양의 모양과 그 주변은 오늘날의 사진에 나타나는 개기일식 때의 코로나를 닮았다. 프랑스 카트린 드 메디시스 왕비의 궁정 화가였던 카

68 앙투안 카롱Antoine Caron, 〈일식을 관측하고 있는 천문학자들Astronomers Studying an Eclipse(디오니시우스 아레오파기타가 이교도 철학자들을 개종시킴)〉, 1570~1580년경. 패널에 유채. 92.7×72.1cm.

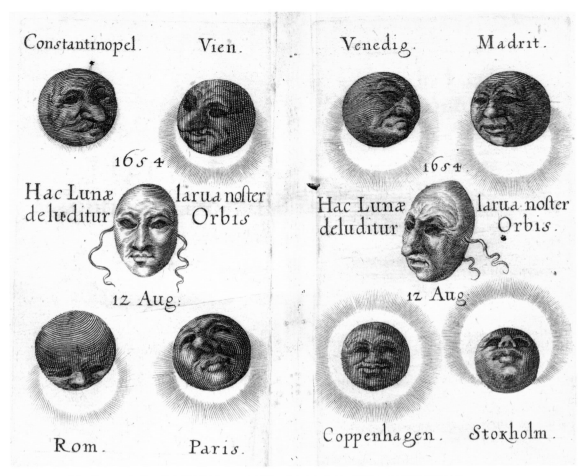

69 제이콥 발데(Jakob Balde, 1654년 8월 12일의 일식, 『일식… 두 권의 책De eclipsi solari… libri duo』(뮌헨, 1662년)에서 발췌, 판화.

롱은 일식을 관측하고 있는 실제 천문학자를 그렸을 가능성이 있다. 그림의 주제는 고대 그리스와 관련이 있지만 카롱의 그림은 그가 1571년 1월 25일에 있었던 일식을 실제로 관측했을 가능성을 나타내고 있다. 앞쪽에는 철학자가 하늘을 바라보면서 혼천의를 가리키고 있고, 철학자 옆에는 사도행전에 나오는 디오니시우스 아레오파기타가 하늘을 가리키면서 다른 사람이 들고 있는 천구를 바라보고 있다. 이것은 카롱이 천문학적 사건을 그렸다는 것을 나타낸다. 천문학의 여신인 우라니아(1장 참고)의 조각상은 뒤쪽에 있는

뒤틀린 기둥 위에 서 있다. 이 그림에는 25년 후에야 발명된 망원경이 빠져 있다.

좀 더 과학적으로 성숙한 17세기에는 다양한 일식 그림들이 그려졌다. 제이콥 발데Jacob Balde가 그린 일련의 일식 그림들 중 일부는 부분일식을 표현한 것이지만 적어도 하나에는 코로나가 나타나 있다(그림 69). 토성의 고리를 자세하게 관찰한 것으로 널리 알려진 천문학자 요하네스 헤벨리우스는 작은 망원경으로 부분일식을 관측하고 있는 자신을 수채화 삽화로 그리고, 동반된 편지에 이러한 내용을 설명해 놓았다(그림 70). 또 다른 그

70 요하네스 헤벨리우스Johannes Hevelius, 헤벨리우스의 부분일식 관측을 포함하고 있는 편지의 일부. 1676년 4월 29일. 종이에 수성 물감과 잉크, 파리 천문대 도서관.

림(그림 53)에는 일식을 안전하게 관찰하기 위한 투영 도구가 나타나 있지만 눈을 보호하기 위한 조치에 대해서는 언급하지 않았다. 투영된 영상을 관찰할 때는 특별한 필터를 사용하지 않아도 안전하다.

1715년 5월에 있었던 일식(그림 71)의 경로를 예측한 궁정 천문학자 에드먼드 핼리가 출판한 방대한 책들은 일식 관측의 분수령이 되었다. 이 것은 달의 그림자가 지구 표면을 지나가는 경로를 최초로 보여 준 것이었다. 그림 아래 있는 글에서 핼리는 오늘날 우리가 '시민 과학'이라고 부르는 것을 요청했다. 그는 사람들에게 자신들이 실제로 관측한 내용을 제보해 달라고 요청했다. 그의 예측은 위치에 있어 30킬로미터의 오차가 있었고, 일식이 일어난 시간에서는 4분 정도의 오차가 있었다. 그러나 그는 수정한 1715년의 일식 경로와 영국과 유럽을 지나간 1724년의 일식

경로를 보여 주는 지도를 만들었다. 21세기에는 달 표면의 3차원 지도를 작성할 수 있는 일본 항공우주탐사국의 카구야 탐사위성과 NASA의 달 정찰위성Lunar Reconnaissance Orbiter을 이용해 천문학자들은 핼리보다 훨씬 정밀하게 일식 경로를 예측할 수 있다. 그들은 현재 일식 시간을 0.1초의 오차 내에서 정확하게 예측할 수 있을 뿐만 아니라 개기일식이나 금환일식이 일어나는 동안에 달의 가장 깊은 골짜기를 통해 비추는 빛이 만들어내는 베일리의 염주와 달 가장자리에 있는 골짜기들의 배열에 의해 나타나는 다이아몬드 고리 효과도 정확하게 예측할 수 있다.

이름이 알려지지 않은 화가가 파리 천문대를 배경으로 해 핼리가 관측한 1715년의 일식을 열심히 관찰하는 사람들의 모습을 그리기도 했다(그림 72). 전에는 이 그림이 1724년에 파리에서 관측할 수 있었던 일식을 그린 것이라고 잘못

71 에드먼드 핼리|Edmond Halley, 1715년 일식의 경로를 포함하고 있는 전단지. 1715년. 판화. 40.4×24.7cm 크기의 종이.

72 작자 미상, 〈1715년의 일식과 파리 천문대Solar Eclipse of 1715 with Paris Observatory〉, 1715년경, 캔버스에 유채, 155×180cm.

알려졌었다. 그러나 그림에 나타난 일식 시간은 1715년의 일식과 일치한다.

　이때까지의 대부분의 일식 그림은 설득력이 부족했다. 특히 개기일식을 그린 그림은 더욱 그랬다. 다만 1735년부터 코스마스 다미안 아잠Cosmas Damian Asam이 벨텐부르크에 있는 바바리안 교회를 위해 그린 독일 바로크 제단화 〈성 베네딕트의 환상Vision of St Benedict〉(그림 74)에는 달의

가장자리에서 비추는 눈부신 빛살(약간 부정확하기는 하지만)에서 개기일식에 이어 나타나는 다이아몬드 고리 효과(그림 73)가 설득력 있게 표현되어 있는 것을 발견할 수 있다. 여러 글에서 이야기했던 것처럼 아잠은 여러 번의 일식(1706, 1724, 1733년)을 관찰했고, 그것을 일련의 작품들을 통해 기록했다. 일부는 성 베네딕트 성당에 그린 것으로 매우 정확하게 묘사했다. 그는 핼리를 비롯해 다

른 사람들이 만든 일식 지도도 알고 있었을 것이다. 종종 조각가였던 동생 에기트 퀴린 아잠Egid Quirin Asam과 함께 일했던 그는 자신의 일식 관측을 6세기에 성 그레고리가 쓴 『대화Dialogues』에 기술되어 있는 성 베네딕트의 신성한 빛에 대한 환영을 시각화하는 데 이용했다.

18세기에도 일식에 대한 관심은 계속되었다. 천문학자이며 수학자였던 요한 가브리엘 도펠마이어가 만든 『천구 지도』가 1742년에 출판되었다. 1707년에 시작된 일식에 대한 그의 아이디어는 이전에 카렐 알라드Carel Allard와 같은 다른 사람들에 의해 먼저 출판되었다(그림 76). 제임스 퍼거슨James Ferguson이 만든 '이클립사레온Eclipsareon'은 일식 때 천체들의 배열을 재현할 수 있는 기계장치로 에칭 기법을 이용해 만들었다(그림 75). 이것은 천문학자들이 천문학에 관심을 가지고 이 분야에서 이루어진 최신 발견을 배우고 싶어 하는 일반인들에게 일식과 관련된 역학을 강의할 수 있도록 했다.

태양을 과학적으로 이해하기 시작한 19세기에는 천문학적 현상을 기록하는 일이 사람의 손에서 사진으로 옮겨 갔다. 19세기 초 영국의 뛰어난 풍경화 화가 존 린넬John Linnell은 그가 런던에서 해가 뜰 무렵에 관측한 1816년의 부분일식을 색분필을 이용해 그렸다(그림 77). 우리는 영국박물관에 소장되어 있는 같은 일식을 그린 세 장의 그림 중 두 번째 그림을 통해 그가 이 그림을 블룸즈버리의 스트레텀가 2번지에서 그렸다는 것을 알 수 있다. 스칸디나비아와 동유럽에서는 이 일식을 개기일식으로 관측할 수 있었다.

'샤프 슈터'라는 익명을 사용한 이름이 알려지지 않은 화가는 1830년경 일식 이미지를 이용해 재미난 정치풍자화를 그렸다(그림 78). 이 그림에는 '최근 조지의 별Georgium Sidus에서 발견된 일식'이라는 제목이 붙어 있다. 조지의 별은 40년 전에 천문학자 윌리엄 허셜이 그가 발견한, 현재 우리가 천왕성이라고 부르는 행성에 붙였던 이름이었다. 이 그림은 매우 인기 있었던 웰링턴 공작이 조지 4세를 가리고 있다고 풍자하고 있다.

1842년 7월 8일에 있었던 개기일식은 코로나와 함께 태양을 사실적으로 묘사한 그림들이 그려지도록 했다. 이런 그림들 중에는 리앤더 러스Leander Russ가 그린 극적인 그림(개인 소장)도 있다. 극적인 효과를 위해 이탈리아의 화가 이폴리토 카피Ippolito Caffi는 베네치아에서 관측한 일식을 그린 베두타veduta에서 그림자 부분과 반그림자 부분의 상대적인 밝기 차이를 강조했다(그림 79). 1851년 7월 8일 크림 반도의 페오도시야에서 관측된 개기 일식 장면은 약 25년 후 이반 콘스탄티노비치 아이바조프스키Ivan Konstantinovich Aivazovsky가 그렸다(그림 80). 아마도 일식 때 그린 스케치를 바탕으로 했을 것이다. 프랑스의 삽화가 그랑빌J. J. Grandville은 상상력을 발휘해 1844년에 『다른 세상Un autre monde』에서 가벼운 터치로 일식을 부부 사이의 사랑 행위로 나타낸 '부부 관계 일식'을 그렸다(그림 81).

천문학과 관련된 가장 유명한 일화는 과학자이며 예술가였던 에티엔 레오폴드 트루블로Étienne Léopold Trouvelot의 이야기일 것이다. 그의 가족은 1851년 프랑스 쿠테타가 실패한 후 미국으로 이주했다. 1860년대에 트루블로가 실험하고 있던 매미나방의 일부가 달아났고, 이로 인해 오

73 윌리엄스 칼리지 탐사대. 붉은색 채층을 보여 주는 다이몬드 고리 효과가 나타난 일식.

74 코스마스 다미안 아잠Cosmas Damian Asam, 〈성 베네딕트의 환상Vision of St Benedict〉, 1735년. 캔버스에 유채. 2.71×1.33m. 벨텐부르크, 독일.

75 제임스 퍼거슨James Ferguson, '이클립사레온The Eclipsareon', 퍼거슨과 호록스의 『아이작 뉴턴의 원리로 설명한 수학을 공부하지 않은 사람도 쉽게 읽을 수 있는 천문학Astronomy Explained upon Sir Isaac Newton's Principles, and Made Easy to Those Who Have Not Studied Mathematics…』(런던, 1790년)의 열세 번째 판화.

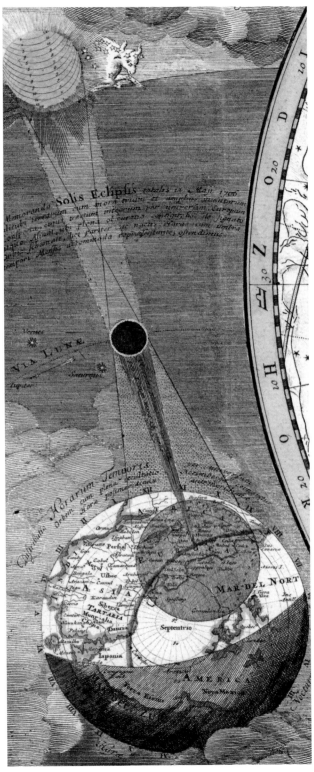

76 카렐 알라드Carel Allard(이후 도펠마이어), 〈남반구 하늘 지도Planisphaerii coelestis
hemisphaerium〉에서 1706년 5월 12일 개기일식의 경로를 보여 주는 하늘 지도의
일부. 천에 붙인 인쇄물.

77 존 린넬John Linnell, 〈1816년 11월 19일에 있었던 일식에 대한 연구Studies of the Solar Eclipse of 19 November 1816〉, 1816년, 종이에 색분필, 13.2×27cm.

78 작자 미상, 〈최근 '조지의 별'에서 발견된 일식An Eclipse Lately Discovered in the 'Georgium Sidus'〉, 1830년경, 손으로 칠한 판화, 35.3×24.7cm.

79 이폴리토 카피Ippolito Caffi, 〈1842년 7월 8일 베네치아의 일식Solar Eclipse of 8 July 1842, Venice〉, 1842년, 캔버스에 유채, 84×152cm.

80 이반 콘스탄티노비치 아이바조프스키Ivan Konstantinovich Aivazovsky, 〈1851년 페오도시야에서 관측된 일식Solar Eclipse in Feodosiya in 1851〉, 1876년, 캔버스에 유채, 81×118cm.

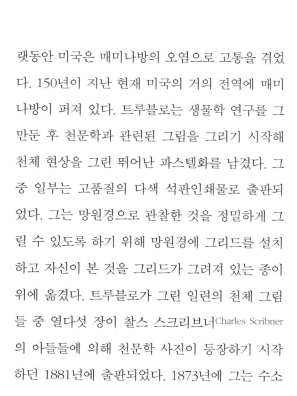

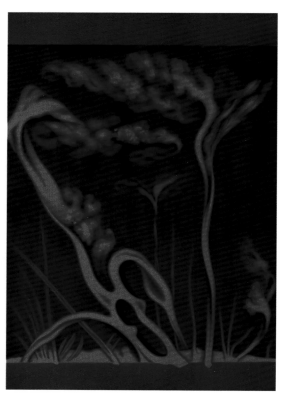

81 J. J. 그랑빌J. J. Grandville, 『다른 세상Un autre monde』(파리, 1844년)에서 발췌한 '부부 관계 일식', 목판화.

82 에티엔 레오폴드 트루블로Étienne Léopold Trouvelot, 1873년 5월 5일에 관측된 〈태양의 홍염Solar Protuberances〉, 『트루블로 천문학 드로잉 매뉴얼 The Trouvelot Astronomical Drawings Manual』(뉴욕, 1881년)의 두 번째 판화. 다색 석판인쇄. 94×71cm.

랫동안 미국은 매미나방의 오염으로 고통을 겪었다. 150년이 지난 현재 미국의 거의 전역에 매미나방이 퍼져 있다. 트루블로는 생물학 연구를 그만둔 후 천문학과 관련된 그림을 그리기 시작해 천체 현상을 그린 뛰어난 파스텔화를 남겼다. 그 중 일부는 고품질의 다색 석판인쇄물로 출판되었다. 그는 망원경으로 관찰한 것을 정밀하게 그릴 수 있도록 하기 위해 망원경에 그리드를 설치하고 자신이 본 것을 그리드가 그려져 있는 종이 위에 옮겼다. 트루블로가 그린 일련의 천체 그림들 중 열다섯 장이 찰스 스크리브너Charles Scribner의 아들들에 의해 천문학 사진이 등장하기 시작하던 1881년에 출판되었다. 1873년에 그는 수소

가 내는 붉은빛만을 볼 수 있는 분광기를 이용해 태양 표면으로부터 160킬로미터까지 뻗어 있는 '태양의 홍염'을 그렸다. 그는 1873년 5월 5일에 태양 표면의 작은 부분에서 관측된 홍염을 그렸다(그림 82). 홍염은 자기장에 의해 태양 표면에 만들어지고 한동안 형태를 유지한다. 그는 또한 태양의 적도에서 나오는 큰 흐름이 보이고 극지방에 큰 기둥들이 뻗어 나오고 있는 일식 그림을 그렸다(그림 83). 이들은 모두 코로나의 자기장으로 인해 발생하는 현상들이다. 그가 그린 일식 그림들은 1878년 7월 29일 미국 와이오밍 지역(현 와이오밍 주)의 크레스턴에서 관측된 일식을 바탕으로 한 것이었다.

80

83 에티엔 레오폴드 트루블로Étienne Léopold Trouvelot, 1878년 7월 29일 와이오밍 지역 크레스턴에서 관측된 〈개기일식Total Eclipse of the Sun〉, 『트루블로 천문학 드로잉 매뉴얼The Trouvelot Astronomical Drawings Manual』(뉴욕, 1881년)의 세 번째 판화, 다색 석판인쇄, 71×94cm.

84 헨리 해리슨Henry Harrison, 〈1875년 9월 29일 뉴저지 주 저지시티에서 관측된 적도 흐름이 보이는 금환일식Annular Eclipse with Equatorial Streamers, 29 September 1875, from Jersey City, NJ〉, 캔버스에 유채, 63.5×63.5cm.

85, 86 디에고 리베라Diego Rivera, 〈라몬 고메즈 데 라 세르나의 초상화Portrait of Ramón Gómez de la Serna〉, 1915년. 캔버스에 유채.
109.6×90.2cm/위: 눈 부분.

1870년 12월에 있었던 개기일식은 지브롤터와 북아프리카를 160킬로미터 너비로 지나갔다. 건지 출신의 폴 제이콥 나프텔Paul Jacob Naftel은 〈일식과 옛 영광Solar Eclipse and Old Glory〉(왕립 천문학회, 런던)이라는 제목의 그림을 그렸고, 이는 후에 판화로 만들어지기도 했다. 앞쪽에는 일단의 사람들이 망원경을 이용해 구름 사이로 보이는 개기일식을 관측하고 있다.

헨리 해리슨Henry Harrison의 그림은 개기일식을 나타내고 있기 때문에 이 그림의 제목인 〈1875년 9월 29일 뉴저지 주 저지시티에서 관측된 적도 흐름이 보이는 금환일식Annular Eclipse with Equatorial Streamers, 29 September 1875, from Jersey City, NJ〉의 내용은 정확한 것일 수 없다(그림 84). 미국에서 인접해 일어났던 두 번의 일식은 1869년과 1878년에 관측된 것이다. 그러나 제목에 표시된 날짜에는 뉴저지가 아니라 뉴욕의 알바니에서 금환일식이 관측되었다. 해리슨은 다른 사람이 그린 개기일식 장면을 잘못 베낀 것이 틀림없다. 태양의 90%만 가려진 부분일식에서는 금환일식의 경우와 마찬가지로 코로나가 보이지 않는다.

개기일식으로 어두워진 하늘에서 발견되는 '일식 혜성'도 사람들의 관심을 끌었다. 아서 슈스터Arthur Schuster가 1882년 이집트에서 코로나를 찍은 사진에 일식 혜성이 나타나 있다(그림 293). 이 일식 혜성은 실제 혜성처럼 보인다. 그러나 다른 일식 혜성들은 '코로나 물질 분출'인 것으로 밝혀졌다. 코로나 물질 분출에 대한 자세한 내용은 1995년 유럽 우주국이 발사한 태양 및 태양권 관측위성에 장착되어 있던 해군 연구소의 코로나 관측용 천체 망원경이 수집한 자료를 분석한 후

에야 알게 되었다.

1915년에 멕시코의 화가 디에고 리베라Diego Rivera는 저명한 스페인 극작가이며 소설가였던 고메즈 데 라 세르나Gómez de la Serna의 초상화를 그렸다(그림 85, 86). 앉아 있는 사람의 눈에는 일식 동안에 볼 수 있는 코로나를 그렸다. 실제로 고메즈 데 라 세르나는 그가 쓴 금언적인 시 〈그레게리아스Greguerías〉에서 "일식이 있은 후에 달이 검댕을 지우기 위해 얼굴을 씻었다."라고 표현했다. 차츰 리베라 자신도 일식 마니아가 되었다. 1932년 8월 31일에 디트로이트 예술학교를 위해 벽화를 그리고 있던 리베라는 그의 아내 프리다 칼로Frida Kahlo를 비롯해 몇몇 사람들과 함께 지붕으로 달려가 일식을 관측했다. 메인 주에서 개기일식으로 관측할 수 있었던 이 일식을 디트로이트에서는 부분일식으로만 관측할 수 있었다. 그때까지 개기일식이나 금환일식을 관측할 기회가 없었지만 리베라는 일식의 상징성과 문학적 개념에 매료되었다.

20세기 초의 많은 화가들은 일식 이미지를 상징으로 사용했다. 예를 들면 독일에서 활동했던 스위스 출신 화가로 천문학적 이미지에 관심이 많았던 파울 클레Paul Klee는 제1차 세계대전을 상징하는 일식과 폭발이 포함된 수채화 〈일식Solar Eclipse〉(1918년, 개인 소장)을 그렸다. 클레는 전쟁이 발발한 직후인 1914년 8월 21일에 있었던 일식을 관찰하기 위해 그의 집이 있던 뮌헨으로부터 멀리 여행할 수 없었다. 스칸디나비아와 현재의 벨라루스와 우크라이나에서 개기일식을 관찰할 수 있었다. 그러나 크림 반도에서는 하늘에 구름이 많았을 뿐만 아니라 전쟁으로 인해 앨버

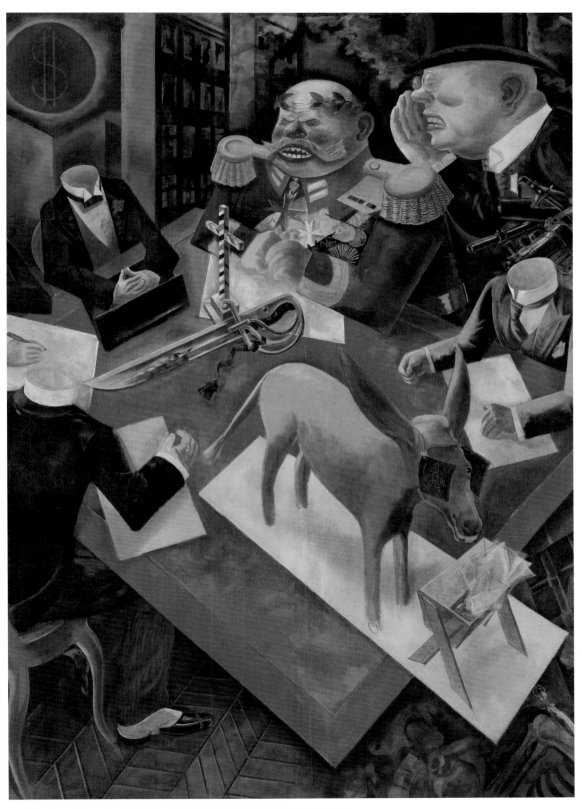

87 게오르게 그로스George Grosz, 〈일식Eclipse of the Sun〉, 1926년, 캔버스에 유채, 207.3×182.5cm.

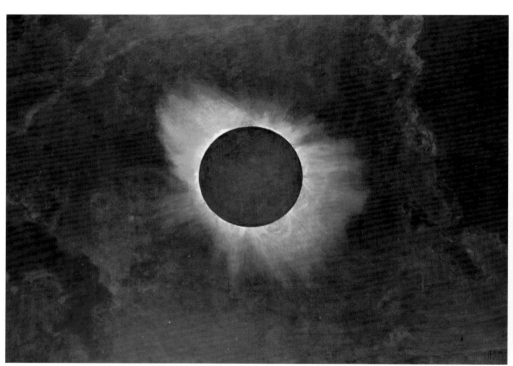

88 하워드 러셀 버틀러Howard Russell Butler, 〈세 폭 제단화: 1918, 1923, 1925년의 일식Triptych: Solar Eclipses of 1918, 1923, 1925〉, 1926년, 캔버스에 유채. 왼쪽 패널: 173×248cm; 가운데 패널: 241×170cm; 오른쪽 패널: 165×234cm, 미국 자연사 박물관, 뉴욕.

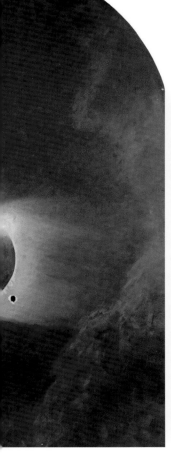

89 니콜라스 로에리치Nicholas Roerich, 〈이고르 왕자의 전투Prince Igor's Campaign〉, 1942년. 캔버스에 템페라. 91.4×127cm.

트 아인슈타인이 새롭게 구상한 일반 상대성 이론을 증명할 결정적인 기회를 놓쳤다. 독일의 표현주의 화가 게오르게 그로스George Grosz가 1926년에 악몽 속에서나 나올 법한 장면을 그린 〈일식Eclipse of the Sun〉에서는 일식이 진리의 빛이 가려질 때 나타날 수 있는 악마의 은유로 사용되었다(그림 87). 독일을 통과한 개기일식은 없었지만, 그로스는 무기 제작자들의 전쟁 도발을 나타낸 이 이상하고 사회비판적인 작품의 극적인 효과를 위해 일식의 상징성을 이용했다.

미국인으로 프린스턴 대학에서 물리학 학위를 받은 하워드 러셀 버틀러Howard Russell Butler는 풍경화 화가 프레더릭 에드윈 처치Frederic Edwin Church와 멕시코에서 화가로 함께 생활했다. 빠르게 스케치를 했다가 후에 그것을 유화로 바꾸는 자신의 방법을 기사에 소개했던 버틀러는 미 해군 관측소로부터 1918년 오리건 주에서 관측할

수 있었던 일식 관측팀에 합류하도록 초대되었다. 그 당시에는 직접 그리는 것이 사진보다 더 정확한 결과를 내놓았지만 점차 카메라의 정확성에 밀려나게 되었다. 버틀러는 일식에 매료되어 1923년과 1925년에 있었던 일식도 그림으로 남겼다. 그는 수십 년 동안 뉴욕에 있는 미국 자연사 박물관의 헤이든 천체 투영관 입구에 전시되었던 세 폭짜리 그림을 그렸다(그림 88). 그는 반 정도 크기의 세 폭 그림들도 그렸는데 이 작품들은 버펄로 과학박물관, 프린스턴 대학, 필라델피아에 있는 프랭클린 연구소에 소장되어 있다. 그리고 한 장으로 된 일식 그림은 뉴욕 시에 있는 스태튼 아일랜드 박물관에 소장되어 있다. 후에 버틀러는 메인 주 해변에 있던 자신의 스튜디오 위에서 관측한 1932년 일식을 그리기도 했다.

20세기 중반의 화가들 역시 일식의 이미지를 사용하는 다른 방법을 모색했다. 1942년에 러시

90 폴 내시Paul Nash, 〈해바라기 일식Eclipse of the Sunflower〉, 1945년, 캔버스에 유채, 71.1×91.4cm.

91 찰스 레인Charles Rain, 〈식The Eclipse〉, 1946년, 판자에 유채, 45.7×61cm.

92 로베르 들로네Robert Delaunay, 〈원형들, 태양 No.2Circular Forms, Sun No.2〉, 1912~1913년경, 캔버스에 아크릴, 100×68.5cm.

93 로이 리히텐슈타인Roy Lichtenstein, 〈일식Eclipse of the Sun〉, 1975년, 캔버스에 오일과 마그나, 101.6×177.8cm.

아 화가 니콜라스 로에리치Nicholas Roerich는 12세기에 있었던 이고르 스비아토슬라비치 왕자의 군사 작전을 일식으로 장식된 하늘을 이용해 표현했다(그림 89). 러시아의 건국 신화인 이 이야기는 러시아에서는 널리 알려져 있는 이야기로 알렉산드르 브로딘Aleksandr Borodin의 오페라 〈이고르 왕자〉에서도 다루어졌다. 이 오페라의 도입부는 일식이 일어나는 시간으로 설정되었다. 신비주의로 기울었던 로에리치는 일생 동안 하늘을 가로질러 지나가는 유성, 혜성, 오로라와 같은 다양한 천체 현상들을 그렸다. 1943년에 미국의 화가 아서 도브Arthur Dove가 추상적인 일식 그림인 〈태양The Sun〉(1943년, 스미스소니언 미국 미술관, 워싱턴 D.C.)을 그렸다. 그리고 폴 내시Paul Nash가 1945년에 그린 〈해바라기 일식Eclipse of the Sunflower〉은 천문학 및 식물학이 관련된 재미있는 시각적 그림이다(그림 90). 비슷한 시기에 찰스 레인Charles Rain이 그

린 초현실주의 그림인 〈식The Eclipse〉에는 다이아몬드 고리 효과가 나타나 있는 일식이 신비한 세상을 구성하고 있는 여러 가지 불안 조성 물체들 중 하나로 포함되어 있다(그림 91).

추상화 화가들은 일식을 나타내기 위해 덜 사실적인 원들을 사용했으며 때로는 연작으로 그리기도 했다. 아내 소니아와 함께 소위 말하는 오르피즘을 창시했던 프랑스의 화가 로베르 들로네Robert Delaunay도 그가 그린 〈원형들, 태양 No.2Circular Forms, Sun No.2〉(그림 92)를 통해 알 수 있는 것처럼 그런 사람들 중 한 사람이다. 그리고 바실리 칸딘스키Wassily Kandinsky가 그린 〈여러 개의 원들Several Circles〉(1926년, 솔로몬 R. 구겐하임 박물관, 뉴욕)에도 그런 경향이 나타나 있다. 미국의 팝아트 작가 로이 리히텐슈타인Roy Lichtenstein은 1975년부터 〈일식Eclipse of the Sun〉(그림 93)을 포함하는 일식 연작을 그렸다. 1970년 혹은

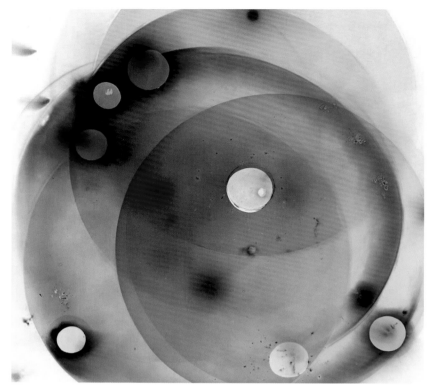

94 로즈마리 피오레Rosemarie Fiore, 〈연기 식 #52Smoke Eclipse #52〉, 2015년. 햇빛이 비추는 종이에 불꽃놀이의 연기와 그을음. 71.1×71.1cm.

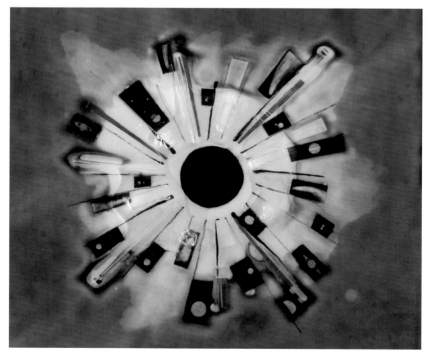

95 러셀 크로티Russell Crotty, 〈코로나그래프Coronagraph〉(코로나 관측용 망원경), 2017년. 혼합 매체. 51×51cm.

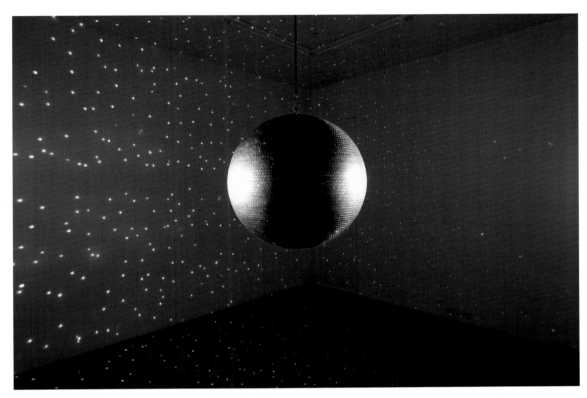

96 케이티 패터슨Katie Paterson, 〈전체성Totality〉, 2016년, 혼합 매체, 지름 83cm.

1972년에 미국에서 관측이 가능했던 일식 때 그가 개기일식을 관찰하기 위해 여행을 했을 가능성이 있다. 방향성이 있는 모양들은 극적인 일식의 진행 과정을 효과적으로 나타내고 있다. 이런 경향에 따라 좀 더 최근에는 로즈마리 피오레Rosemarie Fiore가 놀라울 정도로 경험적인 〈연기 식#52Smoke Eclipse #52〉(그림 94)를 포함하는 식 연작을 만들었다. 혁신적이고 도전적인 재료를 사용한 그는 햇빛이 비추는 종이 위에서 연기를 피우는 불꽃놀이 물질에 불을 붙였다.

99년 전 하워드 러셀 버틀러가 오리건에서 관측한 일식을 그린 후 처음으로 아메리카 대륙의 서부 해안부터 동부 해안까지를 가로질러 지나간 일식이 있었던 '위대한 미국 일식'의 해인 2017년에는 더 많은 화가들이 일식에 관심을 가졌다. 러셀 크로티Russell Crotty는 새로운 종류의 작품인 금속, 아크릴, 수지를 이용해 전체적인 일식 이미지와는 다른 천문학적인 천체들을 빛살로 나타내는 〈코로나그래프Coronagraph〉 시리즈(그림 95)를 설계했다. 마지막으로 2016년에 케이티 패터슨Katie Paterson이 만든 역작 〈전체성Totality〉이라는 구성 작품에는 수백 장의 개기일식 이미지들이-100년이 넘은 그림에서 사진에 이르기까지-수집되었고, 거울로 된 구에 보이는 일식의 단계들을 포함해 1만 장의 이미지가 사용되었다(그림 96). 이것은 현대 사진술이 개기일식 동안에 경험할 수 있는 놀라운 효과를 나타내기에 충분하지 않다는 것을 일깨워 주고 있다.

97 달의 신의 숭배: 이스쿤—신(바빌로니아 북부)의 통치자였던 해시—해머의 원통형 인장(위)으로 찍어낸 그림(아래). 기원전 2100년경. 녹옥. 높이 5.3cm. 지름 2.87cm.

94

Chapter 4

—

달과 월식

인류를 위한 거대한 도약!

널 암스트롱

미국 우주비행사 널 암스트롱Neil Armstrong과 버즈 올드린 주니어Buzz Aldrin Jr.가 1969년 7월 20일 아폴로 11호로 달에 착륙했을 때 그들은 인류가 오래전부터 가지고 있던 꿈을 실현했다. 지구에 중력을 작용해 바닷물이 들고 나는 조석 현상을 만들어 내는 달은 지구 문명에 많은 영향을 주었다. 달은 지구의 종교지도자, 예술가, 시인, 철학자, 천문학자, 그리고 밤하늘의 아름다움에 매료된 모든 사람들에게 큰 감동을 준다. 그것은 달이 맨눈으로 하늘을 관측하는 사람들에게 주기적으로 변하는 모습을 보여 주는 유일한 천체이기 때문이다. 이 장에서는 수많은 자료들 중에서 선정된

몇 가지 예들을 통해 서양 문화에서 달을 어떻게 간주해 왔는지 알아보고, 달 지도를 작성해 온 역사를 시대 순으로 살펴볼 것이다.

오리냐크 구석기Aurignacian Palaeolithic 시대였던 기원전 3만 년경에 이미 사냥과 채취를 하던 일부 사람들은 달의 위상이 변화하는 주기를 기록으로 남겼으며, 후에는 휴대할 수 있는 뼛조각에 태음력을 새겨 넣어 날짜를 계산하는 데 사용했다. 이보다 오래전인 약 3만 5000년 전에 남아프리카와 스와질란드 사이에서 사용했던 원숭이 종아리뼈인 레봄보 뼈Lebombo bone에도 29개의 표시가 새겨져 있는데, 이는 음력 날짜를 나타내는 것으로 보인다. 달의 평균 공전 주기는 29.5일이다.

달은 해가 뜬 후에도 하늘에서 볼 수 있는 유일한 천체다(간혹 금성이 보일 때도 있다.). 달은 작

은 초승달일 때도 낮에 볼 수 있다.(아마추어 천문
학자들은 누가 더 작은 달을 찾아내는지 내기를 하기도 한
다. 현재의 기록은 '그믐달'이 지나고 열한 시간 후에 관측
된 달이다. 그믐달은 지구와 달, 태양이 일직선으로 배열될
때의 달로 달의 어두운 부분이 지구를 향하고 있어 달이 전
혀 보이지 않는다.) 이누이트와 같이 북극 지방에 사
는 사람들에게는 어떤 의미에서 태양보다 달이
더 중요하다. 낮에도 태양빛이 거의 없는 긴 겨울
동안에는 달이 가장 많은 빛을 비춰 준다. 따라서
그들의 우주론에서 달이 가장 중요시 여겨지는
것은 당연한 일이다. 지구의 거대한 위성인 달은
모행성과의 비율로 보면 태양계에서 가장 큰 위
성이다.(왜소 행성인 명왕성의 다섯 위성 중 가장 큰 위성
인 카론은 모성과의 비율이 달보다 크다.) 달은 원래 지
구의 일부였다. 충돌에 의해 지구에서 떨어져 나
간 부스러기들이 모여 만들어졌다. 한 달을 주기
로 변하는 달의 위상은 모든 달력의 기초로 사용
된 자연이 제공한 시계다. 실제로 한 달을 가리키
는 달month이라는 말도 '달moon'에서 유래했다.

과학 발전의 분수령이 된 17세기 이전의 많은
서양화가들도 달을 실제로 관찰하고 이를 그림으
로 그려 우리의 관심을 끌 만한 작품들을 남겼다.
달에 대한 그들의 열정은 영국의 시인 존 밀턴
의 '이상한 광기moon-struck madness'(실낙원, 11권, 485
쪽)라는 말에서 비롯된 것이 아니라 자연과 세상
의 현상들에 대한 끊임없는 호기심으로부터 시작
되었다. 일부 예술가들이 그린 천체 그림들을 보
면 그들이 '첫 번째 다른 세상'이라고 불렀던 하
늘과 달에 많은 관심을 가지고 있었다는 것을 알
수 있다. 지구의 위성이 항상 시적인 상상력에 요
술을 건 것은 놀라운 일이 아니다. 고대 그리스의

98 조토 디 본도네Giotto di Bondone, 〈최후의 심판The Last Judgement〉의 일부, 1301~1306년경. 프레스코화. 스크로베니 교회. 파도바.

피타고라스 때부터 달은 피곤한 영혼을 위한 휴
식처로 간주되었다.

종교가 하늘과 연결되어 있었고, 점성술이 사
회 전반에 영향을 주던 초기 유럽 문명에서는 달
을 항상 정형화된 모습으로 표현했다. 달의 정형
화된 모습은 대개 초승달이었다. 기원전 2100년
경에 만들어진 북바빌로니아의 집정관이었던 해
시-해머의 원통형 인장(그림 97)과 가장 오래된
천체 다이어그램, 또는 우주의 이미지라고 여겨
지는 기원전 1600년경에 만들어진 네브라 하늘
원반(그림 18)에도 초승달이 포함되어 있다.

그리스의 영향을 받은 로마 예술에서도 하늘

을 묘사한 그림에 종종 초승달이 포함되어 있었다. 그들이 그린 달의 모습들은 과학적인 면보다는 상징적인 면이 강했다. 그러나 헬레니즘 시대에 만들어진 천문학 파피루스는 예외였다. 고대의 달 묘사에는 보통 달과 사냥의 여신(로마 신화의 다이애나에 해당하는)인 아르테미스가 함께 나타나 있다. 셀레네Selene(로마에서는 루나)는 달을 의인화한 존재였다. 달을 연구하는 것을 가리키는 셀레노그라피selenography라는 말은 셀레네에서 유래한 말이다. 콜로냐의 천주교 도서관이 소장하고 있는(Codex 83) 힐데볼트의 원고(798~805)에서와 같이 중세에는 아르테미스와 다이애나를 합쳐 루나라고 불렀다. 코페르니쿠스 이전의 프톨레마이오스 천문 체계에서는 동심 천구들로 이루어진 우주의 중심에 지구가 자리 잡고 있었고, 지구 주

위를 도는 달에는 위상 변화가 나타나고 있었다. 달은 쉽게 알아볼 수 있는 초승달 모습으로 가장 많이 묘사되었다. 윤곽만 그린 초상화와 마찬가지로 초승달은 단축과 원근법이 필요 없이 달을 나타내는 가장 간단한 방법이었다.

14세기 초 초기 천문학의 중심지였고, 후에 갈릴레오 갈릴레이가 학생들을 가르쳤던 파도바 대학에서 피렌체의 화가 조토는 달과 태양을 색다른 방법으로 포함시켰다. 조토가 엔리코 스크로베니의 개인 기도실에 그린 〈최후의 심판Last Judgement〉이라는 제목의 프레스코화에는 우주가 천사가 말고 있는 밝은 두루마리로 그려져 있다(그림 98). 이 기도실에 그린 일련의 그림들 중 가까이에 있는 〈동방박사의 경배〉에는 서양 예술에서 처음으로 혜성이 사실적으로 묘사되어 있다.

99, 100 고수인 드 메츠Gossuin de Metz, 달의 위상과 방향. 〈세계의 이미지Image du monde〉의 일부. 1320년. 양피지에 수채. 원고 Français 574. 99r쪽과 101v쪽. 프랑스 국립 도서관, 파리.

'스텔라 코메타stella cometa'라고 부른 이 혜성은 오늘날의 핼리 혜성이다(그림 135). 조토의 〈최후의 심판〉에 그려진 달의 모습은 루나 여신이 '달의 사람'에 의해 가려졌을 때를 나타낸 9세기 그림의 달과 같은 형태로 그려졌다. 로마 시대의 플라톤주의자였던 플루타르크Plutarch의 대화편 『달에 있는 얼굴에 대하여On the Face in the Moon』(75년 이후)에도 이런 달의 모습에 대한 설명이 포함되어 있다. 그러나 조토는 단순히 당시 널리 사용되고 있던 형식화된 달의 모습을 그대로 그린 것은 아니었다. 그는 달 주기의 4분의 3이 조금 지난 하현달에 보통과 다른 달 사람의 얼굴을 그렸다. 이 얼굴에는 주름진 달 표면에 '점들'이 희미하게 흩어져 있는 것이 나타나 있다. 이것은 갈릴레이가 달 표면이 매끄럽다는 생각에 의문을 갖기 300년 전이었다.(고대 로마의 작가 플리니우스Pliny가 쓴 『자연의 역사Natural History』에서는 바위투성이처럼 보이는 달 표면은 지구로부터 옮겨 간 먼지가 수분에 의해 흡수되었기 때문이라고 설명했다.) 이 점들의 모습은 달에 감금되어 있는 가인으로 널리 묘사되었다. 시인 단테는 여러 작품에서 달에 잡혀 있는 가인의 문제를 다루었으며, 삽화가 포함된 작품인 『코메디아Commedia』의 삽화 소재로도 사용되었다. 이 작품들에는 베아트리체가 달과 달 표면의 점들에 대해 언급하는 모습이 그려져 있다(원고 홀컴 514, 49쪽, 홀컴 홀, 레스터 백작 도서관, 노픅). 조토가 그린 은색의 달은 조성이나 음영법에 있어 1511년에 독일 화가 알브레히트 뒤러가 제작한 목판화(그림 205)에 나타난 달 사람과 같이 양식화된 달이 아니라 자연스러운 모습으로 표현되어 있다.

조토의 뒤를 이어 활동했던 시에나화파의 화가로 고향인 토스카나에서 하늘을 관찰했던 피에트로 로렌체티Pietro Lorenzetti도 아시시에 있는 성 프란치스코 성당에 그린 프레스코화의 두 야간 장면 〈최후의 만찬Last Supper〉과 〈예수를 배신함The Betrayal of Christ〉에 사실적인 유성우를 그렸다(그림 207). 각 장면에서 로렌체티는 초승달(〈예수를 배신함〉에서는 양쪽 꼬리 부분이 너무 길다.)을 지구의 빛이 비추는 원반의 일부로 그렸다. 두 그림에서 달의 위치가 다른 것은 시간의 흐름을 나타내기 때문이다.

역사학자들은 인류 역사에서 이 시기가 학자들이 달의 성격에 대해 논쟁을 벌이던 시기였다고 생각하고 있다. 이 시기에 작성된 삽화가 포함된 원고들에 나타난 도표들은 달의 위상 변화와 달과 태양의 상대적인 위치 사이의 관계를 명확하게 이해하고 있었다는 것을 보여 주고 있다(그림 99, 100). 달의 위상 이름을 이해하는 쉬운 방법은 네 가지 단어를 기억하는 것이다. '초승달crescent'은 달의 4분의 1 이하가 밝게 보이는 달을 나타내고, '보름달에 가까운 달gibbous(곱사등이라는 뜻의 라틴어에서 유래한)'은 반 이상이 밝게 보이는 달을 의미하며, 'wanning'은 밝게 보이는 부분이 작아지고 있는 것을 나타내고, 'waxing'은 밝은 부분이 커지는 것을 나타낸다. 당시에 그려진 월식을 설명하는 교육적인 그림들에는 이런 용어들과 달을 관찰한 세밀한 내용들이 포함되어 있다.

월식은 달이 지구 그림자에 가려질 때 일어난다. 월식이 일어나기 위해서는 지구와 달, 태양이 일직선으로 늘어서야 한다. 월식에는 개기월식, 부분월식, 반영식 등 세 가지가 있다. 이 가운데 가장 극적인 것은 달이 지구 그림자 안으로 모

101 얀 반 에이크Jan van Eyck, 〈십자가 처형The Crucifixion〉의 일부, 1440~1441년경. 목판의 그림을 캔버스에 유채로 옮김.

102 프란체스코 페셀리노Francesco Pesellino, 〈성 제롬, 그리고 성 프랜시스와 십자가 처형The Crucifixion with Saint Jerome and Saint Francis, 1445/1450년. 패널에 템페라. 61.5×49.1cm.

두 들어가는 개기월식이다. 이것은 보름달일 때만 나타나는데 개기월식이 얼마나 오랫동안 일어나는지는 달의 위치에 따라 달라진다. 지구 그림자에 의해 태양에서 직접 오는 빛은 모두 차단되기 때문에 개기월식 때 보이는 빛은 지구 대기에 의해 굴절된 빛이다. 이 빛은 석양빛과 마찬가지로 어두운 붉은빛이다. 개기월식 동안 흰색으로 밝게 보이는 태양빛이 비추는 지역이 가려지면 어두운 부분이 붉은색으로 물들어 전체 달 표면이 붉게 보인다. 이런 달을 종종 '블러드 문blood moon'이라고 부르는데 천문학적 용어는 아니다.

지구의 특정 지역에서만 일식을 관측할 수 있는 것과는 달리 월식은 보름달이 지구 그림자 안으로 들어가는 것이므로, 그 시간에 밤인 곳이면 지구 어디에서나 관찰할 수 있다. 월식은 여러 시간 동안 계속된다. 개기월식은 다섯 시간 정도에 걸쳐 일어나며, 달이 완전히 가려지는 시간은 한 시간이 조금 넘는다. 이것은 개기일식이 달그림자가 지나가는 지역에서 단지 몇 분 동안만 계속되는 것과 비교된다. 일식이 이렇게 짧은 시간만 계속되는 것은 달그림자의 크기가 작기 때문이다. 그러나 부분일식은 세 시간 정도 계속된다. 일식과는 달리 월식은 눈 보호 장구 없이도 안전하게 관찰할 수 있다. 매년 적어도 두 번, 많을 때는 다섯 번의 월식이 일어나기도 한다. 그러나 개기월식은 이보다 훨씬 드물게 일어난다. 한 월식

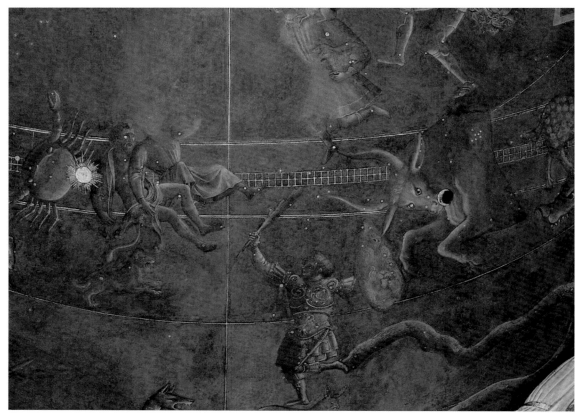

103 파올로 달 포초 토스카넬리Paolo dal Pozzo Toscanelli와 미상의 화가, 제단 위 돔에 그린 황소자리에 달이 있는 그림의 일부, 1442년 이후, 프레스코화, 올드 새크리스티, 산 로렌초, 피렌체.

의 날짜와 시간을 알면 다음에 일어날 월식들을 예측할 수 있다. 신세계를 향한 마지막 항해에서 외딴섬에 버려졌던 제노바의 탐험가 크리스토퍼 콜럼버스Christopher Columbus는 1504년 3월 그를 위협하던 현재 자메이카 원주민인 아라와크족을 월식에 대한 지식을 이용해 속이고 위험에서 벗어날 수 있었다. 콜럼버스는 레기오몬타누스의 달력을 이용해 월식을 예측하고 개기월식이 끝나기 바로 전에 아라와크족을 굴복시켜 구조선이 그들을 구조할 때까지 필요한 물자를 공급받을 수 있었다.

로렌체티 이후 1세기 이상 지난 다음에 초기 네덜란드 화가 얀 반 에이크Jan van Eyck는 종교 행사에 사용되는 둘로 접을 수 있는 목판 성상화에 처음으로 사실적인 달이 포함된 십자가 처형 장면을 그렸다(그림 101). 중세와 르네상스 시기에는 많은 화가들이 이와 비슷한 맥락에서 달을 그렸다. 대개 예수의 좌측에 있는 도둑 가까이에는 달을 그리고, 우측에는 이와 균형을 이루도록 태양을 그려 이 세상에 종말이 온 듯한 순간의 우주적 혼돈 상태를 나타내고자 했다. 때로 얼굴을 그려 넣은 달과 태양의 모습은 고도로 양식화되어 있었으며, 일식이나 월식 중에 있거나 붉은색으로 표현되기도 했다(그림 102). 증명되지는 않았지만 32년과 33년의 유대인의 유월절, 장막절 기념 축제일이기도 했던 예수가 십자가에서 처형되던

100

날 부분월식이 일어났다고 주장하는 사람들도 있다. 물론 가능성은 충분히 있다. 그러나 개기월식은 아니어서 '블러드 문'이 나타날 수는 없었다. 그리고 3복음서에 설명된 십자가 처형 당시에 하늘이 어두워진 것은 월식이 아니라 일식 현상이어야 한다(하나의 복음서만이 이것을 일식이라고 했다.). 그러나 실제로는 그날 개기일식이 일어나지 않았다. 늘 그런 것은 아니지만 종종 실제로 일어나지 않은 천문학적 사건을 만들어 역사적 사건과 연결시켰다고 의심하는 사람들의 주장이 옳은 경우가 많다.

비슷한 이전의 그림들과 달리 얀 반 에이크는 '바다maria'라고 부르는 고대 화산 분출로 만들어진 어둡게 보이는 커다란 현무암 지대를 점으로 나타낸 하현달을 그렸다. 이전 천문학자들은 이것을 실제 바다라고 생각했다. 그러나 한참이 지난 후까지도 이것에 적당한 이름을 붙이지 않았다. 반 에이크는 달의 어두운 부분과 밝은 부분 사이의 불규칙한 경계도 그렸다. 그는 달이 잘 보일 수 있도록 색분필로 그린 달을 지평선 위 저 고도에 그렸다. 그러나 성서에 설명된 십자가 처형과 하늘이 어두워지는 사건이 있었던 오후 3시에는 달이 이런 위치에 있을 수 없다. 달은 정오 이전 아침 시간에 그런 위치에 있다. 그럼에도 불구하고 반 에이크 그림의 놀라운 사실성은 그의 예민한 관찰에 따른 결과였다. 이것은 갈릴레이와 천문학자들이 이런 정도의 정확성을 보여주기 훨씬 전에 반 에이크가 당시 사람들의 관측 한계를 뛰어넘었다는 것을 나타낸다. 반 에이크는 종교적 요구와 이론적 원리에 의해 만들어진 양식화된 달의 모습으로부터 벗어나기 위해 자신

이 관찰한 것을 사실적으로 기록했다. 처음 그는 자신이 관여했던 다른 연구를 위해 관찰한 것을 기록했고, 그것을 그림에 포함시킬 때는 약간 변형해 그렸을 것이다.

반 에이크의 달 그림이 더욱 중요한 이유는 그와 그의 형 후베르트의 작업실에서 그린 그림에 포함된 4개의 달들이 모두 낮에 그려졌기 때문이다. 5개의 달 그림은 모두 다른 달의 위상을 나타내고 있다. 이는 오랫동안에 걸쳐 하나 이상의 연구를 수행했다는 것을 의미한다. 처음에는 그들의 관찰 결과를 작업실에서의 검토를 위한 스케치나 관측 노트에 기록했을 것이다. 그들의 이런 노력은 사진술이 사용되기 이전 천문학에서 눈과 손의 공동 작업이 얼마나 중요한지를 보여준다. 레오나르도 다빈치가 나타날 때까지는 다른 화가들이 반 에이크처럼 그렇게 집중적으로, 그리고 냉정하게 달을 관찰하지 않았다.

비슷한 시기에 이름이 알려지지 않은 두 명의 화가가 피렌체에 있는 산 로렌초 올드 새크리스티의 제단 위 돔에 정확한 별 지도와 별자리가 포함된 밤하늘의 일부를 나타낸 프레스코화를 그렸다. 그들의 야심찬 계획에는 황도 위에 태양을 배치할 뿐만 아니라 황소자리에 금박을 입힌 불규칙한 지형과 지구광이 비치는 지역이 표시된 초승달을 배치시키는 것이 포함되어 있었다(그림 21, 103). 15세기에 하늘을 지름이 4미터나 되는 구형에 그린 이 '트롱프 뢰유trompe l'œil(속임 그림)'를 그리는 데는 진전된 원근화법에 대한 계산과 점성술과 천문학을 결합한 지식이 필요했다. 부유한 은행가이며 피렌체의 통치자였던 코시모 데 메디치를 위해 그린 이 프레스코화를 자문한

사람은 천문학자 파올로 달 포초 토스카넬리라고 알려져 있다(그림 137). 그리고 전기 작가이며 서적 판매상이었던 베스파시아노 다 비스티치가 코시모에게 '점성술'을 가르친 것으로 알려져 있다. 코시모는 점성술에 큰 관심을 가지고 있었고 상징주의에 호감을 가지고 있었을 뿐만 아니라 그의 이름과 '코스모스'라는 명칭으로 된 시각적 놀이도 즐겼다. 1986년 이탈리아의 예술사학자 이사벨라 라피 발레리니가 컴퓨터를 이용한 계산을 통해 올드 새크리스티 돔의 그림이 1442년 7월 4일에서 5일 사이의 하늘이라는 것을 밝혀냈다. 그녀는 그날이 나폴리와 시실리, 예루살렘의 왕 앙주의 르네가 십자군에 대한 열기가 달아오르고 있던 시기에 피렌체를 방문한 날이라는 것

도 알아냈다. 이 방문은 신성한 무덤과 올드 새크리스티의 동맹을 보완했다. 어떤 학자들은 다른 설명을 내놓았다. 그런 설명들 중에는 이 날짜가 1442년 7월 9일에 있었던 제단의 축성과 일치한다는 설명도 있다. 그러나 파치 교회의 돔에 그려진 복사본은 이 이론과 맞지 않는다.

다재다능했으며 원근법과 사실적인 탐구에도 남다른 재능을 가지고 있었던 레오나르도 다빈치는 과학적 자세로 달을 관찰하고, 관찰 결과를 담은 기록도 여럿 남겼다. 학자들은 그가 천문학에 관한 책을 쓰려고 했지만 다른 많은 계획의 경우처럼 실행에 옮기지 못했다고 믿고 있다. 이 책의 서문에는 광학에 대한 설명이 들어갈 예정이었는데 당시에는 광학이 원근법의 일부였다. 그가 남

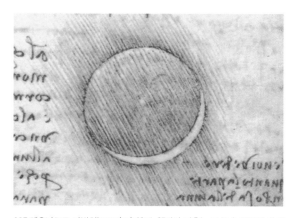

105 레오나르도 다빈치Leonardo da Vinci, 햇빛이 비추는 초승달, 종이에 갈색 잉크, 『코덱스 라이세스터Codex Leicester』 2r쪽의 일부, 윌리엄 H. 게이츠 3세의 컬렉션.

104 레오나르도 다빈치Leonardo da Vinci, 달의 스케치, 1513~1514년, 종이에 먹·석묵·검은색과 갈색 잉크, 65×44cm, 『코덱스 아틀란티쿠스 Codex Atlanticus』 674v쪽, 암브로시아 도서관, 밀라노.

긴 세밀한 관측 노트는 다빈치가 시대를 훨씬 앞서가고 있었다는 것을 보여 주고 있다. 1510년경 지리학 연구와 우주에서의 지구의 위치에 대한 질문의 일환으로 작성한 그의 노트에는 "태양은 움직이지 않는다."라는 기록이 포함되어 있다. 이것은 코페르니쿠스가 지구 중심설을 부정한 것보다 수십 년 앞선 것이다. 더욱 인상적인 것은 달은 빛을 내지 않고 태양빛을 반사하고 있으며, 달 위에 서 있는 사람은 지구가 달과 같은 모습으로 빛을 반사하고 있는 것을 볼 수 있을 것이라고 설명한 것이다. 그는 이 현상을 '지구광'이라고 불렀다. 그러나 그는 별들도 스스로 빛을 내지 않는다고 잘못 알고 있었다.

다빈치가 그린 현존하는 가장 큰 달 그림은 그의 연구와 그림이 수록되어 있는 저서 『코덱스 아틀란티쿠스Codex Atlanticus』와 『코덱스 라이세스터Codex Leicester』(그림 104, 105)에 실려 있다. 두 그림에는 망원경 이전의 달 표면 지도가 그려져 있는데 이는 다빈치가 달 표면의 모습을 상상력이 풍부한 눈이 아니라 과학적인 눈으로 관찰했다는 것을 나타낸다. 그는 노트에 달 위의 모습들을 특정한 지역으로 지칭하지 않고 그냥 점들이라고 표기했다. 많은 메모 중 하나인 그림으로 남긴 관찰 기록에서 다빈치는 "달 위의 점들의 자세한 사항들은… 매우 다양하다."라고 언급했다. 당시 일반적으로 받아들여지던 견해와 다른 또 다른 그의 주장은 달은 지구의 대륙과 바다를 반사하는 볼록거울일 수 없다는 것이다. 그리고 또 다른 경우에 그는 "보름달일 때 보이는 달 위의 점들은 달이 움직이는 동안 절대로 변하지 않는다."라고 설명하고, 이 현상은 달이 항상 같은 면을 지구로 향하고 있기 때문이라고 했다. 이로부터 그는 달이 지구를 도는 공전주기와 같은 주기로 자전하고 있다는 결론을 이끌어 냈다.

다빈치는 달 위에 보이는 점들이 달 자체 위에 있다고 주장했다.

> 어떤 사람들은 달 표면이 거울 표면처럼 매끄러워 지구의 모습을 반사한다고 주장하고 있다. 이런 주장은 사실이 아니다.… 두 번째 이유는 볼록한 물체에 반사된 물체는 원근법에 의해 증명된 것처럼 그 물체의 작은 부분만 보여야 하기 때문이다.

『코덱스 아틀란티쿠스』 310r쪽에는 다빈치가 그린 두 장의 작은 달 스케치가 포함되어 있다. 여기에 나타난 바다는 달 표면에 사람 얼굴 모양으로 보이는 지형을 나타낸다. 좌측에는 보름달(오른쪽 상단에 위난의 바다가 보이는)을 그렸고, 우측에는 4분의 3을 향해 다가가고 있는 하현달의 동쪽 반을 그렸다. 난독증을 가지고 있었던 것으로 알려진 화가가 거꾸로 글을 쓰면서 달의 모습은 똑바로 그린 것이 흥미롭다.

불행하게도 다빈치의 가장 야심찬 달 그림은 절반만이 남아 있다. 페이지에서의 위치로 보아 동쪽 반은 좌측에 있는 다른 페이지에 그렸을 것이다(보름달의 우측 반쪽이거나 4분의 1 초승달이었을 것이다.). 좀 더 정교하게 그려져 있지만 이 그림은 다빈치의 이전 소규모 연구들보다 덜 정확하다. 그럼에도 불구하고 밝게 보이는 고원들과 대비되는 고요의 바다 가까이에 있는 맑음의 바다, 풍요의 바다, 신주의 바다와 같은 지형들을 구별할 수 있다. 커다란 달의 우측 조금 위쪽에 첫눈에는 원으로 보이는 작고 희미하게 그린 보름달이 있다. 완성했다면 이 커다란 보름달의 지름은 대략 17.8센티미터 정도였을 것이다. 이 그림은 1513년에서 1514년 사이에 그린 것으로 보이는데 이때 그는 로마에 있었다.

두 그림 모두에 달의 바다가 나타나 있지만 이들로부터 정확한 칭동(기울어진 달이 흔들리면서 지구에서 볼 때 달 표면의 8분의 5를 보이게 하는 현상)을 결정하는 것은 가능하지 않다. 다빈치의 그림이나 글에 달 크레이터나 선들에 대한 설명이 없는 것은 그가 망원경을 통해 달을 본 적이 없기 때문일 것이다. 망원경이 발명된 것은 1608년의 일이었다. 그러나 다빈치는 달을 관측할 때 후에 이탈리아의 학자이며 수학자였던 베로나의 지롤라모 프라카스토로Girolamo Fracastoro가 사용했던 것과 같은 형태의 확대 장치를 사용했던 것으로 보인다. 관찰 노트에서 다빈치는 미래 독자들에게 (그는 이 노트를 책으로 만들어 출판할 생각을 가지고 있었다.) "달을 확대해 보는 글라스를 만들라."라고 기록해 놓았다. 그러나 그가 언급한 글라스가 무엇을 의미하는지는 확실하지 않다. 초기에는 망원경도 글라스라고 불렀다. 따라서 현재까지 아무도 이 간단한 권고의 의미를 정확하게 이해하지 못하고 있다.

다빈치의 세 번째 달 관측 그림은 얇은 초승달이다(그림 105). 이 그림에는 잿빛 지구광 또는 행성광이 나타나 있으며 '다빈치 글로'라고 부르는 현상이 처음 나타나 있다. 흔히 독일의 수학자 겸 천문학자였던 요하네스 케플러와 그의 스승 미카엘 메스틀린이 1세기 후에 이 현상을 발견했

다고 잘못 알려져 있다. 다빈치는 『코덱스 라이세스터』에 다음과 같이 기록해 놓았다.

일부 사람들은 달이 스스로 빛을 낸다고 생각하고 있지만 그것은 사실이 아니다. 왜냐하면 그들은 초승달의 두 뿔 사이로 보이는 희미한 빛에서 힌트를 얻었기 때문이다. 밝은 부분에 가까이 있을 때는 어둡게 보이지만 배경이 어두울 때는 매우 밝게 보이기 때문에 많은 사람들은 태양빛이 비추는 부분이 끝나는 점에서 시작해 원 형태를 이루고 있는 새로운 복사선의 고리가 있다고 생각한다.… 달의 어두운 부분이 배경보다 얼마나 밝은지를 알고 싶으면 달의 밝은 부분을 손이나 좀 더 멀리 있는 다른 물체로 가리고 보면 된다.

다빈치는 달의 표면이 물로 이루어져 태양빛을 반사한다고 잘못 생각하고 있었다. 그러나 중력이 지구뿐만 아니라 달에도 작용해 이들을 궤도에 붙들어 둔다고 주장함으로써 아이작 뉴턴Isaac Newton을 앞질렀다. 지평선에 보일 때 달이 실제 크기보다 더 크게 보이는 이유를 설명하기 위해 다빈치는 독자들에게 한쪽 면은 볼록하고 한쪽 면은 오목한 렌즈를 가져와 오목한 면을 눈에 대보라고 했다. 볼록한 면 앞쪽에 있는 물체는 지평선에 있는 달이 커져 보이는 것처럼 확대되어 보인다는 것이다.

대략적인 스케치 외에 다빈치가 언급한 많은 달 그림들은 잃어버렸거나 발견되지 않고 있다. 그러나 남아 있는 그림들은 그의 글들과 함께 달에 대한 과학적인 연구를 잘 보존하고 있다. 이

106 라파엘로 산치오Raphael Sanzio, 〈감옥에서 풀려난 성 베드로Liberation of St Peter from Prison〉, 1512~1514년, 프레스코화, 엘리오도로의 방, 바티칸, 로마.

그림들은 과학에 대한 다빈치의 심층적인 관심과 다재다능한 사람이라는 세인들의 평가가 옳다는 것을 잘 증명하고 있다. 그의 노트를 통해 그가 달을 오랫동안 조심스럽게 관측하는 한편 기록한 현상에 대한 이론적 설명을 발전시켜 왔다는 것을 알 수 있다. 다빈치는 용감하게 달에 대한 아리스토텔레스의 설명 일부를 반박했지만 그의 생각에도 오류가 없었던 것은 아니다. 그러나 다빈치의 달에 대한 연구와 항상 의문을 가지고 주의 깊게 관찰하는 태도가 피렌체의 과학과 예술에 뚜렷한 자취를 남긴 것은 놀라운 일이 아니다. 갈릴레이가 원근법과 명암법을 연구해 이탈리아 르네상스 예술과 현대 경험과학의 발전 사이의 밀

접한 관계를 좀 더 확실하게 보여 준 곳이 바로 다빈치가 활동했던 피렌체였다. 그리고 과학에 대한 다빈치의 관심이 그가 바티칸에 머물고 있는 동안 교황청의 천문학적 연구를 가속시킨 것도 확실하다.

말년, 특히 메디치의 교황 레오 10세의 초청으로 로마에 살면서 궁정 학자의 길을 걷고 있던 1513년 이후에 다빈치는 천문학 연구에 더욱 집중했다. 다빈치의 존재와 교황의 인문주의적 경향이 천문학적 관심을 증대시켰고, 교황청에서 적극적으로 활동하고 있던 다른 화가들로 하여금 많은 중요한 달 그림을 그리도록 했다. 이 중에는 라파엘로가 그린 것들도 있다.

107 월식. 『사법 점성술Astrologia Judiciara』의 일부. 15세기, 양피지에 수채. 원고 Latin 7432, 프랑스 국립 도서관, 파리.

그러나 천체 현상에 대한 라파엘로의 관심은 〈폴리그노의 성모Madonna of Foligno〉(그림 201)에서 확인할 수 있는 것처럼 다빈치가 로마에 도착하기 이전부터 시작되었다. 라파엘로가 서명의 방에 그린 천문학을 연구하는 사람들이 수정 천구에 기대고 있는 프레스코화 역시 마찬가지다(그림 10). 그는 네덜란드 부근 지역 출신으로 화가 겸 지도 제작자였으며, 장식화 전문가였던 요하네스 루이시의 도움을 받았다. 루이시는 천문학자들과 함께 일하면서 항해용 차트와 지도를 만들기도 했다.

교황청의 고무적인 지적 환경에서 라파엘로는 여러 개의 달 그림을 그렸다. 바티칸의 교황 레오 10세의 벽이 없는 복도 모양의 방인 로지아에 그린 극적인 일식(그림 66)에서 핵심 요소는 달이었으며, 라파엘로의 빛에 대한 연구 효과를 보여 주는 레오 10세의 개인적인 공간인 엘리오도로의 방에 그린 프레스코화 〈감옥에서 풀려난 성 베드로Liberation of St Peter from Prison〉(그림 106)라는 제목의 야경 그림에도 초승달(또는 부분월식 중인)이 포함되어 있다. 라파엘로는 이 프레스코화에 밝은 빛으로 둘러싸여 있는 천사의 도움을 받아 기적적으로 감옥에서 벗어나는 베드로를 그렸다(사도행전 12장 1~11절). 이 그림에 나타난 달의 이미지는 초자연적인 사건의 빛 효과를 자연 현상으로 가장해 강조하고 있다. 라파엘로의 설명은 월식과 잘 들어맞는다. 베드로가 신의 사자와 함께 탈출하는 동안 달이 극적으로 경비병들의 주의를 분산시키기 때문이다. 더구나 화가의 묘사가 실험적이고 본능적인 감정을 유지하고 있는 것은 화가 자신의 달 관측을 반영하고 있기 때문

이다. 마지막으로 월식이 은유하는 것과 베드로가 경비병들을 그대로 지나 탈출하는 것 사이에는 놀랄 정도로 유사성이 있다.

16세기 초의 새로운 그림 기법으로 인해 인쇄물과 삽화를 포함하고 있는 책들이 서유럽의 지식인들과 이미 월식이나 일식과 관련된 역학에 익숙한 사람들 사이에 널리 읽혀졌다(그림 107). 사크로보스코의 『세상의 구De sphaera mundi』(그림 108)에 담긴 그림과 같은 작품들은 인문주의적인 가정용 장식품으로 인기를 끌었다(그림 26). 천문학적이고 역학적인 도표들은 우주구조학자이며 합스부르크 황제 찰스 5세(아피아누스가 책을 헌정한)의 궁정 천문학자였던 아피아누스가 지은 특별한 『천문학 신전』과 같은 화려한 책에도 나타나 있다. 이 책에는 회전하는 동심구도 포함되어 있었다(그림 109).

달에 대한 다빈치와 라파엘로의 관심은 라파엘로의 바티칸 수행원이었던 세바스티아노 델 피옴보Sebastiano del Piombo에게 전달되었다. 미켈란젤로의 설계를 기초로 그가 그린 장엄한 〈피에타Pietà〉(그림 110)에서는 달의 바다가 나타나 있는 보름달이 중요한 역할을 하고 있다. 교부들의 문서들에 의하면 초대 교부들은 달을 교회의 상징으로 여겼으며, 보름달은 예수의 탄생뿐만 아니라 예수의 죽음으로 인한 기독교 교회의 탄생까지를 포함한 출산을 상징했다. 달에 대한 세바스티아노의 조심스런 묘사는 예수의 시신을 그리기 위해 많은 연구를 했던 것과 마찬가지로 달을 오랫동안 관찰하고 연구한 결과였다. 그는 해부용 시신을 가지고 공부했을 뿐만 아니라 미켈란젤로가 제공한 해부도를 가지고 공부하기도 했다. 그

결과 한 번 보면 잊을 수 없는 그의 작품은 성모의 가슴만큼이나 어둡고 황폐한 풍경을 그림에 담을 수 있었다. 세바스티아노는 자신의 그림에 하늘을 붉게 물들이고 있는 낮의 밝은 빛과 예수의 죽음을 알리고 있는 석양과 같이 다른 보조적인 시각적이고 시적인 은유를 사용했다. 부분적으로 구름에 가려져 있는 높이 떠 있는 달은 골고다의 비극이 부활의 빛을 불러올 것임을 알려주고 있다.

지구로부터 평균 38만 4,400킬로미터 떨어져 있는(달이 타원 궤도를 돌고 있어 달까지의 거리는 항상 변한다.) 달에 대한 현대적인 연구를 시작한 것은 영국에서였다. 망원경이 발명되기 조금 전인 1600년경에 물리학자이며 엘리자베스 1세 여왕

의 내과 의사였던 윌리엄 길버트William Gilbert가 점이 찍혀 있는 달의 얼굴을 그리고 그가 관찰한 것에 라벨을 붙였다. 길버트는 책의 원고에 펜과 잉크로 희미하게 쓴 보름달에 대한 관찰을 경도선과 비슷한 그리드 선과 함께 포함시켰다. 그는 당시 널리 받아들여지던 생각과는 반대로 달 표면에서 밝게 보이는 부분은 물이라고 했고, 어둡게 보이는 부분은 육지라고 했다. 그는 검게 보이는 지역luna maria을 밝게 보이는 바다에 떠 있는 섬이라고 했다. 그러나 우리는 달의 표면이 물이 없는 건조한 땅이라는 것을 알고 있다. 그러나 2018년 8월 NASA는 달의 극지방에 얼음이 있다는 것을 확인했다. 길버트의 이미지는 평면 투영도였기 때문에 다빈치의 그림만큼 미적이지는 않

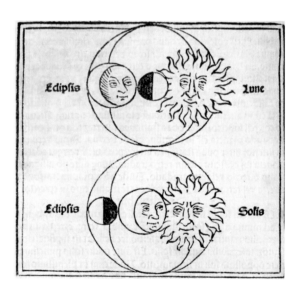

108 요하네스 데 사크로보스코Johannes de Sacrobosco, 월식과 일식, 『세상의 구De sphaera mundi』(베네치아, 1488년)의 일부, 목판화.

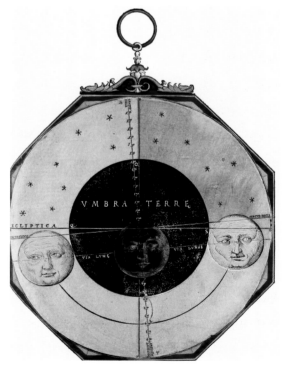

109 미카엘 오스텐도르퍼Michael Ostendorfer, 월식, 페트루스 아피아누스 Petrus Apianus의 『천문학 신전Astronomicum Caesareum』(잉골스타트, 1540년)의 J 판화, 손으로 색칠한 목판화.

았다. 그러나 이 그림의 중요성은 프톨레마이오스가 지구 지도를 제작하기 위해 개발한 기법을 이용한 지도라는 사실에 있다.

길버트는 그의 지도에 13개 바다의 이름을 기입했다. 국가 이미지가 강했던 '브리타니아'(현재는 위난의 바다라고 불리는)라는 이름을 예외로 하면, 달 바다의 이름들은 물리학적이고 지리학적인 방법으로 결정했다. 길버트의 그림은 맨눈으로 관찰한, 가장 오래된 것으로 알려진 달 지도로 후대의 달 지도 작성의 경향을 선도했다. 그럼에도 불구하고 그의 달 지도가 판화로 만들어져 그의 책 『달 아래 세상에 대한 새로운 철학De mundo nostro sublunari philosophia nova』(1651년)에 실려 출판될 때는 그가 바다에 부여한 이름들이 사용되지 않았다. 그때는 이미 망원경 관측을 이용해 만든 다른 지도들에 세 가지 주요한 명명법 체계가 확립되어 있었다. 그러나 달의 지도를 만들기 위한 길버트의 노력은 그를 첫 번째 달 지도 제작자로 인정받게 했고, 달의 표면이 천문학적 삽화의 주류가 되도록 했다.

또 다른 주목할 만한 영국인인 토머스 해리엇Thomas Harriot은 1609년 7월 26일 달의 표면을 그리기 위해 배율이 6배인 망원경을 사용했다(1609년 11월부터 검은 잉크로 그린 여러 장 중 하나로 페트워스에 있는 에그리먼트 컬렉션에 소장되어 있다.). 4개월 후 갈릴레오 갈릴레이가 같은 배율의 망원경을 이용해 달을 관찰하고, 망원경으로 달을 관찰한 첫 번째 사람으로 인정받았다. 불행하게도 해리엇은 자신의 관찰을 완성할 만큼 중요한 것으로 생각하지 않았고, 갈릴레이처럼 즉시 출판할 필요도 느끼지 못했으며, 여러 달 동안 더 이상의 달 그림을 그리지도 않았다. 그는 갈릴레이의 두 번째, 그리고 세 번째 관찰과 같은 시기에 다시 달 관찰을 시작해 최초의 보름달 지도를 1611년에 출판했다. 해리엇은 정직한 방법으로 달의 주요 지형을 그리려고 시도했지만 그는 갈릴레이와 같은 예술가적 훈련이 되어 있지 않았고, 갈릴레이가 밝은 점들이 퍼져 있는 것을 통해 알아냈던 달 표면에 있는 산들의 3차원 구조를 인식하지 못했다. 그러나 해리엇이 망원경을 통해 본 것을 기록으로 남기지 않고 그림으로 그린 것은 달 연구의 분수령이 되었다. 도구를 사용해 시력을 강화하는 망원경이 이제 달을 설명하는 문장을 추월하게 되었다. 달에 대한 해리엇의 관심이 갈릴레이의 노력으로 다시 점화된 것이다. 그는 1610년 여름까지 적어도 스무 장의 수학 다이어그램과 같은 달 그림을 그렸다. 그와 프랜시스 베이컨Francis Bacon이 길버트의 달 지도를 보았을 가능성이 있다. 해리엇이 이름 붙인 '캐스피언The Caspian'이라는 지형이 길버트의 지도에서도 발견되기 때문이다. 민첩한 과학자이며 수학자였던 해리엇은 아마도 1585년 친구였던 월터 롤리Walter Raleigh와 함께한 버지니아 탐사에 대한 설명과 수학에 보다 크다는 것을 나타내는 기호(〉)와 보다 작다는 것을 나타내는 기호(〈)를 도입한 것으로 더 널리 알려져 있다.

현재 열한 장이 남아 있는 1609년부터 갈릴레이가 그린 혁명적인 달의 갈색 수묵화는 예술가적 훈련이 (해리엇과는 달리) 망원경으로 관찰한 것을 정확하게 이해하고 해석할 수 있도록 했다는 것을 보여 준다. 그가 그린 그림들은 목판화로 만들어졌고, 1610년에 여행자가 탐사 결과를 설

110 세바스티아노 델 피옴보Sebastiano del Piombo, 〈피에타Pietà〉, 1514~1517년, 패널에 유채. 2.7×2.25m.

명하는 형식으로 쓴 글과 함께 『별 세계의 메시지』라는 제목의 책으로 출판되었다. "나는 처음 달을 아주 가까이에서 바라보았는데, 달이 지름의 두 배보다 안쪽에 있는 것처럼 보였다." 갈릴레이는 자신이 만든 망원경으로 관찰한 달 표면의 그림을 최초로 출판한 사람으로 인정받고 있다. 그는 후에 배율이 20배나 되는 망원경을 만들었다. 천체 망원경을 통해 본 달의 모습은 위치가 반대로 보이기 때문에 최근까지도 반대로 그림이 그려졌다. 『별 세계의 메시지』에 실린 판화와 설명에는 아무런 이름도 사용하지 않았고, 단지 커다란 어두운 지역을 '위대한 고대의 점들'이라고만 언급했다. 그러나 그의 관찰은 달이 지구와 같은 천체냐, 아니면 수정과 같은 훨씬 이국적인 물질로 이루어진 구형의 물체냐 하는 문제를 매듭지었다. 이것은 아리스토텔레스의 천체는 완전한 구형이고 변화가 없어야 한다는 생각에 최후의 일격을 가한 것이었다.

『별 세계의 메시지』에 수록된 삽화의 기초가 된 생생한 초벌 그림들은 망원경으로 관측한 것을 사실대로 그린 원본일 것이다. 이 초벌 그림들과 판화로 만들어진 그림들을 자세히 살펴보면 그가 관측한 날짜를 정확하게 결정하는 것이 가능하다. 갈릴레이가 달을 처음 관측한 것은 1609년 11월 30일이었다. 기억했던 것을 그린 것이 분명해 보이는 것으로 그 위에 계산을 써놓은 작고 거친 스케치를 제외하면 갈릴레이는 보름달 그림을 그리지 않았다. 가장 그럴 듯한 이유는 그가 보름달에는 나타나지 않는 달 표면의 거친 정도에 관심을 가지고 있었기 때문일 것이다. 망원경 관측을 통해 갈릴레이는 달 표면의 점들이 시간이 지남에 따라 변한다는 것을 알아내고, 이런 현상은 빛이 그림자 안에 있는 산 정상을 비추기 때문이라고 설명했다. 태양의 고도가 높아짐에 따라 빛이 비추는 지역이 넓어진다. 그는 또한 달 표면에서 어둡게 보이는 지역과 밝은 지역의 경계가 매끄러운 직선이 아닌 것은 달 표면이 고르지 않은 복잡한 지형이기 때문이라고 했다. 케플러도 광학에 관한 책 『아스트로노미아 파스 옵티카Astronomiae pars optica』(1604년)에서 달 표면의 낮과 밤의 불규칙한 경계에 대해 같은 결론을 이끌어 냈다. 갈릴레이는 그가 관찰한 것에 그림을 포함시켜 설명하는 새로운 설명 방법을 도입했다. 그가 사용한 단어는 시각적인 그림이었다. 그는 자연주의적인 예술과 이전에 주로 사용되었던 천문학적 설명문을 연결시켰다. 갈릴레이의 이야기를 그대로 기록해 매력이 추가된 이 작은 책은 서양 지식의 역사에서 중요한 이정표가 되었다. 이 책의 중요성은 최근에 있었던 『별 세계의 메시지』 위작과 2013년에 있었던 이 책과 관련된 논란에 의해 오히려 강화되었다.

많은 학자들은 갈릴레이가 자신의 망원경 관측 결과를 정확하게 그릴 수 있었고, 그것을 후세를 위해 보존할 수 있었던 것은 그가 받은 16세기 피렌체의 예술적 훈련 덕분이라고 생각하고 있다. 반면에 반 에이크나 다빈치의 작품들의 경우에는 달의 관찰에서 예술이 과학보다 앞서 있었다. 예술에서도 이전에 달 표면을 그린 평면 지도를 반영할 필요가 있었다. 갈릴레이가 그린 습작들에 나타난 원근법 정의의 일부인 정밀한 명암법 모델은 달빛의 놀라운 질을 잡아내는 세밀한 미적 감각을 지니고 있다. 여기에는 그림자가

드리운 봉우리를 비추는 빛과 그가 '캐비티cavities'라고 부른 크레이터의 빛도 포함되었다. 갈릴레이와 동시대 사람들은 그의 예술적 능력을 인정했다. 그리고 1613년 갈릴레이는 명예로운 피렌체 예술 아카데미인 아카데미아 델 디세뇨의 교수가 되었다. 여기에서 그는 유클리드의 기하학과 원근법을 가르쳤다. 같은 원고의 다른 쪽(16r쪽)에는 낮과 밤 경계의 변화를 이용해 달의 고도를 결정하는 방법을 설명한 다이어그램이 실려 있다. 원근법을 배우는 학생들이 잘 알고 있는 기법을 응용해 갈릴레이는 달의 산들이 지구의 산들보다 크기가 더 크다는 것을 보여 주었다. 그러나 그가 목판을 새기는 사람에게 이런 것들에 대해 얼마나 자세한 지시를 했는지는 알 수 없다.

갈릴레이는 그의 후원자였던 메디치 대공과 연관시켜 생각해야 한다. 갈릴레이가 달 그림에 사용한 원근법과 광학을 배운 것은 메디치 가에 있을 때였다. 화학의 전신이라고 할 수 있는 연금술에 심취해 있었고, 많은 과학적 연구를 후원했던 코시모 1세 공작과 그의 아들 프란체스코 1세가 있던 메디치 궁전은 과학 연구에 도움이 되는 장소였다. 그리고 갈릴레이는 그의 평생 친구였던 화가 로도비코 카르디Lodovico Cardi(치골리라고도 불렸던)와 같은 화가들에게 영향을 주었다. 갈릴레이는 치골리의 천문학 관측자로서의 능력을 칭찬했다. 치골리가 그린 〈무염시태The Immaculate Conception〉(그림 112)에는 지구광과 함께 크레이터가 나타나 있는 초승달이 그려져 있다. 전통적으로 동정녀 마리아는 형식화된 초승달 위에 서 있는 것으로 표현하는 것이 관례였다. 그리고 치골리의 달은 망원경 관측을 통해서만 알 수 있

는 지형, 잘 조사된 형태, 암석 같은 질감을 가지고 있었다. 일부 지구광과 함께 크레이터가 그려진 그의 달은 일주일 후에 보이는 첫 4분의 1 위상의 달을 그린 『별 세계의 메시지』에 포함되어 있는 판화의 축소판이라고 오랫동안 인식되어 왔다. 치골리 작품들에 나타난 시각이나 광학, 천문학의 관계는 사후인 1628년에 출판된 원근법에 관한 그의 논문 『프로스페티바 프랙티카Prospettiva pratica』에서 더욱 강조되었다. 그가 그린 다른 작품들에도 천문학적인 현상과 기상학적인 현상에 대한 큰 관심이 나타나 있다. 그가 1602년에 그린 〈목자들의 경배Adoration of the Shepherds〉와 1607년에 그린 〈퇴적Deposition〉에는 갈릴레이가 그린 그림에서와 같이 지구광과 수증기가 달 주변을 둘러싼 상현달이 그려져 있다. 치골리는 1604년 만토바에서 페테르 파울 루벤스를 만났다. 그때 루벤스는 갈릴레이 그리고 다른 네 친구들과 함께 앞에서 이야기했던 유명한 단체 초상화를 그리고 있었다.

훨씬 더 좋은 생각을 떠올리게 하고 덜 지형학적인 달 그림은 아담 엘스하이머Adam Elsheimer가 그의 〈이집트로의 비행Flight into Egypt〉(1609~1610년)에 그린 달의 바다가 나타난 밝은 보름달이다(그림 243). 이 작품은 그가 로마에 있는 동안에 그렸다. 로마에서 그는 『별 세계의 메시지』를 읽었을 가능성이 있고, 적어도 갈릴레이의 망원경 발견에 대해 들었을 것이다. 재미있는 것은 염료를 조심스럽게 적용해 물에서의 반사를 나타내 달의 바다를 표현했다는 것이다. 하늘에 있는 실제 달을 표현할 때 그는 달 표면에서 반사되는 빛의 질을 나타내는 데 집중했다.(실제 보름달은 매우 밝

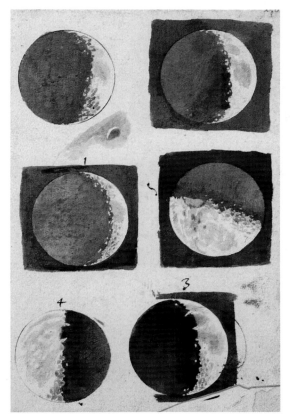
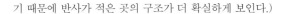

111 갈릴레오 갈릴레이Galileo Galilei, 달의 스케치, 1609년. 종이에 갈색 잉크로 그리고 씻어냄. 원고 Gal. 48. 28쪽, 피렌체, 국립 중앙 도서관.

112 로도비코 카르디Lodovico Cardi(Il Cigoli), 〈무염시태The Immaculate Conception〉의 일부, 1610~1612년, 프레스코화, 산타 마리아 마조레, 로마.

기 때문에 반사가 적은 곳의 구조가 더 확실하게 보인다.)

엘스하이머는 관측천문학에 관심을 가지고 있었지만 〈이집트로의 비행〉에서는 정확성보다는 효과를 우선시했던 것 같다. 대각선 방향의 띠는 별들과 기체와 먼지로 이루어진 성간운을 포함하고 있는 은하로, 우리 태양계가 포함되어 있는 은하수를 나타낸다. 은하수를 별들과 성운을 포함하고 있는 띠로 나타낸 것은 그가 갈릴레이의 책을 잘 알고 있었다는 직접적인 증거다. 갈릴레이의 책에는 전체 은하의 모습은 나타나 있지 않고 개개의 별들이 보이는 작은 부분의 그림만 포함되어 있다. 엘스하이머의 작품은 큰 인기를 끌어 그림으로 복사되기도 했고, 인쇄물로 배포되기도 했다. 엘스하이머와 그의 동료들이 그린 다른 야경 그림들도 보름달을 포함하고 있는 것으로 보아 엘스하이머가 달에 큰 흥미를 느끼고 있었다는 것을 알 수 있다.

갈릴레이가 르네상스의 예술적 기법과 과학적 증거를 결합시키고, 수십 년 동안 천문학자들은 화가들이 그린 재생 작품들과 경쟁하기 위해 애썼다. 달의 과학적 그림은 치골리나 엘스하이머가 그린 그림들과 경쟁이 되지 않았고, 필리프 드 샹파뉴의 캔버스화 〈코흐니옹 산에서 본 성 줄리애나의 환상The Vision of St Juliana of Mont Cornillon〉(그림 113)을 이길 수 없었다. 13세기 프레몽트레회 여참사원이었으며 리에의 신비주의

113 필리프 드 샹파뉴Philippe de Champaigne, 〈코흐니옹 산에서 본 성 줄리애나의 환상The Vision of St Juliana of Mont Cornillon〉, 1645~1650년경, 캔버스에 유채,
47.5×38.7cm.

자였던 줄리애나는 성체성사를 공경했다. 그녀는 열여섯 살 때부터 검은 줄과 점들이 있는 보름달 환상을 보기 시작했다. 그녀는 이것을 성체성사 시에 빵과 포도주의 기적적인 성화를 기념하기 위한 축제일을 지키지 않는 교회에 대한 비난이라고 해석했다. 샹파뉴는 점들 대신에 바다가 있는 약간 뒤틀어진 반달을 그려 줄리애나의 환상을 좀 더 현대적이고 사실적인 방법으로 해석하고자 시도했다. 그 결과 이 그림은 갈릴레오의 관측과 비슷하게 되었다. 샹파뉴가 천문학에 관심이 있었다는 것은 그가 그린 〈십자가 위에서의 예수의 죽음Christ Dead on the Cross〉(1655년, 그르노블 박물관)에 일식 장면이 포함되어 있는 것에서도 알 수 있다.

달의 지형에 대한 체계적인 지도는 17세기 후반부터 만들어지기 시작했다. 달 지도 작성의 이런 발전은 예술에도 영향을 주어 달 그림의 홍수를 이루게 했다. 일반적으로 이런 지도들은 갈릴레이의 책에서 정형화되었고, 널리 그러나 꼼꼼하게 복사되었다.(하지만 예수회는 다수의 무염시태 그림에서 볼 수 있는 것처럼 처녀성을 나타내는 점들이 없는 달 표면을 계속 고수했다.) 천체 나침반으로서 달의 중요성은 식민지 탐사를 위해 경도를 결정할 필요가 있었던 시기에 특히 강조되었다. 고대부터의 꿈이었던 달 여행 가능성에 대한 문학적 집착 역시 프랜시스 고드윈Francis Godwin의 『달의 사람The Man in the Moone』 또는 『빠른 메신저인 도밍고 곤살레스의 저편 세상 여행기Discourse of a Voyage Thither by Domingo Gonsales, the Speedy Messenger』(1638년), 시라노 드 베르주라크Cyrano de Bergerac의 사후인 1657년에 출판된 『달나라 여행기와 해나라 여행기L'Autre monde, ou les états et empires de la lune, et les états et empires du soleil』와 같은 작품들을 통해 표면화되었다. 이 작품들은 로켓이 부착된 선박을 이용한 우주 비행을 다룬 최초의 공상과학 소설이었다. 이런 책들은 갈릴레이의 책이 출판된 후 달이 이름을 붙여 주기를 기다리고 있는 지형과 방문을 기다리고 있는 표면을 가진 또 다른 지구가 되었다는 것을 나타낸다.

달 표면의 지도를 만들려는 초기의 여러 가지 새로운 시도는 프랑스의 천문학자 피에르 가상디Pierre Gassendi와 니콜라-클로드 파브리 드 페이레스크Nicolas-Claude Fabri de Peiresc에 의해 시작되었다. 그들은 월식 관측을 이용해 달 표면에서 그림자가 진행하는 것을 자세히 관측했다. 그들은 화가 클로드 멜랑Claude Mellan의 도움을 받았다. 갈릴레이도 알고 있던 멜랑은 사진과 가까울 정도로 정밀하게 그릴 수 있는 능력으로 그들을 만족시켰다(그림 114). 멜랑은 2개의 다른 판화를 이용해 만든 3개의 에칭화를 만들었다. 그러나 보름달과 초승달, 하현달을 그린 인쇄물은 출판되지 못했다. 이 공동 작업은 예술과 과학 사이의 관계가 변했다는 것을 나타냈다. 예술은 이제 과학에 봉사하는 전문가의 영역이 되었다. 1637년 페이레스크가 사망한 후 이 프로젝트는 끝났다. 그러나 가상디는 멜랑의 에칭화를 달 지도 작성 프로그램을 시작하고 있던 폴란드 천문학자 요하네스 헤벨리우스에게 보냈다. 미적인 아름다움에도 불구하고 멜랑의 판화들은 천문학자들을 만족시키지 못했다. 천문학자들은 실제로 보이는 것과는 달리 달의 모든 지형이 똑같이 나타난 지도를 필요로 했다.

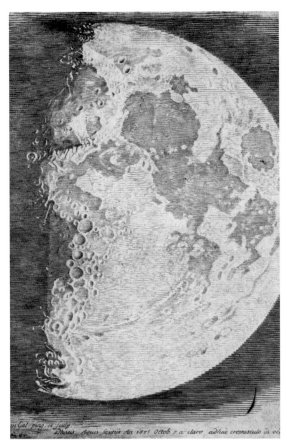

114 클로드 멜랑Claude Mellan, 〈4분의 1 초승달의 표면Lunar Surface in Its First Quarter〉, 1635년, 판화, 23.8×18.1cm.

1645년 벨기에의 천문학자 미카엘 플로렌트 반 랑그렌Michael Florent van Langren은 표면의 명암과 여러 지형을 명시한 보름달의 사실적인 지도를 처음으로 만들었다. 이 지도에 표시된 325개 지형의 명칭은 대부분 정치적인 상황과 그의 가톨릭적 성향을 반영했다. 그는 한 크레이터에 자신의 이름을 따서 랑그렌이라는 이름을 붙였다(이로써 그 후에도 오랫동안 사용된 이름 중 하나를 그가 제공했다.). 멜랑과 마찬가지로 반 랑그렌도 판화로 된 지도를 제작하기 위한 준비 연구를 했다. 그의 평면 지도 제작법은 최초의 대규모 지구 형태의 달 표면 지도로 바다에서의 달의 항해를 돕기 위해

달의 경도를 결정하는 문제를 해결하고자 했다.

반 랑그렌이 자신의 달 지형 이름에 포함시킨 과학 분야 종사자들 중 한 사람은 그의 가장 열성적인 달 지도 제작 경쟁자로 부유한 폴란드 양조장 운영자 겸 천문학자였던 헤벨리우스였다. 헤벨리우스는 스테르넨부르크라고 알려진 천문관측소를 세웠고, 1647년에는 완전히 달만을 다룬 첫 번째 책『셀레노그라피아: 달의 서술 Selenographia: sive, lunae descriptio』을 출판했다. 달의 여신 셀레네의 이름을 따서 제목을 붙인 이 책으로 헤벨리우스는 셀레노그라피(달 지리학)의 아버지로 불리게 되었고, 달 지도 제작의 창시자로 인정받게 되었다(그림 115). 그는 또한 스스로 렌즈를 연마해 망원경을 만들었는데 이 중에는 초점거리가 46미터나 되는 대형 케플러식 망원경도 있었다. 그는 여러 해 동안 맑은 날이면 항상 달을 관찰하고 관찰 결과를 기록했으며, 이 그림들을 이용해 후에 판화를 제작했다. 그는 마흔 장의 삽화와 달 표면의 275개 지형의 이름이 명시된 500쪽 분량의 원고가 포함된 화려한 자신의 지도책 출판을 위해 재정 지원을 했다. 이 책에는 달의 위상을 나타낸 판화와 '단일 조명'이라는 방법을 이용해 만든 3개의 대형 보름달 판화가 포함되어 있었다. 단일 조명은 달 표면 전체에 똑같은 빛이 비추도록 한 것으로, 많은 관측 결과를 합성하는 방법을 통해 가능했다. 헤벨리우스는 또한 지구 지형에 바탕을 둔 명명법을 사용했는데 개신교 국가에서는 18세기부터 이 이름들을 받아들였다. 그의 단일 조명법은 오늘날에도 사용되고 있다. 그러나 현대 달 지도에서는 아침 햇빛을 이용하는 헤벨리우스의 방법이 아니라 저녁의 조명

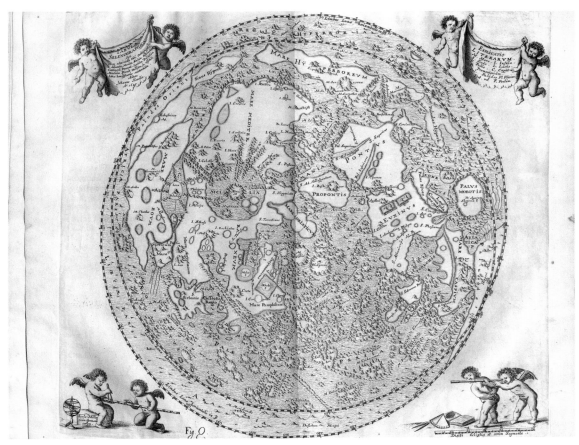

115 요하네스 헤벨리우스Johannes Hevelius, 위상학적으로 그린 달의 지도, 『셀레노그라피아Selenographia』(그단스크, 1647년)의 그림 Q. 판화.

을 이용하는 랑그렌의 방법을 따르고 있다. 『셀레노그라피아』의 표제에는 갈릴레이뿐만 아니라 영향력 있던 11세기 무슬림 학자로 달에 대한 책(『달의 빛에 대하여』)을 저술한 하산 이븐 알-하이삼Hasan Ibn al-Haytham에게도 경의를 표하는 내용이 포함되어 있었다.

헤벨리우스의 책이 출판된 직후 예수회가 과학 혁명에 관여하기 시작하면서 이탈리아 신부 겸 천문학자 조반니 바티스타 리치올리가 오늘날에도 사용되는 새로운 명명법을 제안했다. 물리학자였으며 리치올리의 동료 이탈리아 예수회 회원이었던 프란체스코 마리아 그리말디Francesco Maria Grimaldi가 그린 그림이 포함되어 있는 리치올리의 야심작 『신 알마게스트』는 1651년에 출판되었다. 이 책은 이름에 초점을 맞추느라 미적인 면을 희생했다. 리치올리/그리말디 명명법은 이전 사람들의 아이디어들을 결합한 것으로 망원경으로 관찰한 달 크레이터에 천문학자들과 철학자들의 이름을 많이 붙였다. 여기에는 24명의 무슬림 천문학자들도 포함되어 있다. 이로써 아랍 천문학과 이들이 유럽 문화에 끼친 영향의 중요성을 인정하게 된 것이다. 리치올리는 또한 현재 또는 최근의 인물들도 포함시켰는데, 이는 당시의 천문학적 진전과 고대 문화에 대한 우월감을 나타낸 것이다. 그러나 맨눈으로 보이는 구조물들에 마레 트란퀼리타티스Mare Tranquillitatis(고요의 바다)와 같이 바다라는 의미를 가진 라틴어 이름을 붙였는데 이는 달과 관련된 감상적인 면면을 반영한 것이다.

1671년과 1687년 사이에 이탈리아 출신으로 초대 파리 천문대장을 지냈던 조반니 도메니코 카시니Giovanni Domenico Cassini는 화가 장 파티니Jean Patigny, 세바스티앙 르클레르크Sébastien Leclerc와 함께 달 지도를 만들었다. 이 지도와 축소판에서 그들은 리치올리의 명명법을 사용했다. 이 지도는 천문학 역사에서 중요한 사람들을 가장 성공적으로 기념했기 때문에 이후 달 지도 제작의 표준이 되었다.

18세기 초 천문학적 영상의 예술적 표현 중 가장 뚜렷한 것들 중 하나는 루이지 페르디난도 마르실리 백작이 후원하고 도나토 크레티가 수행했던 일련의 천문 관측들이다. 3장에서 이야기했던 것처럼 마르실리는 교황 클레멘트 11세가 볼로냐 천문관측소의 건설을 지원해 주기를 바랐다. 마르실리는 크레티의 그림(1711~1712년)들이 보여 준 천문 관측기구들을 설치할 관측소를 건축하고 싶어 했다. 세밀화 화가였던 라이몬도 만치니Raimondo Manzini는 망원경을 통해 본 천체들을 그렸다. 교황은 이 프로젝트를 승인했다. 가장 화려한 그림 중 하나는 분명하게 보이는 선들과 함께 크레이터와 바다가 나타나 있는 보름달을 그린 것이었다(그림 52, 116). 달 지도의 정확성을 보여 주고 사람들에게 즐거움을 주기 위해 만치니는 지구에서 보이는 것보다 훨씬 큰 달을 그렸다. 크레이터를 회전시킨 것으로 보아 아마도 인쇄된

책을 모델로 사용한 것으로 보인다. 실제로 그의 달은 1692년 7월 28일에 있었던 월식을 위해 카시니가 준비했던 보름달의 모습과 거의 똑같다. 두 그림 모두에는 달이 남쪽에 있을 때 망원경에 보이는 것처럼 남쪽이 위쪽에 그려져 있다. 그러나 이 그림은 달이 동쪽에 뜨는 모습을 그린 것이어서 이탈리아의 위도에서는 남쪽이 우측 아래쪽을 향하고 있어야 한다.

1749년에 그린 지도로 독일 천문학자 토비아스 마이어Tobias Mayer는 달에 위도와 경도를 부여한 첫 번째 사람이 되었다. 그는 최초로 달의 칭동을 감안했다.(보이지 않는 달의 반대편은 1960년대에 구소련이 달 선회 탐사선을 보낼 때까지 알려지지 않고 있었다.) 마이어는 1748년 8월 8일에 있었던 월식 때 정확한 달의 지도를 만들기 위해 자신의 칭동 계산을 사용했다.

1765년에 설립된 영국의 버밍엄 달협회는 달의 중요성을 나타내는 문화적 지표였다. 1765년부터 1813년 사이에는 보름달이 뜰 때 회원들이 정기적인 모임을 가졌다. 말을 타고 집으로 돌아갈 때 보름달의 밝은 빛이 도움이 되었기 때문이다. 사회 각계각층 사람들이 지식을 교환하기 위한 포럼 형태로 설립된 이 협회의 회원들은 과학과 기술에 초점을 맞추고 과학적 발견에 대한 즐거움을 공유했다. 이 협회 설립자 중에는 의사이자 발명가였으며 자연주의자였던 찰스 다윈의 할아버지 에라스무스 다윈, 매슈 볼턴, 윌리엄 스몰이 포함되어 있었다. 약간 이상하다는 뜻을 가진 라틴어 'lunatics'에서 따와 자신들을 'Lunarticks'라고 부른 설립자로는 후에 발명가 제임스 와트, 영국의 도예사업가 조사이어 웨지우드를 포함한

116 도나토 크레티Donato Creti와 라이몬도 만치니Raimondo Manzini, 〈천체 관측: 달Astronomical Observations: Moon〉, 1711년, 캔버스에 유채, 51×35cm.

117 존 러셀John Russell, 〈반달이 지난 후 달의 표면Surface of the Gibbous Moon〉, 1793~1797년, 종이에 파스텔, 61×46cm.

118 존 러셀John Russell, 작은 구 위에 그린 달 지도, 1797년, 청동 스탠드에 설치된 구 위에 붙인 판화, 지름 30.5cm.

많은 사람들이 참여했다.

18세기 말과 19세기 초 예술가와 천문학자들의 관찰 능력 사이에 새로운 연결 고리가 만들어진 것은 영국에서였다. 오일과 파스텔로 초상화를 그렸으며 과학자들과 가깝게 지냈던 존 러셀John Russell은 천문학에도 깊은 관심을 가지고 있었다. 윌리엄 허셜의 친구였던 그는 천왕성의 발견을 나타내는 별 차트를 들고 있는 허셜의 초상화를 그리기도 했다. 러셀은 딸 제인 드 쿠르시 러셀과 허셜의 강력한 망원경의 도움을 받아 200여 장의 달 스케치와 달 지도를 그렸다. 달 지도를 완성하는 데는 20년이 걸렸다. 대안렌즈에 마이크로미터를 단 굴절 망원경을 이용해 파스텔로

그린 초승달 그림 중 하나는 빛이 왜곡되기는 했지만 달을 가장 잘 나타낸 그림들 중 하나였다(그림 117). 그는 '내가 망원경으로 처음 초승달을 보았을 때의 감동'을 표현한 예술 작품을 만들고 싶었다고 말했다. 40년 동안 러셀은 달에 대한 연구를 계속하고 34개 달 지형을 측정했다. 관찰을 통해 그는 여러 부분으로 나누어진 삼각형 모양의 달 전면 평면구형도를 그렸다. 그는 이것을 판화로 제작했고, 지름 30센티미터의 구 표면에 붙일 예정이었다. 완성된 것들 중 5개 또는 6개에는 달의 칭동을 보여 줄 수 있는 황동으로 만든 복잡한 기계 장치가 부착되었다. 러셀은 자신이 만든 장치를 '셀레노그라피아'(그림 118)라고 부

119 윌리엄 블레이크William Blake, 〈아벨의 시신을 발견한 아담과 이브The Body of Abel Found by Adam and Eve〉, 1826년, 마호가니 패널에 금과 젯소가 첨가된 템페라와 잉크, 32.5×43.3cm.

르고 1797년 '셀레노그라피아에 대한 설명: 달의 현상을 보여 주는 기구A Description of the Selenographia: An Apparatus for Exhibiting the Phenomena of the Moon'라는 제목의 팸플릿을 제작했다.(1661년 크리스토퍼 렌이 처음으로 달의 모형을 제작했는데 현재는 전해지지 않고 있다.) 19세기 후반에 있었던 사진의 등장은 많은 작업이 필요한 이와 같은 정확한 달 지도 제작을 위축시켰다. 러셀은 자신의 그림에 위도나 경도를 포함시키지 않았고, 어떤 종류의 명명법도 사용하지 않았다. 따라서 달 지리학계에 충격을 주지도 못했고, 예술적이고 과학적인 공헌도 인정받지 못했다.

많은 작품을 남긴 영국의 화가이자 시인이었던 윌리엄 블레이크의 시적이고 시각적인 표현은 여러 범주를 넘나들고 있다. 블레이크의 작품들은 천문학을 포함해 당시의 많은 이슈들을 다루었고, 로마적인 감성도 포함시켰다. 블레이크의 모든 작품은 달의 여러 모습들을 포함하고 있지만 그중에서 가장 극적인 것은 〈아벨의 시신을 발견한 아담과 이브The Body of Abel Found by Adam and Eve〉이다. 이 그림에는 신에 의해 에덴에서 추방되었고, 카인의 표시를 달고 있는 카인이 좌측에 보이고 있다(그림 119). 성경에는 나타나 있지 않은 사건을 그린 이 블레이크의 작품에 포함되어 있는 '블러드 문'은 형제 살해에 대한 신의 분노를 상징한다. 그리고 이것은 그의 시 『밀턴, 두 책

120 카스파르 다비트 프리드리히Caspar David Friedrich, 〈달을 감상하고 있는 두 사람Two Men Contemplating the Moon〉, 1825~1830년경, 캔버스에 유채, 34.9×43.8cm.

에 있는 시Milton, A Poem in Two Books』(1811년)에 포함되어 있는 달에 대한 또 다른 언급을 상기시킨다. 여기에서 그는 화가 난 사람을 '월식 때의 달처럼 붉어진'이라고 묘사했다.

1830년대에 낭만주의가 성장하면서 달은 시, 음악, 그림에 흔히 등장하는 소재가 되었다. 밤 풍경을 그린 야경 그림들에는 풍경에 대한 묘사뿐만 아니라 시대와 자연, 변화와 관련된 산업화나 근대화 같은 주제도 담겼다. 전형적인 독일 낭만파 화가였던 카스파르 다비트 프리드리히 Caspar David Friedrich는 상징적인 그림을 주로 그렸는데 여기에는 달을 바라보고 있는 두 사람의 뒷모습이 그려져 관객들도 자연의 신비한 힘과 엄숙함을 느끼면서 이들과 함께 달을 바라볼 수 있게 한다(그림 120). 슬라이드에 매료되었던 프리드리히는 자신이 그린 그림의 묘한 빛과 슬라이드의 파워를 높이기 위해 달의 그림을 이용해 실험을 하기도 했다. 〈달을 감상하고 있는 두 사람Two Men Contemplating the Moon〉이라는 제목의 두 비슷한 그림에 프리드리히는 지구광이 비추는 초승달을 매우 밝은 '저녁 별'인 금성 가까이에 그려 넣었다. 그의 이전 작품(1819~1820년)에도 두 명의 남자가 들어 있지만 세 번째 그림(1835년경)의 두 주인공들은 남자와 여자였다. 동시대의 자료에 의하면 두 사람은 프리드리히와 재능이 많았던 그의 젊은 동료 아우구스트 하인리히August Heinrich였다. 늦은 가을 저녁 숲을 산책하던 중 걸음을 잠시 멈추고 그들이 나눈 생각들은 당시의 시, 문학, 철학, 음악에 나타난 달의 매력이나 자연에 대한 교감과 관련된 것들이었을 것이다. 방랑자의 전통에 속해 있던 낭만파 작품에 열광적이었

던 사람들이었지만 두 사람은 1815년 나폴레옹 전쟁의 영향으로 나타난 극단적 보수주의 정책에 반대했던 급진적인 학생들이 입었던 옛 독일 의상을 입고 있다.

과학이 자연의 보이는 모습을 계속적으로 바꾸어 놓으면서 달빛이 비추는 풍경은 19세기 초 풍경화 화가들이 가장 많이 다룬 주제가 되었다. 카를 구스타프 카루스Carl Gustav Carus의 작품들에서 볼 수 있는 것처럼 이런 경향은 독일에서 특히 두드러졌지만 새무얼 팔머Samuel Palmer와 같은 영국 화가들에게서도 이런 경향이 나타났다. 달과 다른 천체 현상에 매료되었던 팔머는 그의 친구였던 윌리엄 블레이크와 마찬가지로 많은 야경 그림과 수채화, 유화에 달을 포함시켰다. 터너J. M. W. Turner도 여러 수채화와 유화에 달과 태양을 포함시켰다. 그는 때로 태양의 힘을 강조하기 위해 유화 아래 칠하는 젯소를 높이기도 했다. 영국의 풍경화 화가 존 컨스터블은 그의 예술적 목표가 과학자들의 목표와 동일하다고 생각했다. 그는 영국의 화학자 겸 아마추어 기상학자였던 루크 하워드Luke Howard의 구름 형태에 대한 연구를 포함한 일부 작품들을 잘 알고 있었다. 1836년에 컨스터블은 그의 『담론Discourses』에서 다음과 같이 말했다.

그림을 그리는 것은 과학이기 때문에 자연 법칙에 대한 탐구로 추구되어야 한다. 그렇다면 그림을 통해 실험하는 풍경을 자연철학의 일부로 보지 않을 이유가 있을까?

자신의 경력 대부분을 달에 바친 첫 번째 천

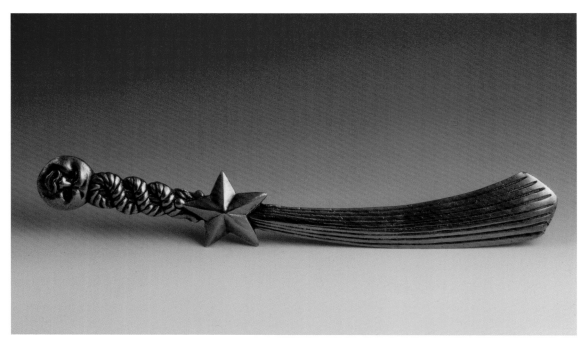

121 미상의 영국 화가, 달과 혜성 모양의 편지 오프너, 1830~1860년경, 황동, 길이 22.9cm.

문학자는 달을 오랫동안 연구한 사람으로 유명한 독일의 요한 히에로니무스 슈뢰터Johann Hieronymus Schröter였다. 그의 그림들은 아름답지는 않았지만 작은 골짜기, 균열이나 좁은 수로, 바다의 언덕, 달의 가장자리와 같은 지형들의 연구에 관심을 갖게 하는 계기를 제공했다. 그의 관측 결과는 『달의 지리적 조각들Selenographische Fragmente』(1791년)이라는 제목의 두 권의 책으로 출판되었다. 독일인으로 두 사람 모두 달에 그들의 이름을 딴 크레이터를 가지고 있는 빌헬름 비어Wilhelm Beer와 요한 하인리히 폰 묄더Johann Heinrich von Mälder도 1830년대 중반에 권위 있는 달에 대한 책과 지도를 출판했다. 또한 묄더는 그의 관찰을 바탕으로 달에 대한 중요한 결론을 이끌어 내기도 했다. 달에는 공기가 없으며 달의 바다는 액체가 아니라는 것을 밝혀낸 것이다. 수학자였던 빌헬미네

비테Wilhelmine Witte는 묄더의 달 지도를 바탕으로 1838년에 달 모형을 만들었다. 비테는 금성의 화산 지형에 자신의 이름을 남겼다. 달에 심취되었던 또 다른 사람들 중에는 1878년에 지름이 2미터나 되는 가장 크고 가장 자세한 달 지도를 출판한 줄리어스 슈미트Julius Schmidt가 포함된다. 이 지도에는 3만 2,856개 이상의 크레이터가 나타나 있다.

천문학에 대한 사람들의 관심이 증가하고, 사진을 비롯한 뛰어난 영상 기술이 발전하자 화가들은 달과 달에 대한 사람들의 열광을 풍자적인 목적으로 이용하기도 했다. 프리드리히의 달 그림과는 전혀 다른 분위기를 연출한 프랑스 화가 오노레 도미에Honoré Daumier는 그런 사람들 중 한 명이었다. 1840년 5월 10일에 발행된 「르 샤리바리」 잡지에 실린 〈달의 효과Effet de lunes〉에서는 오

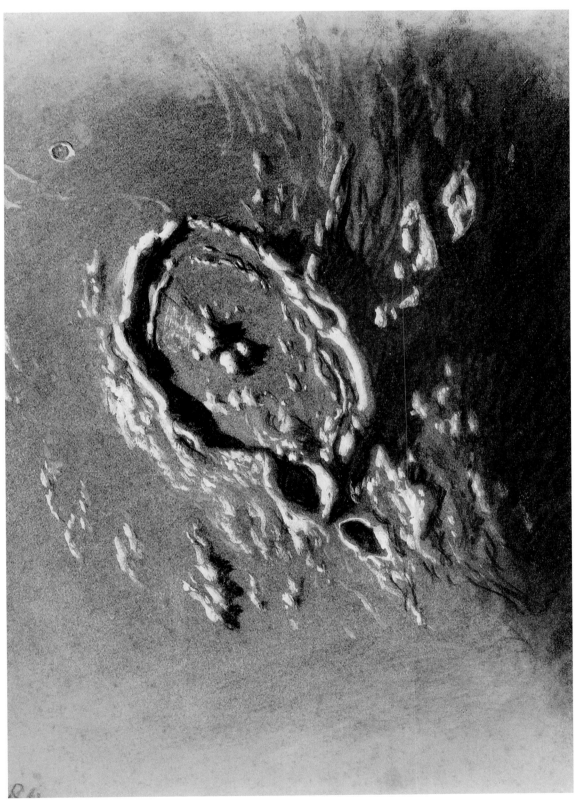

122 존 브렛John Brett, 〈달 위의 가상디 크레이터Gassendi's Crater on the Moon〉, 1884년, 탈색한 종이에 백묵, 21.5×16.9cm.

123 조르주 멜리에스Georges Méliès, 〈달세계 여행Le Voyage dans la lune〉(1902년). 영화 스틸 사진, 영화 사진작가: 테오필 미쇼Théophile Michault와 루시앙 타인귀Lucien Tainguy.

124 하워드 러셀 버틀러Howard Russell Butler, 〈달에서 본 지구The Earth Seen from the Moon〉, 1926년, 캔버스에 유채, 141×120.6cm.

랫동안 결혼생활을 한 중산층 부부가 잠옷을 입고 열린 창문을 통해 그들을 매료시킨 달을 바라보고 있다.

이 시기에 달은 단순한 장식품으로 바뀌기도 했다. 19세기 중반 영국에서 만들어진 황동 편지 오프너가 보여 주는 것처럼 때로는 재미를 위해 예전의 전통으로 돌아가기도 했다. 이 오프너에는 달 위에 보이는 사람 형상이 혜성과 함께 나타나 있다(그림 121).

일부 천문학자들은 그들이 관측한 것을 계속 그림으로 그렸지만 사진이 빠르게 앞서 나갔다. 10장에서 자세히 다루겠지만 당시에는 많은 카메라들이 달을 향하기 시작했다. 1839년 프랑스의 화가로 다게레오타입 사진술을 개발한 루이

다게르Louis Daguerre는 달을 사진으로 찍는 것이 곧 가능하게 될 것이라고 예상했다. 1840년 3월 23일 뉴욕의 존 윌리엄 드레이퍼John William Draper가 최초의 달 사진을 찍었다. 노출 시간은 30분이었다. 불행하게도 이 다게레오타입 사진은 1866년에 발생한 뉴욕 리시움 화재 때 소실되었다. 따라서 현재 남아 있는 가장 오래된 달 사진은 1849년에 뉴욕 주에서 새뮤얼 드와이트 험프리Samuel Dwight Humphrey가 찍은 것이다(하버드 대학 수집소 소장). 2년 전에 발명가이며 사진사였던 존 애덤스 휘플John Adams Whipple이 하버드 대학 천문대에서 긴 초점거리와 높은 구경비를 가진 대형 굴절 망원경을 이용해 달의 다게레오타입 사진을 찍으려고 시도했지만 실패했다. 다음 해에 휘플과 그의

조수 윌리엄 B. 존스는 천문대장 윌리엄 크랜치 본드William Cranch Bond와 그의 아들 조지 P. 본드의 도움을 받아 성공적으로 달 사진을 찍었다(그림 291). 1850년대에는 달 사진의 정밀도가 이미 상당한 수준에 이르고 있었다. 이후 전체적인 달 그림은 더 이상 발전하지 못했다. 1851년에 크리스털 궁전에 전시된 휘플/본드가 하버드에서 찍은 다게레오타입 사진을 보고 고무된 영국의 천문학자이자 발명가였던 웨렌 드 라 루Warren De la Rue가 새로운 사진 기술인 콜로디온 습판법에 대해 연구하기 시작했고, 2년 안에 달 사진을 찍는 데 성공했다.

드 라 루는 19세기 후반에 활발하게 활동했던 영국의 부유한 아마추어 천문학자였다. 그는 천체 사진을 개발하고 발전시키는 데 뛰어난 능력을 발휘했다. 그가 이루어 낸 것들 중에는 달에 대한 정밀한 관찰, 달을 찍은 사진들, 1858년에 찍은 달의 초기 입체 사진이 있다. 그러나 무엇보다 중요한 업적은 휘플이 사용했던 방법보다 비교적 빠르게 사진을 찍을 수 있는, 예술 사진에 사용하던 콜로디온 습판법을 천문학 연구에 응용한 것이었다. 이 방법을 이용해 드 라 루는 크랜포드에 있는 그의 사설 천문대에서 1860년에 찍은 12개의 다른 달 위상 사진들과 월식 사진을 포함한 정밀한 달 사진을 찍었다. 그는 1862년에 개최된 런던 박람회에 이 사진들을 전시했고, 이들 열두 장을 묶어 앨범을 만들었다. 1865년에 루이스 모리스 러더퍼드Lewis Morris Rutherfurd가 달 사진을 출판하기 전까지는 드 라 루의 사진들보다 나은 사진이 나오지 않았다.

영국의 화가 존 브렛John Brett은 예술과 천문학에 매우 열성적이었다. 어렸을 때부터 조숙하면서도 타고난 천문학자였던 그는 후기 라파엘전파에 애착을 가졌던 화가로, 또한 영국의 비평가이며 화가였던 존 러스킨John Ruskin의 후배로 널리 알려져 있다. 열네 살 때 첫 번째 망원경을 사기 전 브렛은 고물상에서 구한 금속 조각을 이용해 자신의 관측 도구를 만들었다. 1871년 6월에는 왕립 천문학회의 펠로로 선출되었고, 협회 저널 「월간 소식Monthly Notices」에 최소한 열한 편의 논문을 제출했다. 브렛의 관측소는 데이지필드에 있었고, 집은 퍼트니의 캐즈윅 로드에 있었다. 달 관측에서 브렛은 선배 화가 존 러셀의 발자취를 따라갔으며, 자연의 진리라는 라파엘전파의 생각을 실현하라는 러스킨의 조언을 받아들였다. 브렛에게 있어 자연의 진리는 지리학적인 정확성을 의미했다. 가상디 크레이터를 그린 그의 그림(그림 122)은 로버트 훅Robert Hooke의 히파르코스 크레이터 판화(1664년)나 당시의 어떤 사진보다도 정밀함에 있어 앞서 있었다. 그가 손으로 그린 그림의 아름다움과 정확성에도 불구하고 영구성과 안정적인 기록이라는 면에서 많은 복사본을 만들 수 있는 사진이 유리했다. 19세기 말 빛에 민감한 에멀션을 이용한 사진이 달 지형의 수와 정확성에서 망원경을 통해 눈으로 측정한 것을 능가하는 수준에 이르도록 했다.

발전된 천체 사진술이 등장한 후에도 달은 화가, 과학자, 지도 제작자들의 상상 속에 잠복된 채로 남아 있었다. 가장 뚜렷한 예는 은퇴한 스코틀랜드 엔지니어 제임스 네이즈미스James Nasmyth였다. 그는 아주 정밀한 달 표면의 3차원 모형들을 제작했다. 그가 만든 모형들 중 일부는 런던에 있는 과학박물관에 보관되어 있다. 네이즈미스는 제임스 카펜터James Carpenter와 함께 쓴 『달: 행성, 세상, 그리고 위성으로 본The Moon: Considered as a Planet, a World, and a Satellite』(1874년)이라는 제목의 고전적인 책에 사용된 사진을 찍기 위한 모형들도 만들었다.

많은 화가들이 달의 상징성이나 다양한 표정, 낭만적인 분위기 조성용으로 달을 계속 그렸다. 빈센트 반 고흐의 〈별이 빛나는 밤〉(그림 246)과 같은 일부 작품에서는 달이 우주의 으스스한 분위기나 형이상학적 성격을 나타내기도 했다. 쥘 베른Jules Verne의 소설 『지구로부터 달까지De la terre à la lune』(1865년)와 속편인 『달을 돌아서Autour de la lune』(1870년)에서 영감을 받아 프랑스의 조르주 멜리에스Georges Méliès가 1902년에 만든 무성 영화 〈달세계 여행Le Voyage dans la lune〉에서는 일단의 천문학자들이 대포로 추진된 우주선을 타고 달로 여행해 달 표면을 탐사한다. 그들은 달 지하에 살고 있는 '셀레나이트'들에게 잡히지만 탈출에 성공하고 그들 중 한 사람을 붙잡아 지구로 데려온다. 우주선을 불만스러운 표정으로 바라보고 있는 달 사람의 눈에 착륙하는 순간은 영화의 역사에서 가장 자주 언급되는 명장면이다(그림 123). 국제적으로 성공한 이 풍자 영화는 공상과학 영화 장르의 가장 초기 작품으로 간주되고 있으며, 20세기 100대 영화 중 하나로 꼽히고 있다. 무엇보다 이 영화의 중요성은 우주와 다른 세상을 탐사하고 싶어 하는 욕망을 표현한 데 있다. 이 영화는 바위투성이 달의 이미지를 고정시켰지만 1969년 아폴로 11호가 발견한 달의 실제 표면은 매끄러운 언덕들로 이루어져 있었다.

멜리에스의 영화가 나오고 17년 후 국제천문연합이 설립되었고, 1935년에는 『명명된 달 지형들Named Lunar Formations, or NLF』이라는 제목의 책을 발간했다(그러나 명명법에 대한 문제는 지속적으로 제기되고 있다.). 1926년에 미국의 화가 하워드 러셀 버틀러(1918년 미국 해군 천문대에서 개기일식을 본 후 천문학에 관심을 가지게 된)는 오래된 달 여행의 꿈을 나타낸, 달에서 바라본 지구의 모습을 묘사한 예언자적 그림을 그렸다. 이 그림의 앞쪽에는 바위투성이의 달 지형이 그려져 있다(그림 124).

오래된 달의 신비 중 일부는 20세기에도 주기적으로 예술 작품들에 등장했다. 스페인의 초현실주의 화가 호안 미로가 카탈로니아 전설을 묘사한 이전의 스케치 위에 그린 〈달을 보고 짖는 개Dog Barking at the Moon〉(1926년, 필라델피아 미술관 소장)는 대표적인 예다. 만화 말풍선으로 완성된 이 그림은 개가 달을 보고 짖지만 달은 아무런 감정 없이 개를 내려다보면서 "내가 욕한 게 아니야."라고 말한다. 미로의 그림은 그의 스케치보다 좀 더 추상적이고 수수께끼 같아 독자들에게 세상에서 무슨 일이 일어나고 있나 하는 의구심을 갖게 한다.

〈달세계 여행〉에서 멜리에스는 세상을 그다지 앞서가지 못했다. 60년도 지나지 않은 1959년에 구소련이 루나 1호를 발사하면서 우주 탐사선의 시대가 시작되었다. 첫 번째 시도는 목표물에 도달하지 못하고 실패했지만 달의 반대쪽 사진을 보내온 루나 3호를 비롯한 다른 탐사선들이 뒤를 따랐다. 14년 후에 정신 이상을 일으킬 것 같은 록 음악 '브레인 대미지'에서 핑크 플로이드의 데이비드 길모어는 달의 어두운 부분에서 만나자는 가사를 읊조렸다. 1973년 발매된 이 밴드의 베스트셀러 앨범 제목은 여기에서 따왔다. 그러나 달의 '어두운' 부분은 '멀리 있는' 부분으로 바뀌어야 한다. 달의 모든 부분은 어두워지기도 하고 밝아지기도 하기 때문이다. 그믐달일 때는 지구를 향하고 있는 부분이 어둡다. 중국의 '창어 4호'가 2019년 달의 뒷면에 착륙했다.

루나 1호 이후 미국이 달 탐사 전면에 등장해 1966년부터 1968년 사이에 NASA의 제트 추진 연구소가 추진한 서베이어 프로그램을 통해 일곱 번의 달 탐사선을 발사했다. 1969년에 최초로 아폴로 탐사선이 달에 착륙한 이후 여러 번의 착륙과 위성 발사에도 불구하고 달은 아직도 밤하늘을 올려다보고 있는 사람들의 마음을 사로잡고 있다. 현대 화가들도 항상 즐거움을 떠올리게 하고, 시각 예술의 역사에 있어 가장 오랫동안 사용되어 온 달을 계속 그리고 있다. 현대 화가들 중에서 특히 비야 셀민스Vija Celmins는 흑연으로 그린 자극적인 달 표면 그림(1969년, 뉴욕 현대 미술관)에서 지구와 하늘의 아름다움을 적절하게 표현했다.

1960년대와 1970년대에 제러드 카이퍼Gerard Kuiper와 그의 동료들은 네 권의 종합적인 사진 지도책을 출판해 망원경을 이용한 달 지도 제작을 완성했다. 달 크레이터에 이름을 남기는 것으로 그의 작업은 인정받았다. 최근에 NASA와 일본 항공우주탐사국은 달의 3차원 지도를 작성했다. 지금까지 만들어진 지도 중에서 가장 정확한 3차원 달 지도는 베일리의 염주를 더 잘 예측할 수 있도록 했다(3장). 그리고 NASA의 달 정찰위성 Lunar Reconnaissance Orbiter은 달의 남극에서 얼음 상태의 물을 발견했다. 예정되어 있는 다른 과학적 탐사활동이 달에 대한 탐사를 계속하는 동안 스페이스X사는 달 여행을 계획하고 있다. 다른 우주항공 기업들도 달에 집중하면 얻는 것이 많을 것이라고 믿고 있다. 식민지 개척이나 광산 개발과 같이 달 탐사는 큰 이익을 안겨 줄 것이다. 곧 여러 나라가 달에 사람을 보내 1972년에 끝난 유인 달 탐사가 계속되기를 바란다. 그러한 탐사는 틀림없이 다른 종류의 달 지도 그리기와 예술에 영감을 줄 것이다.

125 가브리엘 브라머Gabriel Brammer, 혜성 C/2011 L4 (PANSTARRS), 2013년 4월 19일, 유럽 남부 천문대.

Chapter 5

—

혜성:
'방랑자 별들'

사고를 생각하기에는 혜성의 모습이 네게 너무 아름
다웠다.

세네카, 『자연스러운 질문』, VII, 301~302

일식과 마찬가지로 혜성도 한때 종말과 재앙의 징조(문학적으로는 '나쁜 별')로 간주되었으며, 드물게는 긍정적인 사건의 소식을 전하는 별이라고 인식되기도 했다. 그리스어에서 '긴 머리를 가진'이라는 뜻을 가진 kometes를 따라 comet이라고 불리는 혜성은 '머리털을 가진 별' 또는 '방랑자 별', '바람난 별', '수염을 가진 별', '불타는 별' 등으로 불리기도 했다. 대부분의 혜성은 길게 늘어진 타원 궤도를 따라 태양을 돌고 있어서 18세기까지는 혜성이 일정한 주기를 가지고 태양을 돌고 있다는 것을 알지 못했다. 언제 나타날지

알 수 없었기 때문에 혜성에 대한 신비와 매력이 더욱 심화되었다. 혜성의 출현은 오랫동안 기억될 수 있는 사건이어서 개인의 일생에 있었던 일들을 기억하는 기준이 되기도 했다. 영국 빅토리아 시대의 시인 제러드 맨리 홉킨스Gerard Manley Hopkins는 '-나는 혜성의 조각 같다- I am like a slip of a comet'라는 제목의 시를 쓰기도 했다. 오늘날에도 혜성의 놀라운 아름다움은 무한한 우주와 인류가 살아가고 있는 곳에 대한 형이상학적 고찰을 계속하도록 하고 있다.

하늘에 보이는 천체들(그림 125) 중에서 혜성은 두려움과 함께 존경의 감정과 경외심을 갖게 하는 가장 눈부신 천체다. 밤을 밝게 밝히는 전기가 발명되기 전에 하늘을 관찰하던 사람들에게는 더욱 밝게 보였을 혜성은 예측 가능하고 우아

126, 127 아우구스투스가 율리우스 카이사르를 기념하기 위해 주조한 데나리우스 동전(뒷면에 혜성이 있다.). 기원전 19~18년경. 은, 지름 19mm.

한 우주의 질서를 어기는 천체처럼 보였다. 다른 천체 현상들과는 달리 일부 혜성들은 여러 달 동안 관찰이 가능하고, 사자의 갈기 같은 머리털이 하늘을 가로질러 길게 뻗어 있다. 여러 세기 동안 혜성의 아름다움에 매료된 많은 사람들이 혜성을 예술과 문학의 주인공으로 삼은 것은 놀라운 일이 아니다. 예술과 문학에서 혜성은 다가올 일들에 대한 징조와 상징 역할을 했다.

불타는 별,
기아, 흑사병, 전쟁으로 세상을 위협하고;
왕자들에게는 죽음을;
왕국에게는 많은 십자가를:
모든 장원에는 피할 수 없는 손실을:
목동들에게는 부패를:
경작자들에게는 불행한 계절을;
선원들에게는 폭풍을;
도시에는 시민들의 반역을.

기욤 드 살뤼스트 뒤 바르타스Guillaume de Saluste Du Bartas
1주; 또는 천지 창조La Semaine: ou, Crèation du monde(1578년)

많은 문화에서 혜성은 좋은 소식과 나쁜 소식을 전해 주는 천체로 인식되었다. 특히 통치자의 탄생이나 몰락과 같은 중요한 사건의 전조로 여겨졌고(따라서 옛날 화폐에도 등장하는), 신의 사자 또는 양날의 검으로 간주되기도 했다. 18세기가 되어서야 천문학자들이 혜성이 주기 운동을 하는 천체라는 것을 밝혀냈다. 이로 인해 혜성에 대한 두려움이 상당 부분 사라졌다. 그러나 대부분의 혜성들은 아직도 갑자기 나타나 대단한 흥분을 야기한다. 처음 설형문자로 점토판에 혜성의 출현을 기록한-현재 영국 박물관에 보관되어 있는, 우리가 핼리 혜성이라고 알고 있는 혜성이 기원전 163년에 출현했던 것을 기록한 것과 같은- 바빌로니아 시대 이전부터 혜성의 출현은 예술가와 작가, 다른 모든 사람들의 관심을 집중시켰고 상상력을 사로잡았다. 비주기성 혜성은 이름 앞에 접두어 C/를 붙여 나타내고, 주기성 혜성은 P/라는 접두어를 붙여 나타낸다. 기원전 44년의 대혜성이라고 불리기도 하는 가장 밝은 비주기성 혜성인 C/-43 K1은 고대에 가장 유명했던 혜성으로 낮에도 관찰할 수 있었다는 기록이 남아 있다. 중국 문헌에도 이 혜성에 대한 기록이 있다. 그 후 이 혜성은 1846년에 출현했던 비엘라의 혜성Biela's Comet처럼 분해되어 영원히 사라졌다. 율리우스 카이사르의 장례 경기 동안에 출현했던 이 혜성은 카이사르와 관련된 로마 동전(그림 126, 127)에 새겨졌고, '카이사르의 혜성'이라는 이름으로 불렸다. 로마 역사학자 수에토니우스Suetonius는 "혜성이 7일 동안 보였고, 11시경에 떠올랐다. 이 혜성은 카이사르의 영혼이라고 믿어졌다."라는 기록을 남겼다. 1세기 초 로마 시인 오비디우스Ovid가 쓴 서사시 『변신 이야기Metamorphoses』에서는 이것을 최근에 살해된 통치자가 신격화되었음을 나타낸다고 해석했다. 이 혜성은 카이사르의 양자로 후계자가 된 옥타비아누스를 위한 강력한 정치적 선전 도구가 되었다. 옥타비아누스는 이름을 아우구스투스 카이사르로 바꾸었다. 뛰어난 선전술과 기원전 44년에 나타났던 혜성을 이용해 권력을 공고하게 했던 아우구스투스는 앞면에 그의 옆얼굴이 새겨졌고, 뒷면에는 혜성이 새겨진 여러 종류의 동전을 만들었다. 한 동전의 앞면에는 아우구스투스, 뒷면에는 혜성이 새겨진 월계관을 쓴 신격화된 율리우스 카이사르가 새겨져 있다. 로마의 시인 베르길리우스Virgil도 『시선Eclogues』에서 이 혜성을 언급했고, 플리니우스도 『자연의 역사』에 이 혜성에 대한 기록을 남겼다. 플리니우스의 기록에 의하면 아우구스투스는 이마에 불타는 혜성이 박혀 있는 커다란 카이사르의 조각상과 함께 포럼(기원

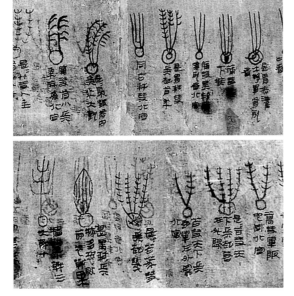

128 미상의 서예가, 혜성의 종류가 그려져 있는 마왕퇴 비단의 일부(무덤 3). 기원전 300년, 비단에 잉크와 물감.

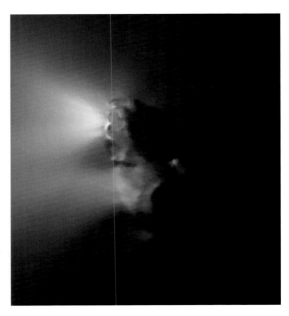

129 1986년 조토 탐사위성이 찍은 핼리 혜성의 핵.

전 42년)에 신이 된 율리우스 카이사르를 위한 사원을 건립했다. 이 사원은 '혜성의 사원'이라고 불렸고, 이로 인해 혜성을 추종하는 종교가 출현했다. 이것은 아우구스투스가 그의 양부인 카이사르의 신격화를 위해 만든 많은 조각상들 중 하나다. 그리고 이 혜성은 아우구스투스 자신의 통치 시대와 베르길리우스가 그의 『농경시Georgics』에서 언급한 황금시대의 도래를 전해 주는 혜성이라고 받아들여지기도 했다.

서양에서와는 달리 기원전 11세기의 중국 천문학자들은 수백 개 혜성들의 출현, 경로, 소멸에 대한 자세한 기록을 남겼다. 예수회 선교사들이 이 기록들을 서양으로 가져와 1846년에 출판하기도 했다(한국과 일본의 관측자들 역시 서양에서는 훨씬 후에나 알려진 혜성에 대한 기록을 남겼다.). 중국인들은 한나라(기원전 206년~서기 220년)까지 거슬러 올라가는 혜성 지도를 작성했다. 이들은 혜성을 '긴 머리카락을 가진 꿩의 별' 또는 '빗자루 별'이라고 불렀다. 후난 성 마왕퇴 유적지 고분에서 발견된 '비단 교본'에 설명되어 있는 것처럼 중국인들은 혜성의 형태를 재앙의 종류와 관련시켰다(그림 128). 이러한 분류에는 기원전 1500년까지 거슬러 올라가는 천문학 교재들을 편집한 것으로 29개의 혜성 관찰이 포함되어 있다. 서양에서와 마찬가지로 중국 관찰자들도 혜성을 '불쾌한 별'로 간주했다. 그러나 그들의 세심한 기록은 후세 천문학자들이 이 천체의 실제 이름을 결정하는 데 도움을 주었다.

혜성은 태양을 돌고 있는 먼지, 메탄, 얼음, 암모니아, 이산화탄소를 포함하고 있는 작은 얼음으로 이루어진 천체다. 1950년 미국의 천문학자

프레드 휘플Fred Whipple은 혜성의 핵을 '더러운 눈사람'이라고 규정했다. 그러나 최근에 혜성의 핵이 매우 검다는 것이 밝혀졌기 때문에 '눈으로 덮인 먼지 덩어리'라고 부르게 되었다. 이것은 유럽 항공우주국에서 발사한 혜성 탐사위성 조토가 1985~1986년 사이에 핼리 혜성의 핵을 찍은 사진(그림 129)을 통해 확인되었다. 핼리 혜성의 핵은 크기가 16×8킬로미터 정도로 미국 맨해튼 크기의 절반 정도다. 로제타Rosetta 탐사선의 착륙 모듈인 필레Philae가 2014년 11월 12일 67P/추류모프-게라시멘코 혜성에 착륙했고(그림 302), 주 탐사선인 로제타는 2016년 11월 30일 착륙했다. NASA의 딥 임팩트Deep Impact 탐사 프로젝트의 임팩터가 2005년에 템펠 1 혜성의 핵에 충돌했다. 로제타가 2년 동안 혜성을 돌면서 찍은 사진들은 혜성이 휘발성 표면을 가지고 있으며, 절벽이 붕괴하면서 암석이 수백 미터나 이동하는 것을 보여 주었다. 혜성은 우주를 형성하고 있는 원시 물질로 이루어져 생명체를 위해 필요한 유기물들도 가지고 있다. 과학자들 중에는 혜성의 충돌이 지구 생명체를 발생시켰을 것이라고 생각하는 사람들도 있다. 혜성과 혜성의 사촌인 운석이 많은 양의 물을 우주에서부터 지구로 날라 왔다고 믿고 있었지만 로제타 탐사선이 수집한 최근의 자료들은 혜성의 물이 지구의 물과 다르다는 것을 나타내고 있다. 따라서 과학자들은 지구의 물이 한때 지구에 많이 충돌한 소행성들로부터 왔다고 생각하게 되었다. 40억 년 전에 있었던 집중 충돌의 시기에는 수많은 소행성들이 연속적으로 지구에 충돌했다.

천문학자들은 많은 혜성들이 해왕성 바깥쪽

에 있는 카이퍼 벨트와 명왕성 궤도 너머에 있는 오르트 구름의 두 지역에서 만들어진다는 것을 밝혀냈다. 태양의 중력으로 인해 태양을 돌고 있는 오르트 구름은 가장 바깥쪽에 있는 행성보다도 수천 배나 더 멀리까지 분포되어 있다. 따라서 오르트 구름은 카이퍼 벨트에서부터 가장 가까운 별에 이르는 넓은 지역을 차지하고 있다. 오르트 구름은 46억 년 전 태양과 행성들이 형성되고 남은 원시 물질이다. 지나가는 별이나 은하 파도와 같은 커다란 천체의 중력적 교란으로 인해 때때로 혜성이 내행성까지 다가오는 궤도로 진입하게 되고, 이들 중 일부는 새로운 궤도를 따라 태양을 돌게 된다. 200년보다 짧은 주기로 태양을 돌고 있는 혜성들은 단주기 혜성 또는 목성족 혜성이라고 부른다. 장주기 혜성들은 200년보다 훨씬 긴 주기로 태양을 돌고 있다. 이런 혜성들 중에는 주기가 수십만 년이나 되는 혜성도 있다. 그런가 하면 한쪽 끝이 열려 있는 쌍곡선 궤도를 돌고 있는 비주기성 혜성도 있다. 이런 혜성들은 지구인들을 깜짝 놀라게 한 다음 태양을 돌고 성간 공간으로 사라져 다시는 돌아오지 않는다.

혜성이 태양에 가까워지면 혜성의 핵이 가열되어 기체를 분출해 핵을 둘러싸고 있는 헤일로 형태의 기체와 먼지로 이루어진 증발성이 있는 코마를 만들고, 길이가 달라지는 꼬리도 만든다. 때로는 꼬리의 길이가 3억 2,000만 킬로미터나 되기도 한다. 1882년 9월 대혜성과 같은 '선그레이저sungrazer'라고 부르는 일부 혜성들은 태양에 가까이 다가가기 때문에 모두 증발해 버리기도 하고, 크기가 줄어든 채 외계 행성계로 돌아가기도 한다. 이런 효과들은 태양 복사선과 태양

풍이 혜성의 핵에 작용해 나타난 것이다. 혜성 핵의 지름은 수백 미터에서 수십 킬로미터에 이른다. 충분히 밝은 혜성의 경우에는 맨눈으로도 쉽게 관찰할 수 있다. 1811년에 나타났던 혜성처럼 특히 커다란 밝은 혜성은 대혜성great comet이라고 부른다. 이런 혜성들은 열 달 동안 하늘에서 관찰할 수 있다. 오랫동안 볼 수 있는 이런 천체들은 종종 문학이나 시각 예술에 커다란 문화적 충격을 주었다. 규약에 의해 혜성의 이름은 발견자의 이름을 따서 명명된다. 그러나 핼리 혜성이나 엥케 혜성과 같은 많은 주기성 혜성들은 처음으로 이들의 궤도를 계산한 사람의 이름을 따서 명명된다. 1881년에 처음으로 사진을 이용해 혜성을 발견한 사람은 미국의 천체 사진 개척자인 에드워드 에머슨 바너드Edward Emerson Barnard였다. 이전에는 천문학자들이 화가들처럼 자신의 발견을 그림으로 그려 기록해야 했다.

긴 타원 궤도를 돌고 있는 혜성의 주기는 몇 년에서 몇백만 년에 이른다. 단주기 혜성은 카이퍼 벨트에서 만들어진 것들이지만 장주기 혜성들은 오르트 구름에서 만들어진다. NASA의 WISE 탐사선(Near-Earth Object Wide-field Infrared Survey Explorer의 머리글자를 따서 NEOWISE로 이름을 바꾸었다.)이 수집한 자료에 의하면 주기가 수천 년에서 수백만 년이나 되는 이 얼음 덩어리 방랑자들은 이전에 생각했던 것보다 더 흔한 일반적인 혜성들이다.

혜성 궤도에서 태양에 가장 가까운 점을 근일점이라고 부르고, 가장 멀리 있는 점은 원일점이라고 부른다. 혜성들은 얼음 덩어리의 핵(대략 지름이 수 킬로미터인), 혜성이 태양에 다가와 가열

되어 만들어지는 핵을 둘러싼 헤일로 형태의 코마(핵과 코마를 합쳐 머리라고 부른다.), 혜성 이름의 근원이 된 가장 화려한 꼬리의 세 부분으로 나눌 수 있다. 혜성의 꼬리는 항상 태양의 반대편에 생기고, 태양에 가까워짐에 따라 길이가 길어진다. 혜성의 꼬리에는 부풀어 오르는 모습을 하고 있으며 태양빛을 반사하는 약간 구부러진 먼지 꼬리, 태양풍에 의해 밀려난 양전하를 띤 기체로 이루어진 좁고 똑바로 뻗은 이온 꼬리(플라스마 꼬리라고도 부르는)의 두 가지가 있다. 길이가 3억 2,000만 킬로미터나 되는 가장 긴 꼬리를 가지고 있던 1843년의 대혜성의 경우처럼 먼지 꼬리는 매우 길게 늘어져 있다. 일부 작은 혜성들은 꼬리를 전혀 가지고 있지 않기도 한다. 이런 혜성들은 희미한 반점으로 보인다. 혜성의 모습은 모두 다르다. 혜성은 휘발성 물질로 이루어져 태양을 도는 동안 많은 물질을 방출해 지나간 자리에 뿌려 놓기 때문에 나타날 때마다 모양이 변한다. 혜성은 유성이나 폭발 유성(6장)뿐만 아니라 소행성과도 관련이 있다. 그러나 소행성은 혜성과 기원이 다르다. 소행성들은 화성과 목성 사이에서 태양을 돌고 있는 원반 형태의 소행성대에 분포한다. 혜성 사냥꾼들이 수 세기 동안 찾아낸 혜성의 수는 약 4,000개 정도밖에 안 되지만(혜성의 발견 빈도는 점점 잦아지고 있다.), 천문학자들은 태양계에 1조 개나 되는 혜성이 있을 것으로 추정하고 있다.

혜성은 휘발성 물질로 이루어져 있다. 슈메이커-레비 9 혜성은 1992년에 21개의 커다란 조각으로 분열되었고, 1994년 7월에는 6일 동안 더 여러 조각으로 부서졌다. 일부 조각들이 빠른 속력으로 목성에 충돌해 약 3,000킬로미터 높이까지 치솟는 불덩어리를 만들었고, 목성 대기에 6,000킬로미터에서 1만 2,000킬로미터에 이르는 충돌 흔적을 만들었다. 가장 큰 슈메이커-레비 파편의 충돌은 600만 메가톤의 에너지를 방출했고, 태양계 안에서 처음으로 천체들이 충돌하는 것을 직접 관측할 수 있도록 했다. 슈메이커-레비 혜성의 목성 충돌은 공룡의 멸종이 6600만 년 전인 백악기 말 제3기 초에 있었던 거대한 혜성이나 소행성의 충돌로 인한 것이라는 널리 받아들여지고 있는 이론의 신빙성을 높여 주었다. 천문학자들은 소행성과 혜성의 구별이 그렇게 분명하지 않다는 것을 알게 되었다. 일부 소행성들은 얼어붙은 휘발성 기체를 많이 포함하고 있으며 수증기를 포함하고 있다는 증거도 있다. 그리고 일부 혜성은 화성과 목성 사이에 있는 소행성대에서 태양을 돌고 있으면서 코마만 보여 주고 있다. 여러 번 태양을 돌면서 휘발성 물질을 모두 방출한 소위 말하는 죽은 혜성들은 여러 가지 면에서 소행성이라고 할 수 있다. 다시 말해 죽은 혜성들은 화성과 목성 사이에 있는 소행성대에서 타원 궤도를 따라 태양을 도는 또 다른 소행성이 되는 것이다.

아리스토텔레스는 혜성과 소행성을 모두 기상 현상이라고 주장했다. 그 이유 중 하나는 이들이 행성들이 있는 황도면 안에만 있는 것이 아니기 때문이었다. 우주 부스러기인 유성체들은 지구 대기로 들어와 유성이 된다. 때로는 유성을 '별똥별'이라고 부르기도 한다. 유성체가 지구 대기로 돌진하면 타버리지만 때로는 이 과정에서 밝은 빛을 내기도 하고, 커다란 불덩어리인 폭발 유성(6장)이 되기도 한다. 혜성과 유성이 기상 현

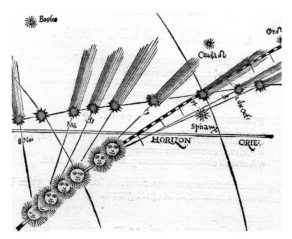

130 미카엘 오스텐도르퍼Michael Ostendorfer, 1531년에 나타났던 (일식의 반대 방향으로 향하고 있는 꼬리를 그린) 핼리 혜성. 페트루스 아피아누스Petrus Apianus의 『천문학 신전Astronomicum Caesareum』(잉골스타트, 1540년)의 일부. 손으로 색칠한 목판화.

상이라는 아리스토텔레스의 설명은 행성들이 태양을 돌고 있는 완전한 천구에 고정되어 있고, 변화는 달 궤도 아래서만 가능하다는 프톨레마이오스의 천문 체계와 잘 맞는다. 망원경이 발명되기 이전 가장 위대한 천문학자였던 덴마크의 티코 브라헤가 1577년의 대혜성(C/1577 V1)의 시차를 측정하기 전까지는 아리스토텔레스의 이런 설명이 널리 받아들여졌다. 브라헤는 혜성이 대기권보다 훨씬 더 멀리 떨어져 있다는 것과 혜성의 경로가 프톨레마이오스 천문 체계에서는 절대 뚫고 지나갈 수 없다고 생각했던 천구를 뚫고 지나간다는 것을 증명했다. 이러한 관찰 결과를 담은 브라헤의 200쪽짜리 보고서는 1588년에 출판되었고 이로 인해 혜성은 기상학에서 천문학으로 옮겨지게 되었다.

독일의 수학자이며 천문학자였던 요하네스 케플러는 한때 브라헤의 조수로 일했다. 천체 역학 분야의 창시자인 케플러는 코페르니쿠스 체계의 정당성을 증명했지만 대부분의 혜성이 곡선

의 경로를 따라 운동하는 것이 아니라 직선 운동을 하고 있다고 보았다. 그는 혜성의 궤도가 곡선으로 보이는 것은 지구가 운동하고 있기 때문에 나타나는 착시 효과라고 주장했다. 그러나 케플러는 핼리 혜성에 대한 관측을 통해 혜성의 꼬리가 항상 태양의 반대편을 향하고 있다는 것을 지적한 페트루스 아피아누스가 발견한 것(그림 130)들을 조사한 후에는 "머리는 공 모양의 성운으로 어느 정도 투명하다."라고 한 혜성에 관한 기본적인 사실들을 받아들였다. 그는 1607년과 1618년에 나타났던 혜성을 관찰한 후 1625년에 다음과 같은 기록을 남겼다.

꼬리나 수염은 태양의 빛을 받아 머리에서 태양 반대 방향으로 방출된 증기다. 머리에서 계속적으로 증기를 배출하면 머리가 고갈된다. 따라서 꼬리는 머리의 죽음을 나타낸다.

1687년에 영국의 수학자이자 물리학자, 천문학자였던 아이작 뉴턴은 혜성과 관련된 삽화가 포함된(혜성과 관련된 부분은 이 책의 핵심적인 내용에 비하면 지엽적인 것이기는 했지만) 『자연철학의 수학적 원리Principia』를 출판했다. 이 책에서 뉴턴은 혜성은 태양 주위를 포물선 궤도를 따라 돌고 있다고 주장하고(그림 131), 거리 제곱에 반비례하는 그의 중력 이론을 1680년에 출현했던 대혜성인 선그레이저 혜성(C/1680 V1, 키르히의 혜성 또는 뉴턴의 혜성이라고 부르는)에 적용했다. 뉴턴의 친구로 『자연철학의 수학적 원리』의 출판을 권유했고, 출판 비용을 부담하기도 했던 에드먼드 핼리는 뉴턴의 원리를 이용해 역사상 기록된 혜성들

을 조사했다. 그는 중력적 간섭작용, 겉보기 퇴행운동을 보완한 다음 1531년과 1607년에 출현했던 혜성 사이의 유사성을 발견했다. 핼리는 이 혜성들이 그가 런던 북부 이즐링턴에 있는 자신의 사설 천문관측소에서 경로를 조사했던 1682년에 나타났던 혜성과 같은 혜성이며 이 혜성의 주기가 76년이라고 결론지었다. 1705년 왕립협회는 그가 발견한 내용이 포함된 『혜성 천문학 개요Astronomiae cometicae synopsis』를 출판했는데 여기에서 핼리는 이 혜성이 1758년에 다시 돌아올 것이라고 예측했다. 그러나 당시의 많은 사람들은 핼리가 죽고 난 후에야 이 혜성이 돌아올 것이라고 예측한 것은 예측이 틀렸을 경우 받게 될 비난을 피하기 위한 것이라고 조롱했다. 핼리는 1742년 세상을 떠났다. 그러나 핼리 혜성은 핼리의 예측과 하루 차이가 나는 1758년 12월 25일에 돌아왔다. 독일의 아마추어 천문학자 요한 팔리치Johann Palitzsch는 자신이 만든 길이 2미터 정도의 망원경으로 이 혜성을 발견하고 재빨리 핼리의 이름을 붙였다. 서양과 중국의 기록들은 이 혜성의 출현을 기원전 466년(X/-466?)까지 거슬러 올라가게 하고 있다.

핼리는 혜성에 대한 연구가 결정적 국면에 이르던 시기에 살았던 운 좋은 사람이었다. 혜성에 대한 그의 연구는 뉴턴과의 협력적 관계 속에서 여러 해에 걸쳐 이루어진 일이었지만 그가 살았던 시기가 혜성의 궤도를 정하는 것이 가능하도록 분위기가 무르익었던 시기였기 때문에 가능했다. 다른 천문학자들도 혜성이 타원 궤도를 돌고 있다고 주장하기는 했지만 그들은 관측 기록에서 과학적 사실을 찾아낼 생각은 하지 못했다. 핼리

는 '뉴턴에게 바치는 시'에 다음과 같이 썼다.

… 이제 우리는 혜성이 급하게 방향을 바꾸는 이유를 알게 되었습니다. 한때는 위협의 근원이었지만 이제 더 이상 우리는 수염 달린 이 별의 출현을 두려워하지 않게 되었습니다.

핼리 혜성(또는 P1/Halley, '주기 혜성 핼리')은 주기가 알려진 첫 번째 혜성이다. 이 혜성은 역사상 가장 큰 축복을 받은 혜성이었고, 전통과 마음을 사로잡는 기운을 가진 혜성이었다. 그리고 200년보다 짧은 주기를 가진 맨눈으로 관측 가능한 유일한 혜성이다. 그리고 한 사람의 일생 동안 한 번 이상 나타날 수 있는 유일한 혜성이기 때문에 우리 일생의 유한성과 우주의 신비를 동시에 느끼게 하는 혜성이다. 이 혜성의 주기에 대해 비교적 자세히 알 수 있게 되었기 때문에 우리는 역사 문헌에 나타난 이 혜성의 출현에 관한 기록이 기원전 240년 또는 기원전 466년까지 거슬러 올라가 최소 스물아홉 번이나 된다는 것을 알게 되었다. 이 혜성의 주기성에 대해서는 고대인들도 알고 있었을 가능성이 있다. 탈무드에는 "70년마다 나타나는 별로 인해 선장이 실수를 한다."라는 기록이 있다.

19세기 이후 사람들은 많은 기대와 흥분 속에서 이 혜성이 다시 돌아오기를 기다렸다. 예를 들면 핼리 혜성이 나타났던 1835년에 태어난 마크 트웨인Mark Twain은 『아서 왕의 법정에 선 코네티컷의 양키A Connecticut Yankee in King Arthur's Court』(1889년)에서 이 혜성과 관련된 농담을 했다. 그는 다음 번 핼리 혜성이 나타날 때까지 살다가 핼리

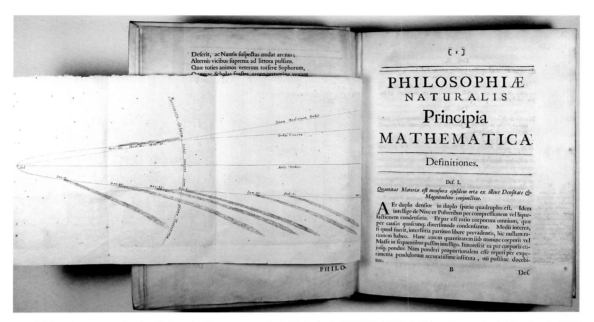

131 아이작 뉴턴Isaac Newton, 에드먼드 핼리로부터 받은 1680~1681년 대혜성의 경로. 『자연철학의 수학적 원리Philosophiae naturalis principia mathematica』(런던, 1687년)의 접는 페이지, 동판화.

혜성과 함께 죽고 싶다고 했다. 여러 번의 심장마비를 겪은 후 그런 말을 했다고 전해지기도 한다. 그의 소원은 1910년 비로소 이루어졌다. 그는 핼리 혜성이 근일점을 지난 바로 다음 날 세상을 떠났다.

핼리 혜성에 관한 서양 최초의 확실한 기록은 로마가 예루살렘을 점령하고 있던 시기인 기원전 12년에서 11년에 나타났던 혜성(1P/-11 Q1)과 66년에 나타났던 혜성(1P/66 B1)을 기록한 로마의 기록이다. 1세기 역사학자 요세푸스Josephus는 이 혜성의 출현을 도시 위에 1년 동안 걸려 있던 칼이라고 묘사하고, 4년 후에 예루살렘이 파괴될 것을 예언했다. 기념주화가 아닌 곳에서 혜성의 이미지가 최초로 나타난 시기는 684년(그림 132)이다. 그러나 이 그림의 판화는 8세기 후에나 만들어졌고, 하르트만 쉐델Hartmann Schedel이 1493년에 편찬한 미하엘 볼게무트Michael Wolgemut와 빌

헬름 플리덴뷔르프Wilhelm Pleydenwurff가 그린 삽화가 포함된 세계와 뉘른베르크 시의 역사를 다룬 『리버 연대기Liber chronicarum』를 통해 출판되었다. 형식화된 이 목판화와 이 목판화를 변형한 그림들이 다른 혜성의 출현을 다룬 책들에 삽화로 오랫동안 계속 재사용되었다.

기독교의 등장과 함께 비기독교적인 작품들도 종종 기독교의 옷을 입게 되었다. 따라서 혜성을 설명하는 내용도 바뀌었다. 별과 행성들이 개인이나 국가의 운명을 지배한다는 믿음은 기독교가 지배하던 사회에서도 널리 받아들여졌고, 혜성이나 다른 천체 현상들은 신의 분노나 승인을 뜻하는 것으로 해석되었다. 핼리 혜성이 출현했던 시기에 만들어져 핼리 혜성을 묘사한 것이 확실한 가장 오래된 그림은 1066년에 털실로 수를 놓아 만든 베이유 태피스트리(그림 133)에 포함되어 있다. 당시의 많은 기록들이 혜성을 '태양

139

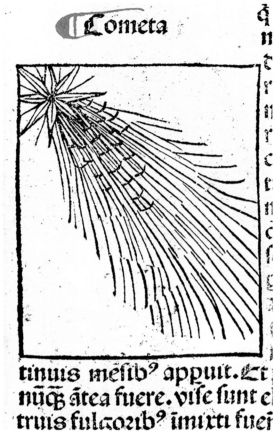

132 작자 미상, 684년에 나타났던 핼리 혜성, 『리버 연대기(Liber chronicarum』
(뉘른베르크 연대기; 뉘른베르크, 1493년) 157r쪽의 일부, 목판화.

의 햇불' 또는 '불타는 광선'이라고 부르며 놀라운 혜성의 출현에 대해 언급했다. "그들은 별들을 경외하고 있다."라는 설명과 함께 베이유 태피스트리에 수놓아진 혜성은 불꽃을 내뿜으며 앞으로 달려가는 원시적인 로켓처럼 보인다. 실제로 1066년에 있었던 핼리 혜성의 출현은 전쟁이나 왕의 죽음과 같은 커다란 재앙의 전조로 받아들여져 유럽 전역에 커다란 공포를 야기했다. 영국왕 해럴드 2세가 전투 중 사망한 것을 이 혜성의 출현과 연결시키기도 했다. 그러나 혜성의 출현은 양날의 검이었다. 노르만족에게는 혜성의 출현이 승리의 전조가 되었고, 이 승리로 영국의 역

사가 영원히 바뀌게 되었기 때문이다.

조각과 같은 다른 예술 작품들 중에도 혜성을 묘사한 것들이 발견되지만 르네상스 초기에 기록된 혜성에 대한 묘사는 대부분 삽화를 포함하고 있는 원고에서 발견할 수 있다. 수도사였던 에드윈Eadwine은 에드윈(캔터베리) 시편의 여백에 1145년에 있었던 핼리 혜성(1P/1145 G1)의 출현을 기록하고, '머리털을 가진 별'의 광채에 대해 언급했다(그림 134). 당시에는 유럽의 교육이 주로 가톨릭교회를 중심으로 이루어지고 있었고, 일부는 정부에 의해 이루어졌다. 반면 아랍 천문학자들은 고대 문헌들을 아랍어로 번역해 고대의 천문학 전통을 이어갔다. 이러한 무슬림의 문헌들이 점차적으로 다른 여러 가지 언어들로 번역되어 고대의 학문이 다시 널리 확산하는 데 기여했다. 일부 서양 문헌들에 포함된 삽화들이 혜성의 출현을 역사적 사건들과 연계시킨 반면, 일부에서는 황도 12궁과 연결시켰다. 언어적이고 시각적인 과장법을 사용하고 있는 많은 삽화에서는 혜성이 고대에서부터 사용되어 온 칼과 같은 환상적인 형태로 그려졌다. 중세에는 1222년에 나타났던 핼리 혜성(1P/1222 R1), 꼬리가 90도에 이르는 기록된 혜성 중에서 가장 놀라운 혜성이었던 1264년 혜성(C/1264 N1), 1299년 혜성(C/1299 B1) 등 많은 혜성들이 출현했다. 14세기가 되면서 혜성을 좀 더 객관적으로 관측하기 시작했고, 혜성의 물리적 성질들을 조사하기 시작했다. 이러한 새로운 시도는 부분적으로 점성술의 물리학적 근거를 발견하기 위한 것이었다.

오래전부터 내려오는 형식화된 혜성을 나타내는 양식을 파괴한 사람은 피렌체의 화가 조

133 1066년에 나타났던 핼리 혜성, 〈베이유 태피스트리Bayeux Tapestry〉의 일부, 1073~1083년, 모직과 리넨, 베이유 시청.

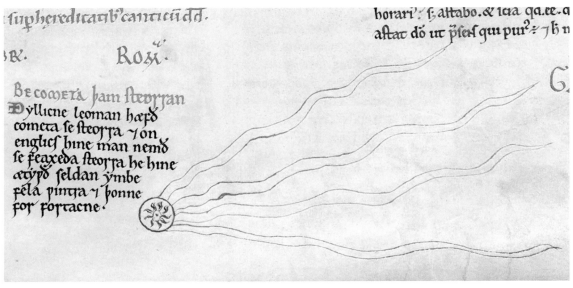

134 에드윈Eadwine, 에드윈(캔터베리) 시편에 포함되어 있는 1145년에 나타난 핼리 혜성, 1145년, 양피지에 갈색 잉크, 원고 R.17.1, 10r쪽의 일부, 렌 도서관, 케임브리지 대학, 트리니티 칼리지.

135 조토 디 본도네|Giotto di Bondone, 〈동방박사의 경배Adoration of the Magi〉에 포함되어 있는 1301년에 나타났던 핼리 혜성. 1303~1305년경, 프레스코화, 스크로베니 교회, 파도바.

136 파올로 우첼로Paolo Uccello, 혜성 자판이 있는 시계, 1443년, 프레스코와 금박을 입힌 구리, 지름 약 2m, 피렌체 대성당.

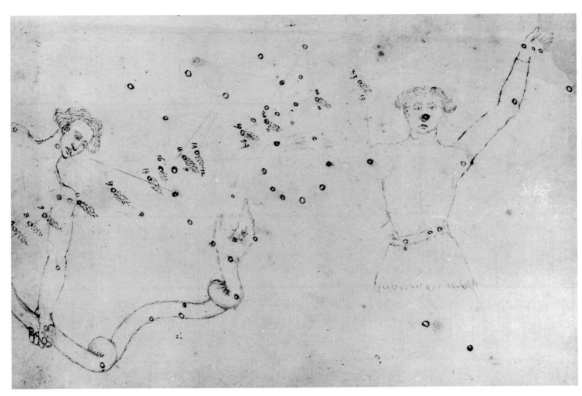

137 파올로 달 포초 토스카넬리|Paolo dal Pozzo Toscanelli, 1456년에 나타난 핼리 혜성, 양피지에 잉크, 원고 Banco Rari 30, 251v쪽, 피렌체, 국립 중앙 도서관.

토 디 본도네였다. 초기 르네상스 자연주의의 위대한 개척자였던 조토는 1301년에 출현했던 핼리 혜성을 관찰한 것을 기념해 처음으로 확실한 혜성의 '초상화'를 그렸다(그림 135). 당시의 연대 기록자는 이 혜성이 1301년 9월 14일부터 10월 31일까지 나타났다고 기록해 놓았다(1P/1301 R1 Halley). 조토가 그린 혜성은 수학과 초기 천문학으로 널리 알려진 대학 타운인 파도바에 있는 스크로베니 교회에 그린 〈동방박사의 경배〉에 포함되어 있다. 조토는 전통적인 베들레헴의 별을 그릴 자리에 불타는 '빗자루 별broom star'을 그려 넣어 핼리 혜성에 대한 그의 관측과 기적의 별이 혜성이었다는 교부들의 믿음을 연결시켰다(신약 성경에는 혜성에 대한 언급이 없다.). 조토의 혜성 초

상화는 식별이 가능한 최초의 유럽 자연주의 작품이다. 이것을 초상화라고 부르는 이유는 사람들의 경우와 마찬가지로 혜성들도 모두 모양이나 특징이 다르기 때문이다. 조토의 붓은 코마가 내뿜는 에너지, 옅은 코마 안에 있는 밀도가 높은 중심 부분, 공기 중으로 길게 뻗은 꼬리 등 혜성의 세밀한 부분까지 놓치지 않고 그려 냈다. 1985년부터 1986년까지 출현한 핼리 혜성에 접근했던 유럽 우주국에서 발사한 탐사위성의 이름으로 조토를 선택한 것은 그리 놀라운 일이 아닌 것이다.

피렌체 성당에 걸려 있는 커다란 시계의 금속으로 만든 시침과 분침이 혜성 모양을 하고 있는 것으로 보아 르네상스 시기의 피렌체가 혜성

138 디볼트 실링Diebold Schilling the Younger, 1456년 혜성의 영향, 『루체른 연대기Lucerne Chronicle』의 일부, 1508~1513년경, 양피지에 템페라와 잉크, 원고 S.23, 61v쪽, 루체른 중앙 도서관.

을 제대로 인식하고 있었다는 것을 알 수 있다. 1443년 오페라이 디 산타 마리아 델 피오레는 파올로 우첼로Paolo Uccello에게 성당 내부 서쪽 벽에 시계 전면부를 나타내는 프레스코화를 그리도록 했다. 이 시계는 해가 질 때부터 시작해 하루를 24시간으로 나누어 시간을 나타내도록 고안되었다. 실제로 작동하는 현대적인 이 시계는 전통적으로 입구에 배치되는 장미 창문이 설치되어야 할 위치에 자리 잡았다. 최근에 시행된 보존 처리 과정에서 기술자들은 최초의 금속 시침과 분침에 대한 기록들을 조사하고 우첼로가 성당의 대들보를 받치고 있는 8각형 기둥을 위해 설계한 장미 창문에 있는 베들레헴의 별을 모델로 해 혜성 모양을 복원해 냈다.

1456년 핼리 혜성(1P/1456 K1)이 나타났을 때 피렌체의 천문학자이며 수학자, 우주지리학자였던 파올로 달 포초 토스카넬리가 별자리를 배경으로 혜성의 경로를 추적하기 위해 최초로 하늘 차트에 혜성의 경로를 그려 넣었다(그림 137). 이러한 과학적 노력에도 불구하고 혜성에 관한 미신은 여전히 횡행했다. 교황 칼리스투스 3세가 교황 칙서에서 혜성을 파문했다는 소문이 돌기도 했다. 실제로는 오스만튀르크가 베오그라드를 점령하고 있던 1456년 교황이 십자군의 성공을 비는 기도에서 '악마, 터키와 혜성'이라는 말을 사용했다. 1468년에 토스카넬리는 피렌체 성당에서 아직도 작동하는, 하지를 0.5초의 오차로 알려 주는 해시계의 바늘을 설계하기도 했다.

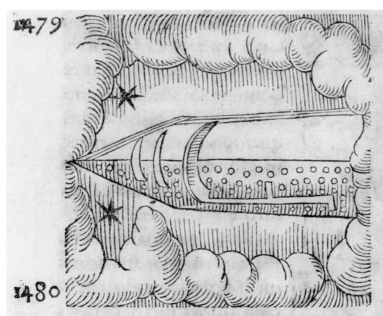

139 콘래드 리코스테네스Conrad Lycosthenes, 1479년 아라비아에서 본 혜성, 『징조와 예언의 연대기Prodigiorum ac ostentorum chronicon』(바젤, 1557년)의 일부. 목판화.

후에 스위스의 작가 디볼트 실링Diebold Schilling the Younger이 편찬한 『루체른 연대기Lucerne Chronicle』(1508~1513년)와 같은 문헌들에는 괴물의 출현, 지진, 질병, 붉은 비와 같은 것들을 포함한 나쁜 일들을 가져오는 혜성의 삽화가 포함되어 있었다(그림 138). 미신적인 내용에도 불구하고 실링의 삽화는 혜성이 근일점에 접근하기 전과 후의 모습을 담고 있다. 피렌체 주민들은 5월 15일에 긴 꼬리가 동쪽으로 향하고 있는 혜성을 관찰했고, (6월 8일에 있었던 근일점 이후인) 6월 15일에는 꼬리가 서쪽 방향으로 바뀌었다. 이 '드물고' '장엄한' 광경은 50일 동안 관측이 가능했다. 실링은 중국인들과 레기오몬타누스도 관측 기록을 남긴 1472년에 나타났던 혜성(C/1471 Y1)에 대한 기록

도 남겼다. 실링은 그의 연대기 77r쪽에 실린 혜성이 지나간 자리에 나타난 유성을 포함한 삽화에서 근일점에 접근하기 전의 혜성과 접근한 후의 혜성을 2개의 다른 혜성으로 취급했다.

혜성에 대한 열광은 서양 문명이 미완성 단계에 있던 16세기에 새로운 절정에 달했다. 혜성에 대한 과학이 느리게 발전하는 동안 모든 종류의 악마와 연계된 종말에 대한 예언을 담은 충격적인 인쇄물들이 나돌았다. 코페르니쿠스, 마르틴 루터, 미켈란젤로, 토머스 모어, 셰익스피어, 레오나르도 다빈치, 티코 브라헤가 살았던 이 시기는 가장 어두운 미신과 새로운 과학 시대의 약속 사이에서 흔들리고 있던 시기였다. 종교개혁을 주도한 마르틴 루터는 점성술을 저주했지만(그는 혜

140~145 작자 미상. 1007/1401/1456/1506/1531/1533년에 보고된 혜성. 『기적에 관한 아우크스부르크의 책Augsburg Book of Miracles』 34/74/79/92/121/125쪽. 1550년경. 종이에 수성 물감·과슈·검은 잉크. 카틴 컬렉션.

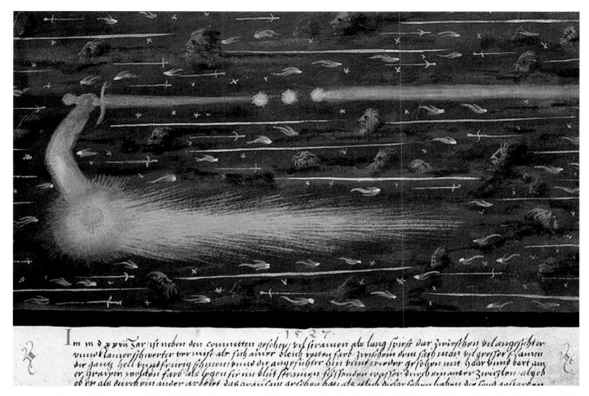

146 작자 미상. 1527년에 보고된 혜성. 『기적에 관한 아우크스부르크의 책Augsburg Book of Miracles』 III쪽. 1550년경. 종이에 수성 물감·과슈·검은 잉크. 게오르게 아브람스 컬렉션.

성을 '매춘부의 별'이라고 불렀다.), 종교개혁에 따른 응징에 대한 공포와 죄책감-그리고 곧 있을 종말에 대한 루터의 공포-이 대중들 사이에 미신을 강화시키는 데 일조했다. 동시에 새로운 인쇄술의 보급으로 전단지broadsides라고 부르는 스캔들을 다루는 선동적인 인쇄물의 보급이 쉬워졌다. 반면에 16세기의 특징이라고 할 수 있는 표본을 수집하고 목록을 만드는 일들은 지적인 호기심을 발전시켜 과학과 천문학의 새로운 탄생을 이끌어 냈다. 1543년 출판된 『천구의 회전에 관하여』에 실린 태양 중심 천문 체계는 프톨레마이오스의 지구 중심 천문 체계가 옳지 않다는 것을 밝혀냈다. 그러나 교회를 비롯한 보수적인 집단에서는 코페르니쿠스의 급진적인 이론과 이 이론이 포함

하고 있는 내용들을 쉽게 받아들이려고 하지 않았다. 또 다른 과학적 진보들 중에는 앞에서 이야기했던 아피아누스도 포함되어 있다. 아피아누스는 그의 『천문학 신전』에서 혜성의 꼬리가 항상 태양의 반대편을 향하고 있다고 지적했다. 이것은 그가 1531년에 출현했던 핼리 혜성을 관측한 결과였다(그림 130).

그러나 종교전쟁과 농민 계급의 반란으로 점철되었던 이 시기는 전체적으로 종말론적인 분위기가 팽배했다. 이런 경향은 특히 북유럽에서 심했다. 사람들은 적극적인 열의를 가지고 자연 현상을 다가올 대재앙의 전조로 해석했고, 천체 현상에서 신의 노여움을 읽어 내려고 했던 고대의 전통을 고수했다. 4세기의 작품들을 추종한 로마

147 알브레히트 뒤러Albrecht Dürer, 〈멜랑콜리아 IMelencolia I〉, 1514년, 판화, 24×18.5cm.

후기 작가 줄리어스 옵세퀜스Julius Obsequens는 자연 현상을 불길한 징조로 해석한 것을 유사-과학적인 방법으로 편집한 『불가사의한 일들에 관한 책Liber prodigiorum』을 출판했다. 콘래드 리코스테네스Conrad Lycosthenes가 엮어 1557년에 출판한 『징조와 예언의 연대기Prodigiorum ac ostentorum chronicon』는 이 분야에서 가장 야심찬 책으로 간주되고 있다. 여기에는 많은 혜성들이 등장하는데, 이 중 일부는 환상적인 것이고 일부는 실제적인 것으로 종종 반복적으로 사용된 형식화된 목판화 삽화에 포함되어 있다. 일부 혜성은 칼, 도끼, 피비린내 나는 단검의 소나기, 흉측한 얼굴, 또는 공상과학

만화의 주인공인 플래시 고든(그림 139)의 아르데코 세트에서 바로 나온 우주선처럼 보이는 아랍 혜성과 같은 놀라운 모습들로 나타냈다. 징조를 설명한 이런 해설서들의 인기는 점성술의 마지막 안간힘과 궤를 같이 했다.

16세기 중반 이름이 알려지지 않은 아마추어 화가가 과슈와 수성 염료로 그린 대형 풍경화가 삽화로 포함된 『기적에 관한 아우크스부르크의 책Augsburg Book of Miracles』은 미래의 사건이나 재앙의 전조로 해석된 기록에 나타난 천체 현상들을 편집해 수록했다(그림 140~145). 상상을 통해 의인화된 혜성이 칼을 휘두르는(그림 146) 것을 제외하면 여기에 포함된 26개의 혜성 그림들은 이전에 편집된 모음집에 포함되어 있던 고대의 형식화된 혜성 그림들보다는 1456년과 1531년에 출현했던 핼리 혜성을 그린 그림을 포함한 당시의 혜성 그림들과 비슷했다. 이 생생한 혜성 그림들은 후에 이루어진 과학적 발전의 기초가 되는 관측들, 특히 혜성 해부학과 일맥상통한다. 또 다른 알려지지 않은 아마추어 화가도 아피아누스와 목성보다 세 배나 밝았다고 설명했던 시인 천문학자 지롤라모 프라카스토로도 관측 기록을 남긴 1532년에 출현했던 혜성(C/1532)의 수채화(런던 과학박물관) 그림을 남겼다.

레기오몬타누스를 알고 있었으며, 르네상스의 특징인 인문학적인 학습에 참여했던 독일 화가 알브레히트 뒤러는 뉘른베르크에 있는 자신의 집에 천문관측소를 설치했다. 그는 작품을 통해 과학과 미신 사이에서 아슬아슬한 곡예를 했다. 계시의 책을 위해 그린 삽화에서는 미신을 충분히 활용했다(그림 196, 205). 그는 또한 묘한 매

력을 가진 별 지도를 제작했고, 직접 목격한 폭발 유성(그림 200) 그림을 그리기도 했다. 그의 예술적 창조성을 잘 나타내고 있는 풍자화 〈멜랑콜리아 I^{Melencolia I}〉(그림 147)에는 토성의 지배를 받는 네 가지 기질 중 하나인 우울감을 의인화한 날개 달린 여인이 변화(재앙의 가능성이 있는)의 조짐을 나타내는 혜성과 무지개가 보이는 후원 아래 앉아 있다. 이 복합적이고 정신적인 자화상은 인쇄술의 발전과 더불어 나타나 유럽 전체에 자극적인 이미지를 전파시킨 간소한 팸플릿이나 전단지가 홍수를 이루던 시기에 그려졌다.

사람들의 관심을 끈 다음 번 혜성은 허먼 갤Herman Gall이 제작한 전단지에 극적으로 묘사된 1556년에 출현했던 혜성(C/1556 D1)이었다(그림 148). 비슷한 인쇄물들이 유럽, 특히 독일에 넘쳐났고, 오늘날의 타블로이드나 인스타그램, 스냅채팅, 트위터와 비슷한 형태로 사건들을 전파했다. 현대의 체험적인 보고들과 비슷했기 때문에 전단지들의 내용은 사람들의 생활에 큰 영향을 미쳤다. 1556년에 출현했던 혜성에 대한 큰 관심은 점성술에서의 혜성에 대한 해석의 적절성을 다룬 논문들과 점성술 자체의 신빙성을 다룬 논문들을 포함한 많은 학술 논문의 출판으로 이어졌다. 이 세기가 끝나면서 유사 과학에 대한 지식인들의 믿음도 끝나버렸다.

과학으로서의 혜성 과학은 16세기에 페트루스 아피아누스와 티코 브라헤가 시작했다. 브라헤는 벤 섬에 훌륭한 관측 장비를 갖춘 우라니보르그Uraniborg(하늘의 성이라는 뜻) 천문대를 가지고 있었다. 우라니보르그는 기독교 유럽에서 최초로 설립된 본격적인 천문대였다. 이 천문대가 너무 좁아지자 그는 스테르네보르그Stjerneborg(별들의 성)를 지었다. 브라헤가 이루어 낸 일들 중에는 정확한 별 목록을 만든 것과 1582년에 출현했던 혜성(C/1582 J1)을 발견한 것, 혜성이 천체라는 것을 분명히 밝혀내 행성들이 고정되어 있는 수정 천구의 존재를 부정한 것이 포함된다. 그의 연구의 많은 부분은 1577년에 나타났던 낮에도 관측이 가능했던 혜성(그림 149)과 관련이 있다. 그는 이 혜성을 태양 궤도에 정확하게 위치시켰지만 태양에 지구라는 잘못된 이름을 써넣었다. 1577년에 출현했던 대혜성은 많은 논문들에서 다루어졌다. 한 학자는 100쪽이나 되는 이 혜성을 다룬 문헌들의 목록을 만들기도 했다. 많은 사람들을 흥분시켰던 이 유명한 혜성은 타키 알-딘 무함마드 이븐 마루프 알-샤미 알-아사디로 하여금 오스만 제국의 수도에 이스탄불 천문대를 설립하도록 했다. 그 후 터키에서 그려진 생생한 혜성 삽화들 중에서 가장 먼저 나타난 것은 '세카트나메Secaatname' 원고(에롤 파킨, 이스탄불 대학)에 포함된 것이었고, 두 번째로 나타난 것은 '세메일나메Semailname' 원고에 포함된 삽화였다. 두 번째 삽화에는 혜성이 조감도 형식으로 그려진 이스탄불의 상공에 걸려 있다(그림 150).

16세기에 탐험가들이 새로운 세상을 유럽인들에게 소개한 후 유럽인들은 혜성에 대해 서양의 고대 미신과 비슷한 생각을 가지고 있던 원주민들과 만나게 되었다. 마야인들은 혜성이나 유성우가 지도자의 변화를 가져온다고 믿었다. 혜성이 태양신 인티Inti의 분노를 나타낸다고 생각했던 잉카인들은 1531년에 있었던 핼리 혜성의 출현이 프란시스코 피사로가 주도한 스페인의 침공

148 허먼 갤Herman Gall. 1556년 3월 5일에 콘스탄티노플과 로사나에서 관측한 혜성과 두 지진에 대한 내용을 담은 전단지의 일부. 손으로 색칠한 목판화.

149 지리 다스키츠키Jiri Daschitzsky. 피터 코디실러스Peter Codicillus가 보고한 1577년 프라하에서 관측된 혜성에 관한 전단지의 일부. 목판화.

을 나타낸다고 믿었다. 『새로운 스페인의 인디아의 역사Historia de las Indias de Nueva España』(그림 151)에서 도미니칸 수사 디에고가 설명한 것을 포함한 여러 스페인 역사서들은 혜성의 출현에 매우 놀란 아즈텍의 통치자 목테수마 2세가 궁정 점성술사의 조언에 따라 혜성이 하늘에 있는 동안에는 행동을 하지 않으려 했다고 설명하고 있다. 이에 따라 에르난 코르테스는 쉽게 아즈텍 제국을 정복했고, 아즈텍 신화에 나오는 금발을 가진 신으로 여겨졌다.

프톨레마이오스와 그 후의 학자들이 시도했던 고대의 혜성 분류 체계가 혜성의 특성을 나타내고 분류하기 위해 다시 사용되었으며 삽화로 그려졌다. 그러나 아직 혜성은 전쟁이나 파괴와 연관된 예고로 취급되었다. 혜성의 여러 가지 형태는 서로 다른 효과를 나타낸다고 믿어졌다. 가장 화려한 것은 16세기 후반에 작성되었고, 현재는 런던에 있는 바르부르크 연구소에 보관되어 있는 혜성과 혜성의 효과에 대해 설명한 원고다. 이 책의 내용은 13세기에 작성된 스페인 원고(그림 152~155)의 프랑스어 번역본을 바탕으로 했다. 이 책은 혜성의 형태를 밀레, 오로라, 아르겐툼, 스쿠텔라, 아즈심, 로자, 베루, 페르티카, 게베아, 도미나 카필로룸의 열 가지로 분류하고 있으며 이들에 대한 해설과 햇무리, 유성우, 오로라와 같은 천체 현상과 관련된 삽화들을 함께 싣고 있다.

16세기 동안에는 혜성의 성격에 대한 진지한 과학적 연구에 큰 진전이 있었다. 그것은 망원경 관측이 실시되기 전에 이루어진 것으로는 가장 큰 진전이었다. 코페르니쿠스의 태양 중심 천문 체계를 증명한 케플러는 혜성과 꼬리가 태양빛을 받아 반사한다고 주장했다. 그는 혜성이 직선 궤도를 따라 진행한다고 잘못 생각하기도 했지만 혜성이 바다의 물고기들만큼 많지만 우리는 그중 제한된 일부만 보고 있다고 옳은 주장을 하기도 했다.

망원경 천문학의 등장은 16세기의 혜성 위기를 치료해 주었다. 많은 사람들이 렌즈와 망원경을 지상에서 이용하는 방법을 시험했지만, 천문학에 망원경을 진지하게 응용한 사람은 갈릴레오 갈릴레이였다. 1609년 갈릴레이는 후에 그의 망원경에 사용하게 된 돋보기에 대한 소문을 듣고 망원경에 대한 연구를 시작했다. 1618년 가을 3개의 혜성들(Q1, V1, W1)이 출현했다. 뒤의 두 혜성은 동시에 관찰이 가능했다. 이들 혜성은 맨눈으로도 관찰이 가능했지만 망원경으로도 관찰했다. 헝가리에서 실시한 망원경을 이용한 첫 번째 혜성 관측은 케플러가 지은 『세 혜성에 관한 소책자De cometis libelli tres』에 실려 있다. 당시 지도적 천문학자이며 로마에 있는 예수회 회원이었던 오라치오 그라시Orazio Grassi 역시 다음 해에 세 혜성들에 관한 책을 썼다.

뛰어난 과학자였던 갈릴레이는 코페르니쿠스의 태양 중심 천문 체계를 선호했을 뿐만 아니라 천문학적 문제들을 순수한 역학적 문제로 연구하기 시작했다. 혜성의 성격에 대한 갈릴레이와 예수회 사이의 의견 차이는 1613년에 갈릴레이가 쓴 책의 주제였던 태양의 흑점을 발견했을 때의 의견 차이를 더욱 심화시켰다. 그리고 사람의 눈으로 본 것과 망원경으로는 볼 수 없는 것의 사실성의 문제를 부각시켰다(그림 51). 이와 관련된 오랜 갈등으로 인해 갈릴레이는 '이단에 대한 강

150 미상의 오스만 화가, 〈1577년의 대혜성The Great Comet of 1577〉, 1579년, 종이에 수성 물감과 잉크·금, '세메일나메Semailname' 원고, 58쪽, 이스탄불 중앙 도서관.

151 목테수마 2세Moctezuma II가 1519~1520년 혜성의 출현으로 얼어붙다. 프레이 디에고 두란Fray Diego Durán의 『새로운 스페인의 인디아의 역사Historia de las Indias de Nueva España』(저술 1574~1581년, 출판 1867~1880년)의 일부, 손으로 색칠한 판화.

력한 혐의'로 법정에 서야 했고, 종신 가택연금형을 선고받았다. 이러한 의견 대립은 과학적으로나 철학적으로 매우 중요하다. 토론 과정에서 갈릴레이가 현대 사상에 큰 영향을 준 과학적 방법의 개념을 제시했기 때문이다. 1623년에 출판된 『시금자Il Saggiatore』에 포함되어 있는 혜성에 대한 갈릴레이의 설명은 뛰어난 문학적 가치를 가지고 있어 물리학 분야에서 쓰인 가장 위대한 논쟁으로 평가되고 있다. 갈릴레이는 이 책의 여러 페이지를 자신보다 먼저 목성의 위성들을 발견했다고 주장한 독일의 천문학자 시몬 마리우스를 비난하는 데 할애했다. 갈릴레이가 1609년 마리우스보다 하루 먼저 목성의 위성들을 발견했지만 갈릴레이 위성의 이름인 이오, 유로파, 가니메

데, 칼리스토는 1614년 마리우스가 출판한 책에서 유래했다. 갈릴레이의 분노는 독일에 살았던 마리우스는 오래된 율리우스력을 사용하고 있었고, 이탈리아에 살고 있던 갈릴레이는 새롭게 제정된 그레고리력을 사용한 데서 온 혼동에 기인한 것이었다. 두 역법의 날짜 차이를 감안하면 마리우스가 독자적으로 목성의 네 위성을 발견했다고 기록한 것은 갈릴레이가 기록한 날짜보다 하루 뒤였다.

진리와 진실성에 대한 요구는 17세기에 절정에 이른 종교개혁과 경험적 증명을 강조하는 현대 과학의 탄생과 밀접한 관계를 가지고 있다. 50년 동안의 반종교개혁 운동이 있은 후 가톨릭 교회는 인간성과 감각적 직관성을 강조하는 긍정

152~155 (시계 방향으로) 미상의 벨기에 화가. 혜성의 형태. 아르겐툼/오로라/페르티카/베루. 1587년경. 종이에 과슈. 13.6×11.5cm. 원고 FMH 1290. 17/21/35/39쪽, 바르부르크 연구소, 런던.

적인 방법으로 개신교의 도전에 맞서 싸우기로 했다. 경험론과 낙관론은 예술과 과학 모두에서 신비주의와 염세주의를 대체했다. 이러한 발전이 혜성에 대한 연구를 결정적으로 바꾸어 놓았다. 네덜란드의 부유한 개신교도들과 새롭게 혁신한 이탈리아의 가톨릭교회가 새로운 정신을 반영한 작품의 경향을 주도했다. 17세기 후반에는 많은 군주들이 국립 천문대에 새롭고 강력한 망원경을 설치해 파리나 그리니치와 같이 유럽의 중심에 있는 천문학자들이 전에는 가능하지 않았던 방법으로 혜성의 경로를 측정할 수 있도록 했다. 혜성에 대한 자료가 축적되고 이론이 크게 발전한 것은 이 시기였다. 혜성 과학의 아버지라고 할 수 있는 핼리나 뉴턴이 혜성 연구에 핵심적인 역할을 하는 이론을 만들어 낸 것도 이 시기였다.

1607년에 있었던 핼리 혜성의 출현은 이 세기에 있었던 첫 번째 혜성 출현이었다. 1618년에 하늘에 나타났던 3개의 혜성들 중 두 번째 혜성은 이 세기에 나타났던 가장 밝은 혜성이었다. 이 혜성의 꼬리는 70도까지 뻗어 있었고, 여러 개의 별과 같은 물체로 분열되었으며, 기념 메달이 만들어지기도 했다. 영국 작가 존 밀턴이 이 혜성을 관찰했을 때는 열 살배기 소년이었다. 그는 계속적으로 혜성에 매료되었으며 작품에는 혜성에 대한 암시가 자주 포함되었다. 마흔여섯 살에 시력을 완전히 상실한 그에게 이 혜성은 자신이 본 유일한 혜성이었다.

엄청난 사건을 보여 주는 전단지가 계속적으로 등장하는 동안 혜성을 지상에 효과를 미치는 천체 현상이라고 받아들이던 사람들의 생각에도 미묘한 변화가 나타나기 시작했다. 1618년

과 1665년 사이에 4개의 혜성이 나타났지만 어느 것도 유럽인들을 공포에 떨게 하지 못했다. 그러나 1665년 혜성(C/1665 F1)이 하늘에 나타났을 때는 유럽 대륙과 영국에 흑사병이 창궐했다. 다음 해에는 런던에 대화재가 발생하기도 했다. 영국의 점성술사 존 개드버리John Gadbury는 『혜성De cometis』(1665년)에서 "이 불타는 별들이여! 세상을 기근과 흑사병, 전쟁으로 위협하는구나."라고 쓰고 "왕자들에게는 죽음을: 왕국에게는 많은 십자가를; 모든 장원에는 피할 수 없는 손실을!"이라고 외쳤다.

그때까지 출판된 혜성에 관한 책들 중에서 가장 화려하고 웅장하면서도 여러 권으로 이루어진 책도 이 시기에 출판되었다. 1665년에 출현했던 혜성은 가장 중요한 두 권의 책을 출판하게 했다. 첫 번째 책은 폴란드의 천문학자 요하네스 헤벨리우스가 출판한 『코메토그라피아Cometographia』(1668년)로 아내 엘리자베스와 공동으로 작업했다. 이는 과거에 관측된 혜성들을 체계적으로 정리한 최초의 저서였다. 책의 서두에는 과학 장비를 비롯해 핼리와 뉴턴이 혜성 궤도에 대한 그들의 생각을 정리하기 이전까지 가지고 있던 혜성 궤도의 의문점을 해결하려고 했던 이 세기의 노력이 잘 나타나 있다. 핼리와 뉴턴의 생각 중 하나는 혜성이 곡선 궤도를 따라 태양을 돌고 있지만 부메랑과는 달리 다시는 돌아오지 않는다는 것이었다. 두 번째 책은 폴란드의 천문학자 스타니슬라프 루비에니에키Stanisław Lubieniecki가 써서 1666년 네덜란드에서 처음 출판한 화려한 삽화가 포함된 『혜성 극장Theatrum cometicum』이었다. 이 책은 베들레헴의 별을 포함해 1665년에 출현했

155

던 혜성까지 문헌 속에 나타난 혜성을 정리한 혜성의 전반적인 역사서였다.

낮에도 관측이 가능했던 1680년에 출현한 혜성(C/1680 V1)이 최초로 망원경으로 발견되면서 혜성을 발견하기 위한 활동이 활발해졌고, 혜성과 관련된 예전의 미신이 다시 돌아왔다. 천문학자들은 망원경을 통해 냉정하게 혜성을 관찰한 반면 비이성적인 사람들은 기록이 남아 있는 혜성들 중 가장 밝은 혜성의 하나인 붉은빛을 띠고 있는 거대한 혜성의 출현에 신경질적으로 반응했다. 맨눈으로도 관찰이 가능했고, 꼬리의 길이가 70도에 달했던 이 혜성은 1679년 11월 14일 해가 지기 전에 처음으로 관측되었고, 1681년 3월 19일에 혜성은 태양의 중력에 지배를 받는다는 것을 보여 준 뉴턴에 의해 마지막으로 관측되었다. 뉴턴의 중력 이론은 17세기에 마술을 포함할 수 있을 정도로 영향력이 확대된 혜성과 관련된 미신에 대한 직접적인 공격이었다. 피에르 벨Pierre Bayle은 그의 고전적인 『혜성에 관한 숙고 Pensées sur la comète』(1682년)에서 혜성의 미신과 관련된 편견과 편협함을 통렬하게 공격했다. 로테르담의 교사였던 벨은 마술을 신봉하고 있던 반동 설교자의 공격을 받기도 했다. 비슷한 분위기가 아메리카의 뉴잉글랜드에 살고 있던 칼뱅주의자들 사이에도 팽배했다. 뉴잉글랜드의 인크리스 매더Increase Mather는 1680년에 '세상을 향한 하늘의 자명종'이라는 제목의 설교에서 혜성이 '인류에게 내려진 신의 날카로운 면도날'이라고 주장했다. 이러한 분위기가 절정에 이른 것은 1693년에 있었던 악명 높은 살렘 마녀 사냥이었다.

분노를 유발하는 선동적인 전단지들이 유럽

대륙에 배포되었고(그림 156), 독일에서는 예전에 그랬던 것처럼 1680년의 혜성을 기념하는 메달이 만들어졌다. 한 메달에는 "이 별이 악마를 위협한다. 모든 것을 선한 것으로 바꾸는 신을 믿으라."라고 새겨져 있었다. 네덜란드의 화가 주디스 레이스테르Judith Leyster는 좀 더 침착한 태도로 혜성을 기념했다. 그녀는 자신의 그림에 혜성 꼬리를 관통하는 'L'자 사인을 했다. 이것은 그녀의 이름인 레이스테르가 네덜란드어에서 '북극성'을 뜻하는 것을 시각적으로 형상화한 것으로 그녀가 현대 미술의 '선두 주자'라는 의미를 함축하고 있었다.

망원경으로 발견한 첫 번째 혜성이자 포물선 궤도가 계산된 첫 번째 혜성인 1680년에 출현한 혜성은 베를린의 천문학자 고트프리트 키르히Gottfried Kirch가 발견했다. 이 혜성의 발견은 당시의 지식인들을 크게 자극했다. 토머스 브래

156 요한 제이콥 쇠니크Johann Jacob Schönigk, 아우크스부르크 상공에서 관측된 1680년 혜성에 대한 내용을 실은 전단지의 일부, 1680년. 목판화.

157 램버트 두머Lambert Doomer, 〈1681년 1월 알크마르 상공에서 관측된 1680년의 혜성The Comet of 1680 over Alkmaar in January 1681〉, 1681년, 종이에 백묵으로 그린 다음 씻어 내고 갈색과 검은색 잉크로 그림, 26.8×40.8cm.

틀Thomas Brattle은 매사추세츠 케임브리지에 있는 하버드 칼리지에서 혜성을 조직적으로 관찰했고, 그 결과는 『자연철학의 수학적 원리』에 포함될 수 있도록 적절한 시기에 뉴턴에게 제공되었다. 지적인 프랑스 사교계 명사였던 세비녜 부인Madame de Sévigné은 이 거대한 혜성이 자신이 본 혜성들 중에서 가장 아름다운 꼬리를 가지고 있다고 기록해 놓았다. 다른 사람들과 교류한 그녀의 견해는 당시 일반인들의 생각을 반영한 것이었고, 혜성이 사람을 놀라게 한다는 것을 실용적으로 부정한 것이었다. 세비녜 부인이 운영하던 살롱에 자주 들렀던 베르나르 르 보비에 드 퐁트넬Bernard Le Bovier de Fontenelle은 그의 희곡 『혜성La Comète』(1681년)에서 점성술을 풍자했다. 처음으로

혜성이 일반적으로 냉정하게 받아들여졌고, 시계의 자판이나 이 혜성에서 영감을 받아 제작한 시계가 등장하는 우화적인 인쇄물의 장식적 주제로 격하되었다(그림 156). 당시 시계는 정확한 기록 유지를 위해 필수적인 도구였다.

개신교의 사실주의에 깊게 빠져 있던 네덜란드 화가들은 새로운 과학적 개념을 표현하는 데 특히 성공적이었다. 혜성의 꼬리 길이가 55도에 달했던 1681년 1월 10일에 램버트 두머Lambert Doomer가 혜성을 매우 흥미롭게 묘사했다(그림 157). 리브 베르수에Lieve Verschuier는 1680년 12월 26일 로테르담 위에서 불타는 이 혜성과 직각기를 가지고 혜성을 관측하고 있는 사람들을 그렸다. 베르수에의 준비 관측 그림에 적힌 글은 이

158 작자 미상, 〈1680년 12월 22일 베버위크 상공에서 관측된 1680년의 혜성The Comet of 1680 over Beverwijk on 22 December, 1680〉, 1680년, 종이에 수채, 34.2×23.8cm.

혜성도 1665년과 1680년 혜성들이 만들어 냈던 소동을 일으키지 않았다.

17세기의 혜성 관련 생각들은 대부분 뉴턴이나 핼리와 같은 사람들의 과학 이론에 초점이 맞추어졌다. 그리고 화가들은 혜성을 그리는 일보다는 사람들의 생활상을 그리는 데 더 큰 관심을 가졌다. 그럼에도 불구하고 이 시기에도 혜성은 소설에 자주 등장했고, 전보다 자연스런 모습으로 그려졌다. 이는 아직도 혜성이 흥미로운 주제로 인식되고 있었다는 것을 나타냈다. 예를 들면 혜성이 날씨에 영향을 주어 더운 날씨를 가져와 질 좋은 포도주를 생산할 수 있게 한다고 믿는 식이었다. 온도가 높으면 포도의 당도가 더 높아지기 때문에 혜성 포도주 또는 혜성이 나타난 해에 생산된 포도주는 최상급으로 취급되었다.

18세기에는 강력한 망원경이 천문학자들을 태양계 너머로 불러내 이전에 상상했던 것보다 훨씬 더 큰 우주로 초대하면서 혜성 과학이 본격적인 궤도에 오르게 되었다. 핼리가 죽고 16년이 흐른 1758년 크리스마스에 핼리 혜성이 그가 예측한 날에 다시 돌아왔을 때 혜성이 주기를 가지고 있다는 사실뿐 아니라 태양 주위를 타원 궤도를 따라 돌고 있다는 것이 확인되었다. 동시에 뉴턴의 중력 이론의 정당성도 인정되었다(그림 159). 정밀한 크로노미터와 같은 새로운 도구의 도움을 받아 천문학자들은 매우 정밀하게 체계적인 관측을 할 수 있게 되었다. 윌리엄 허셜과 그의 여동생으로 대필자 역할을 했던 캐롤라인은 관측에 심취했던 천문학자들 중 한 사람이었다. 캐롤라인은 8개의 혜성을 발견한 첫 번째 여성 혜성 헌터로 자신이 관측한 많은 혜성들을 관측 일지에

혜성의 놀라운 꼬리를 그가 가지고 있던 그림에서 따왔다고 확인해 주고 있다. 이름이 알려지지 않은 또 다른 화가는 12월 22일 베버위크 마을 상공에 보이는 이 혜성의 놀라운 꼬리 모습을 수채화에 담고, 이 혜성을 '섬뜩한 별'이라고 불렀다(그림 158). 이 혜성은 밝은 선그레이저 혜성으로 1106년경 태양에 너무 가까이 다가가 부서진 잔해들로 이루어진 크로이츠 그룹에 속하는 혜성이었다. 1680년 이후 17세기가 끝나기 전까지 8개의 혜성이 추가로 하늘을 가로질렀다. 그러나 1682년에 나타났던 핼리 혜성을 제외하면 어떤

159 조사이어 웨지우드Josiah Wedgwood, 핼리 혜성과 함께 있는 아이작 뉴턴의 장식용 액자, 1780년 이전, 도자기, 푸른 바탕 위에 흰색 부조, 11×8.5cm 타원형.

160 토머스 롤런드슨Thomas Rowlandson 스타일의 호킨스(?), 〈혜성을 탐지하고 있는 여성 철학자The Female Philosopher (Caroline Herschel) Smelling Out the Comet〉, 1790년, 손으로 색칠한 동판화, 24.5×17.5cm.

그림으로 그려놓았다(그림 42). 캐롤라인은 풍자가 넘쳐나던 초기 저널리즘 시대에 맹위를 떨치던 많은 신랄한 캐리커처 중 하나에 풍자되기도 했다(그림 160). 광학과 물리학 분야의 놀라운 발전이 18세기에 최소한 62개의 혜성을 발견하는 데 도움을 주었다. 18세기 마지막 25년 동안에는 매년 하나 이상의 혜성이 발견되었다. 전문가와 아마추어의 천체 관측에 대한 깊은 관심이 크게 증가해 1800년까지 세계 천문관측소의 숫자가 두 배로 늘어났다.

18세기는 진보에 대해 낙관적인 생각을 가지고 있던 시기였다. 일부 화가와 과학자들뿐만 아니라 과학에 점점 더 깊은 주의를 기울이게 된 일반인들도 혜성과 유성에 큰 관심을 가졌다. 혜성과 유성에 대한 사람들의 그칠 줄 모르는 호기심은 새로운 기술의 발전과 새로운 사실의 발견을 바탕으로 이 천체들을 좀 더 객관적으로 관측할 수 있도록 했다. 그러나 혜성이나 유성의 성격에 대해서는 아직 이견이 남아 있었다. 불이 밝혀진 것처럼 하늘이 제 모습을 드러내게 된 것은 18세기가 되어서야 가능했다. 자신이 관측한 것들과 삽화들을 『왕립협회 철학 회보Philosophical

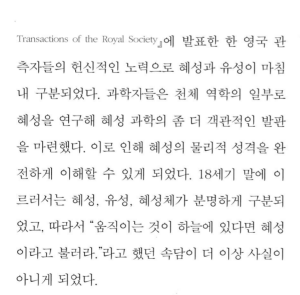

161 미상의 영국 제작자, 흔들리는 혜성 모자 핀. 1759년, 강철, 높이 11cm.

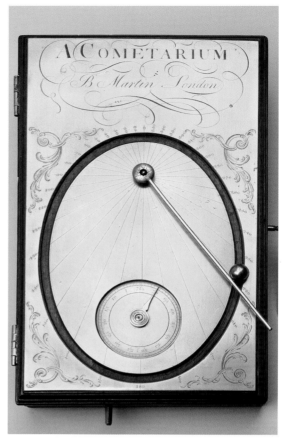

162 베냐민 마틴Benjamin Martin, 코메타리움Cometarium, 1766년경, 마호가니와 황동. 30×18×5.5cm.

Transactions of the Royal Society』에 발표한 한 영국 관측자들의 헌신적인 노력으로 혜성과 유성이 마침내 구분되었다. 과학자들은 천체 역학의 일부로 혜성을 연구해 혜성 과학의 좀 더 객관적인 발판을 마련했다. 이로 인해 혜성의 물리적 성격을 완전하게 이해할 수 있게 되었다. 18세기 말에 이르러서는 혜성, 유성, 혜성체가 분명하게 구분되었고, 따라서 "움직이는 것이 하늘에 있다면 혜성이라고 불러라."라고 했던 속담이 더 이상 사실이 아니게 되었다.

18세기는 로코코 형식과 계몽주의가 유행하던 시기였고 볼테르, 임마누엘 칸트, 볼프강 아마데우스 모차르트가 활동하던 시기였으며, 드니 디드로Denis Diderot의 스물여덟 권짜리 『백과사전Encyclopédie』이 출판된 시기였다. 혜성은 영국뿐만 아니라 유럽 대륙에서도 관심을 끌었다. 프랑스의 왕 루이 15세는 15개 이상의 혜성을 발견한 천문학자 샤를 메시에Charles Messier에게 '혜성 탐험가'라는 이름을 붙여 주었다. 혜성은 계속적으로 문학적 이미지로 간주되었고, 이 세기의 화려한 상상력에 불을 붙였다. 충격적인 사실 중 하나는 고위층들이 썼던 높은 가발을 핼리의 사후 승리를 기념하기 위해 '혜성'이라고 부른 것이다. 그리고 놀라운 혜성이 출현할 때마다 혜성 보석이 등장하게 되었다(그림 161).

과학 자체도 유행이 되었다. 그러나 혜성은 아직 이전의 말세적인 의미를 일부 가지고 있었다. 바티칸 박물관에 있는 도나토 크레티가 그린 〈천문학적 관측The Astronomical Observations〉(1711년)이라는 제목을 가진 여덟 장의 연작 그림은 과학적 관측의 중요성을 나타내고 있다. 이 그림들은 혜성과 태양, 달을 포함한 천체들을 보여 주고 있고, 자신의 망원경을 가지고 있는 천문학자들도 등장한다(그림 52, 116). 이 그림들에 포함된 혜성 그림은 이 세기 초인 1702년(C/1702 H1) 또는 1707년(C/1707 W1)에 나타났던 맨눈으로 관측할 수 있었던 혜성을 천문학자가 스케치한 것을 바탕으로 해 그렸을 가능성이 있다.

과학과 전시 산업이 점점 더 사람들의 관심을 끌면서 지식 관련 기구의 제작자들이(특히 영국의) 천문학적인 순회 공연에 열광적인 사람들에게 혜성에 대한 새로운 과학적 발견을 소개하고, 새로운 기술을 보여 주기 시작했다. 왕립협회와 왕립연구소, 대학의 강의실에서는 혜성에 대한 공식적인 강의가 제공되었고, 순회 강사들이 집에서 개최하는 비공식적인 강의도 열렸다. 조지 왕이 다스리던 시기와 초기 빅토리아 시대 천문학의 가장 큰 즐거움 중 하나는 '코메타리아' 또는 '코메타리움'이라고 부르는 장치가 보여 주는 혜성의 주기성에 대해 토론하는 것이었다(그림 162). 이 기계 장치는 수직과 수평 방향으로 배열된 톱니바퀴들을 이용해 혜성이 태양을 도는

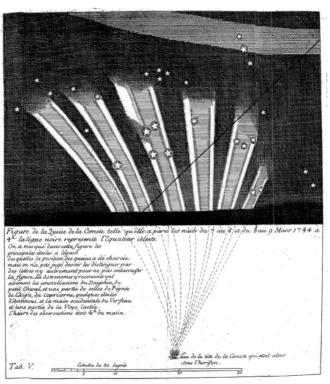

163 작자 미상. 1744년에 나타난 드 체소 혜성. 로이스 드 체소J.-P. Loys de Chéseaux의 『혜성 개요Traité de la comète』(라우잔, 1744년)의 일부. 판화.

동안 케플러의 두 번째 법칙에 따라 혜성의 속력이 변하는 것을 보여 주었다. 이러한 기계 장치들은 1734년 데사귈리에J. T. Desaguliers가 처음 발명한 것으로 보인다. 이와 함께 천문학 장난감과 게임이 중산층 사이에서 유행했다. 헨리 코보울드Henry Corbould가 1829~1831년경에 만든 52장으로 이루어진 카드는 혜성, 행성들의 이미지를 포함하고 있었다. 여기에는 1781년에 윌리엄 허셜이 새롭게 발견한 행성도 포함되어 있었다. 이 카드는 교육적인 성격을 가지고 있었다.

저널리즘이 탄생하고 인쇄물들이 커피숍 창문에 걸리기 시작하면서 천문학적인 사건들이 자주 보고되었다. 그러나 핼리가 세상을 떠난 후 핼리 혜성이 다시 돌아와 그의 이론이 증명된 후에는 혜성을 향한 태도에 커다란 변화가 있었다. 혜성에 대한 보고는 덜 감상적이 되었고, 좀 더 사실적이 되었다. 경외심은 혜성의 과학적인 면에 대한 경험적 매력으로 변화되었다. 1743년 말과 1744년에 나타났던 매우 이상한 혜성(C/1743 X1)은 특이한 경우다. 네덜란드 미들버그에서 얀 드 뭉크Jan de Munck가 1743년 11월 말에 이 혜성을 발견했고, 더크 클링켄베르크Dirk Klinkenberg가 할렘에서 12월 9일에 이 혜성을 관측했다. 4일 후에는 스위스의 천문학자 장-필립 로이스 드 체소Jean-Philippe Loys De Chéseaux도 이 혜성을 관측했다. 때문에 이 혜성은 종종 드 체소의 혜성이라고 불리기도 한다(그림 163). 낮에 맨눈으로도 관측이 가능했던 이 대혜성은 가장 밝을 때는 그때까지 나타난 혜성들 중 가장 밝았다. 1744년 3월에 근일점을 통과하고 며칠 후 이 혜성은 공작새 꼬리와 같은 여러 개의 꼬리를 발전시켰다. 한때는 꼬

164 토머스 롤런드슨Thomas Rowlandson, 〈목이 아플 때까지 혜성 바라보기 Looking at the Comet till You Get a Criek (sic) in the Neck〉, 1811년, 손으로 색칠한 동판화, 34.5×24.6cm.

리의 수가 적어도 6개나 되었다. 이 혜성은 단지 짧은 기간 동안만 밝은 상태를 유지했지만 많은 사람들의 큰 관심을 끌었다. 영국의 화가 윌리엄 호가스William Hogarth가 사회적 부패에 대한 준엄한 고발장이라고 할 수 있는 〈결혼의 풍속Marriage à la Mode〉(1743~1745년)을 발표한 것은 이 혜성에서 영감을 받았기 때문일 것이다. 이 작품에서 스칸더필드의 초상화 위에 걸려 있는 혜성은 그들이 불운하고 경솔한 부부라는 것과 스칸더필드의 교만함과 어리석음을 나타내고 있다.

맨눈으로 볼 수 있었던 열세 번의 혜성 출현을 포함해 전체적으로 약 300개에 달하는 혜성

165 토머스 롤런드슨Thomas Rowlandson, 〈혜성을 관측하고 있는 존 불John Bull Making Observations on the Comet〉, 1807년, 손으로 색칠한 동판화. 24.6×34.7cm.

이 출현했던(1801년부터 1900년 사이에 294개의 혜성) 19세기는 혜성의 세기였다고 해도 과언이 아닐 것이다. 19세기에 나타났던 혜성들은 서양 문명의 전환점이 되는 매우 중요한 시기에 지구를 지나갔다. 이 시기에 산업혁명의 불길이 타오르기 시작했고, 국가주의와 실증주의가 나타났으며, 찰스 다윈·지그문트 프로이트·칼 마르크스의 이론이 출판되었다. 한마디로 말해 이 시기는 현대가 잉태된 시기였다. 그리고 19세기에는 대형 굴절 망원경들이 제작되어 천체 연구에 도움을 주었다. 혜성 탐색기라고 부르는 작은 크기의 망원경이 풍자적인 인쇄물에 등장했는데(그림 164), 이

망원경은 혜성을 관측하는 사람들에게 큰 인기가 있었다. 이전 세기의 중요한 발견들에도 불구하고 아직 남아 있던 혜성을 둘러싼 많은 신비와 전설들이 이 시기의 자연과학자들 사이에서 완전히 사라지게 되었다. 그러나 오늘날과 마찬가지로 대중 매체로부터 정보를 얻는 일반인들은 혜성에 관한 이전의 미신을 고수하고 싶어 하는 것 같았다. 그들은 아직도 혜성을 종말을 가져오는 천체라고 생각했고, 예전의 신화를 바탕으로 새로운 판타지를 만들어 내기도 했다. 이러한 경향은 매우 자연스러운 것이었다고 할 수 있다. 전체적으로 이 시기는 지나치거나 흥분하기 쉬운 시

166 윌리엄 엘메스William Elmes, 〈임페리어 혜성에 이끌리는 골족의 현자들The Gallic Magi Led by the Imperial Comet〉, 1811년, 손으로 색칠한 동판화, 23.9×34.3cm.

167 찰스 윌리엄스Charles Williams, 〈혜성!!!THE COMET!!!!〉, 1811년, 손으로 색칠한 동판화, 24.7×35cm.

기였다. 이 세기의 이러한 경향은 지나친 혜성 열기가 다시 되풀이되는 데 한몫했다.

19세기가 시작될 때는 작은 체구의 나폴레옹 보나파르트Napoleon Bonaparte가 유럽 문명에 긴 그림자를 드리우고 있었다. 자신의 권력을 의심하지 않았고, 자기 홍보의 달인이었으며, 왕 또는 위대한 통치자들과 관련된 혜성의 전통을 잘 알고 있었던 나폴레옹은 여러 혜성을 자신을 보호하는 지니genii로 이용했다. 그는 혜성의 상징성을 이용해 통치의 정당성과 전통과의 조화를 이루어 냈다. 나폴레옹과 연결된 첫 번째 역사적 혜성은 나폴레옹의 혜성이라고 불리기도 하는 1769년에 나타났던 대혜성(C/1769 P1)이었다. 이 혜성은 다른 혜성들과는 달리 붉은색을 띠고 있었고, 꼬리의 길이가 60도를 넘었다. 징조는 선전 목적에 따라 여러 가지로 해석될 수 있기 때문에 나폴레옹의 적들은 후에 이 혜성이 피 흘림, 파괴, 전쟁의 전조였다고 주장했지만 나폴레옹 지지자들은 이 혜성이 나폴레옹의 영광스러운 통치를 예고하는 것이라고 해석했다.

낮에도 관측이 가능했으며 역시 나폴레옹의 혜성이라고 불리기도 했던 1811~1812년에 나타났던 대혜성(C/1811 F1)은 천체 현상에 관심이 있던 사람들뿐만 아니라 일반인들의 마음까지 사로잡았다. 나폴레옹은 이 혜성을 자신의 길잡이 별이며 운명의 지배자로 받아들였다. 반면 영국의 캐리커처 작가들은 수없이 많이 인쇄된 작품들을 통해 이러한 상황을 풍자했다. 풍자화 작가 찰스 윌리엄스Charles Williams는 '코르시카인의 혜성/프랑스화된'이라는 설명이 붙어 있는 1807년에 발표한 〈악의적인 측면… 새로운 행성계Malignant Aspects… a New Planetary System〉라는 제목의 작품을 통해 나폴레옹을 영국에 눈짓을 하고 있는 악의적인 혜성으로 표현했다. 혜성에 대한 나폴레옹의 낭만적인 심취를 계속적으로 소재화했던 영국 풍자가들에게 황제와 그의 업적들은 좋은 먹잇감이었다. 예를 들면 토머스 롤런드슨Thomas Rowlandson이 1807년에 발표한 〈혜성을 관측하고 있는 존 불John Bull Making Observations on the Comet〉이라는 제목의 작품에서는 나폴레옹의 모습이 혜성의 머리로 사용되었다(그림 165). 화가는 그의 그림에 혜성이 태양의 빛을 반사한다는 과학적 사실을 이용했다. 이 그림에서 태양은 조지 3세였다. 운이 없었던 나폴레옹의 후계자도 나폴레옹 제국의 유산에서 벗어나지 못했다. 윌리엄 엘메스William Elmes가 1811년에 발표한 작품에서는 혜성으로 표현된 베들레헴 별의 코마에 그려진 신생아가 나폴레옹과 마리-루이즈, 그들의 아들들로 이루어진 동방박사들을 인도하고 있다(그림 166). (조토의 〈동방박사의 경배〉 이후 동방박사들이 얼마나 이단적으로 멀리까지 왔는지를 보여 주고 있다.) 찰스 윌리엄스와 같은 당시의 풍자가들은 영국의 정치 상황을 풍자하는 데도 혜성을 사용했다. 그들은 악의적인 '전쟁'과 과중한 '세금'을 만들어 내는 정치가들을 '머리털 달린 별'을 이용해 조롱했다(그림 167).

크세르크세스가 기원전 480~479년 사이에 페르시아를 침공한 이후 유럽에서 가장 위대한 군대를 조직했던 나폴레옹은 1811~1812년 혜성이 러시아 전투에서 그의 승리를 예고하고 있다고 주장했다. 그러나 결과는 그 반대였다. 혜성이 하늘에서 빛나고 있는 동안 나폴레옹은 혹독한 러시아 겨울에 참패를 당하고 있었다. 1811~1812년의 대혜성은 나폴레옹의 통치 기간 동안에 나타났던 맨눈으로 관측이 가능한 가장 밝은 혜성이었을 뿐만 아니라 현대에 나타난 가장 불길한 혜성이었다. 260일 동안 관측이 가능했던 이 혜성은 1997년에 나타났던 헤일-밥 혜성 이전까지는 역사에 기록된 가장 오랫동안 맨눈 관측이 가능했던 혜성이었다. 1811년 12월에 이 대혜성의 꼬리는 70도까지 길게 늘어졌고, 지름이 160만 킬로미터나 되는 역사상 가장 큰 코마를 가지고 있었다. 태양 질량과는 비교할 수 없을 정도로 적은 질량을 가지고 있지만 코마의 크기는 태양보다 컸다. 나폴레옹과 70만 명에 달하는 그의 위대한 군대가 러시아 영토로 침공해 들어갈 때 이 혜성은 하늘에서 아주 밝게 빛나고 있었고, 꼬리가 2개로 갈라지는 놀라운 재주를 보여 주었다. 10월경에는 꼬리의 길이가 최대에 달해 약 1억 6,000만 킬로미터나 되었고, 폭은 8,000만 킬로미터나 되었다. 이 혜성의 주기는 3065년 전후(약간의 이견은 있지만)인 것으로 알려져 있기 때문에 또 다른 악당 혜성이 갑자기 출현하지 않는 한 우리가 이런 혜성을 볼 가능성은 없다. 계몽 사상가들의 이성주의에서 벗어나고 있던 세계가 이 엄청나게 큰 혜성을 경외심을 가지고 대한 것은 놀라운 일이 아니다. 이 혜성이 시각 예술에 준 문화적 충격도 매우 컸다. 특히 영국 박물관에 보관되어 있는 우아한 그림에 천문학자들만큼이나 세밀하게 묘사된 혜성 관측을 포함한 존 린넬과 혜성을 자신의 시적 환상의 연료로 사용한 윌리엄 블레이크의 작품(그림 168)에서 혜성이 준 충격을 짐작할 수 있다.

168 윌리엄 블레이크William Blake, 〈벼룩의 유령The Ghost of a Flea〉, 1819~1820년, 마호가니에 금을 보강한 템페라, 21.4×16.2cm.

나폴레옹의 군대가 모스크바를 점령하던 1812년 9월에 대혜성은 더 이상 보이지 않았다. 그러나 7월 12일에는 주기 혜성(12P/Pons-Brooks)이 하늘에 나타났다. 비과학자들은 잠시 동안 보였던 이 혜성을 이전의 혜성과 혼동했다. 러시아 작가 레오 톨스토이Leo Tolstoy는 그의 소설 『전쟁과 평화War and Peace』(1867년)에 1812년에 출현했던 혜성을 등장시켰다. 이 소설에서 나폴레옹의 군대가 러시아의 수도를 공략했을 때 이 혜성은 전쟁의 상징이었을 뿐만 아니라 사람의 힘을 나타내기도 했다. 혜성은 톨스토이의 소설을 바탕으로 한 뮤지컬 〈나타샤, 피에르, 그리고 1812년의 대혜성Natasha, Pierre, and the Great Comet of 1812〉에서도 비슷한 역할을 했다.

19세기에는 혜성이 관찰하고 연구해야 할 태양계의 방랑자 이상의 중요한 의미를 가지게 되었다. 혜성은 이제 많은 낭만적인 사람들에게 우주가 물리적 실체 이상으로 사실적인 의미를 가진다는 것을 알게 해주는 상징이 되었다. 사소한 일상에서 벗어나고 싶어 했던 화가와 작가들은 종종 출현했던 시기를 밝히지 않고 자신만의 비전에 나타난 혜성을 작품에 등장시켰다. 때로 이 불특정한 혜성들은 이미 존재하고 있던 문학 작품이나 예술가적 전통의 일부였다. 따라서 역사주의 시대의 징후도 보였다. 계몽 사상가들의 이성주의로부터 개인적 영역으로 후퇴한 윌리엄 블레이크는 혜성과 관련된 상징성을 환상적이고 시적인 이미지로 확장시켰다. 매우 복잡한 신비주의자였던 블레이크는 혜성의 상징성에 매료되었다. 1797년에 발표된 토머스 그레이Thomas Gray의 시들을 위한 삽화에 블레이크는 명성의 상징으로 혜성을 포함시켰다. 후에 밀턴의 『두 권의 책에 있는 시Milton: A Poem in Two Books』(1804~1811년)에 포함된 삽화에서도 시와 시각 예술을 결합시키기 위해 혜성과 유성을 네 번이나 포함시켰다(그림 218).

더 이상한 것은 블레이크의 환상적인 작품인 〈벼룩의 유령The Ghost of a Flea〉이다. 이 그림은 화가가 본 가장 기억에 남는 혜성을 묘사한 것이다(그림 168). 블레이크는 자신이 가지고 있던 환상을 표현했다. "여기 그가 온다! 그는 열정적인 혀를 입 밖으로 날름거린다. 손에 들린 컵에는 피가 들어 있다. 피부는 금색과 초록색의 비늘로 덮

여 있다." 블레이크가 준비 스케치를 그리는 동안 "벼룩이 그에게 모든 벼룩들이 이런 사람들의 영혼들 안에 살고 있으며, 본성에 의해 지나치게 피에 굶주려 있다고 말했다."(전통적인 설화에서 혜성은 '피에 굶주린' 것으로 언급되었다.) 도마뱀의 혀처럼 날름거리는 피에 굶주린 혀와 지옥 불처럼 이글거리는 튀어나온 눈으로 인간의 악한 본성에 마법을 걸고 있는 블레이크의 환상은 오늘날까지도 공포심을 갖게 한다. 유령의 발 사이에는 작은 벼룩이 쉬고 있다. 인광을 내고 있는 혜성은 코마와 꼬리가 특징적인 기체에 의한 반사광과 인광을 내고 있는 것으로 보아 1811년에 출현했던 대혜성에 대한 기억을 바탕으로 한 것으로 보인다.

1811년에 나타났던 혜성과 1835년에 나타난 핼리 혜성이 존 마틴John Martin이 그린 작동하는 그림 〈홍수 전야The Eve of the Deluge〉(그림 169)에 영감을 주었다. 창세기 6장 5절부터 8절까지의 내용에서 따온 마틴의 장면은 바이런의 숭고하고 극적인 시 〈하늘과 지구Heaven and Earth〉를 연상하게 한다. 이 시에서 마틴은 다음과 같이 말했다.

지구는 사악해졌고
많은 흔적과 징조들은 알려 주고 있다.
커다란 변화가 임박했으며
저항할 수 없는 파멸
썩어질 존재들에게

마틴의 그림에 나타난 커다란 혜성은 태양과 떠오르는 달을 향해 아래로 달려가고 있다. 이것은 임박한 재앙적인 홍수의 생생한 전조다. 좌측 아래쪽에는 이스라엘 사람들이 흥청거리고 놀면

169 존 마틴(John Martin, 〈홍수 전야(The Eve of the Deluge)〉, 1840년, 캔버스에 유채, 16.2×21.4cm, 엘리자베스 2세 여왕, 로열 컬렉션 트러스트.

서 혜성이나 큰 까마귀(또 다른 나쁜 징조인)에 주의를 기울이지 않고 있다. 언덕 꼭대기에는 노아의 가족들이 아버지 에녹의 두루마리를 찾아 전조들을 읽고 있는 므두셀라 주변에 모여 있다. 이 그림은 논란의 여지가 많다. 고생물학과 지질학의 힘으로 세상이 구약 성경에 기록되어 있는 역사적 기록보다 훨씬 더 오래되었다는 것을 밝혀냈기 때문이다.

1843년에 나타났던 대혜성(C/1843 D1)은 남아프리카 희망봉에 있는 왕립 천문대의 토머스 매클리어Thomas Maclear의 조수였던 찰스 피아치 스미스Charles Piazzi Smyth가 관측해 그림으로 그렸다.

스미스는 새로운 사진 기술을 실험하고 있었지만 자신이 관측한 것을 그릴 수 있는 능력도 중요하다는 인식을 가지고 있었다. 그는 왕립 천문협회 1843년 비망록에 천문학적 그림이 가지고 있는 유용성을 나타내는 중요한 논문을 발표했다(그리고 관측 그림을 영구적인 인쇄물로 바꾸는 것이 어렵다는 것도 알게 해주었다.). 윌리엄 허셜은 예외지만 많은 천문학자들이 그림을 그다지 중요하게 생각하지 않았고, 대충 그린 스케치에 만족했다.

1843년에 출현했던 혜성에서 영감을 받은 프랑스의 삽화가 겸 캐리커처 작가였던 오노레 도미에는 명성을 비웃기 위해 우울한 빅토르 위고

Victor Hugo 위에 커다란 혜성을 그렸다. 〈위고가 자신의 암울함을 보다Hugo Looks at His Depression〉라는 제목의 이 작품은 1843년 3월 31일에 「르 샤리바리」에 실렸다. 이 그림의 설명에는 혜성의 꼬리가 위고의 성공적이지 못한 새로운 연극 〈성주들Burgraves〉을 보려고 입장권을 사기 위해 늘어서 있는 사람들의 줄보다 긴 이유가 무엇인지를 묻고 있다. 혜성의 전조적 성격을 풍자적으로 취급하면서도 일상생활에서 일어나는 일들처럼 취급한 도미에의 이런 태도는 프랑스 작가 알렉상드르 뒤마Alexandre Dumas가 그의 소설 『몬테크리스토 백작The Count of Monte Cristo』(1844년)에서 "무엇이 문제란 말이오. 남작?… 당신은 동요하고 있고 그것은 나를 놀라게 하는구려. 걱정이 많은 자본주의자들은 혜성과 같이 항상 세상에 일어날 재앙의 전조란 말이오."라고 했던 말이 생각나게 한다. 낮에도 보였던 밝은 1843년의 혜성(크로이츠 선그레이저 중 하나인)은 3월에 아주 밝아졌다. 꼬리의 길이가 3억 킬로미터에 달했던 이 혜성은 1996년에 나타났던 하쿠타케 혜성 이전에 나타났던 혜성들 중에서는 가장 긴 혜성이었다. 나폴리의 천문학자들에 의하면 이 혜성은 꼬리가 매우 밝아 보름달일 때도 베수비오 산 위에서 이 혜성을 볼 수 있었다고 한다.

혜성은 위대한 삽화가들의 연인이었다. 혜성을 즐겨 소재로 사용했던 삽화가들 중에는 프랑스 삽화의 황금시대를 빛냈던 그랑빌이 있다. 그는 자신의 판타지 북 『다른 세상』의 일부로 〈혜성의 여행Travels of a Comet〉을 그렸다(그림 170). 조지 크룩생크George Cruikshank의 작품인 〈지나가는 사건들 또는 1853년 혜성의 꼬리Passing Events; or,

The Tail of the Comet of 1853〉(그림 171), 그리고 연필과 잉크로 그린 준비 그림들은 혜성에 대한 영국인들의 인식을 반영하고 있다. 크룩생크의 두 작품은 모두 활짝 웃고 있는 의인화된 혜성의 머리와 그해에 일어났던 주목할 만한 모든 사건들과 사소한 일들을 개미 크기로 그려 넣은 꼬리로 이루어져 있다. 1853년에는 4개의 혜성이 관측되었는데 그중 2개는 맨눈으로 관측할 수 있었고, 하나는 1854년 1월에 나타났다. 크룩생크는 이 가운데 특정한 혜성을 그린 것은 아니었다.

19세기에도 혜성은 여전히 뜨거운 주제였다. 1857년 한 해 동안 7개의 혜성이 기록된 것을 보면 그리 놀라운 일이 아니다. 19세기 중반까지 일반인들에게는 혜성 탐색을 뜻하는 천문학이 크게 유행했고, 풍부한 풍자의 재료를 제공했다. 도미에가 그린 〈놀람Une surprise〉(그림 172)은 아마추어 천문학자가 그의 망원경 앞에 서 있는 모습을 묘사하고 있다. 이 아마추어 천문학자가 혜성을 찾아내는 데 실패하자 혜성이 그의 어깨를 두드리고 있다. 7개의 혜성(단주기 혜성 5/D Brorsen's를 포함해)이 출현했던 1857년에 도미에는 「르 샤리바리」에 실린 열 장으로 된 연작 만화에서 혜성을 향한 부르주아들의 태도를 풍자했다. 그는 같은 해에 그린 9개의 또 다른 작품과 1858년에 제작한 2개의 석판인쇄에서도 이 주제를 계속 사용했다. 도미에는 혜성을 가장 많이 그린 사람이라는 기록을 가지고 있다. 인간 본성에 대한 그의 보편적인 통찰력은 하늘에 떠 있는 혜성을 바라보고 있는 신사에게서 소매치기를 하는 도둑의 모습을 그린 삽화에 잘 나타나 있다.

많은 사람들이 역사상 가장 아름다운 혜성이

170 J. J. 그랑빌J. J. Grandville, 〈혜성의 여행Travels of a Comet〉, 1844년, 『다른 세상Un autre monde』(파리, 1844년)에 포함되어 있는 판화. 손으로 색칠한 목판화.

171 조지 크룩섕크George Cruikshank, 〈지나가는 사건들 또는 1853년 혜성의 꼬리Passing Events; or, The Tail of the Comet of 1853〉, 1854년, 『크룩섕크 매거진』에서 발췌, I/1(1853년). 손으로 색칠한 동판화.

라고 생각하고 있는 1858년에 출현했던 도나티 혜성(C/1858 L1)은 처음으로 그리고 단 한 번 나타났다. 피렌체에서 6월 2일에 조반니 바티스타 도나티Giovanni Battista Donati가 망원경을 이용해 처음 찾아낸 이 혜성은 8월 29일까지는 맨눈으로도 관측할 수 있었고, 망원경으로는 1859년 3월 4일까지도 관측이 가능했다. 이 혜성이 가장 아름다운 혜성이라는 명성을 얻게 된 것은 하나의 커다란 먼지 꼬리와 2개의 플라스마 꼬리가 상호작용을 통해 곡선과 점들의 조화를 연출해 낸 범상치 않은 모습 때문이었다. 도나티 혜성은 흔들리는 여러 개의 빛의 면들을 가지고 있었다(머리 주위에 3개, 전체 혜성 주위에 7개). 천문학자들은 명암을 이용해 나타낸 섬세한 그림에 이 혜성의 이런 모습을 담았다. 이러한 과학적 연구를 통해 얻은 정보를 이용해 1978년에 프레드 휘플이 후광을 만들어 내는 먼지 분출 간격을 추정하고, 도나티 혜성의 회전속도를 결정할 수 있었다. 이 혜성은 처음으로 사진을 찍는 데 성공한 혜성이 되었다(10장). 도나티 혜성이 언제 다시 돌아와 우리가 이 혜성 사진을 다시 찍을 수 있을지는 알려져 있지 않다. 혜성 과학자들은 도나티 혜성이 주기가 2000년 정도인 타원 궤도를 돌고 있는 주기 혜성일 것이라고 추정하고 있다.

근일점에 도달하기 5일 전인 1858년 10월 5일에 도나티 혜성이 밝은 별인 아크투루스의 앞을 지나갔다. 새뮤얼 팔머가 그린 정밀한 수채화에는 이 별이 혜성 꼬리의 우측에 있다(그림 173). 별과 혜성은 서로의 빛을 가리지 않고 있으며, 40도 정도에 달했던 꼬리의 길이는 8월의 2,250만 킬로미터에서 8,000만 킬로미터로 늘어났다.

172 오노레 도미에Honoré Daumier, 〈놀람Une surprise〉, 『르 샤리바리』(파리, 1853년)에 실린 '다큐멘터리'의 no.52. 석판인쇄.

팔머는 이 그림을 도나티 혜성이 아크투루스 앞을 지나가기 조금 전, 혜성들이 분명하게 보이는 해가 진 직후인 오후 7시 정각에 그렸다. 그는 또한 목동자리의 엡실론, 델타, 에타별과 머리털자리의 두 별도 비교적 정확한 위치에 그려 넣었다. 10월 5일에는 도나티 혜성이 매우 화려한 불꽃놀이를 연출했기 때문에 「애뉴얼 레지스터Annual Register」는 "서양에 살고 있던 대부분의 사람들이 이것을 보기 위해 밖으로 나왔다."라고 보도했다. 도나티 혜성 관측에 심취했던 또 다른 화가들 중에는 두 장의 도나티 혜성 수채화(그림 174)가 빅토리아 앤드 앨버트 박물관에 보관되어 있는 옥스퍼드의 윌리엄 터너가 있다. 또한 존 제임스 오듀본John James Audubon의 『미국의 새들The Birds of America』을 위해 판화를 제작했고, 허드슨 강 위에 걸쳐 있는 도나티 혜성을 이틀 동안 관찰한 결과를 수채화로 그린 로버트 하벨 주니어Robert Havell

Jr.가 있다(그림 175). 도나티 혜성을 관찰했고 이 혜성의 출현으로 넋을 잃었던 영국 작가 토머스 하디Thomas Hardy의 작품들에도 혜성 이미지들이 사용되었다. 1882년에 발표한 그의 소설 『탑 위의 두 사람Two on a Tower』(제목에 들어 있는 탑은 즉석 관측소다.)에서 주인공인 천문학자는 도나티 혜성의 주기를 30세기라고 추정한다.

19세기 중반에는 기억에 남을 여러 개의 혜성들이 하늘을 달렸다. 그중 2개의 혜성은 주로 남북전쟁 중에 있던 미국인들과 연관되어 있다. 1861년 5월 13일에 아마추어 천문학자 존 테벗John Tebbutt이 오스트레일리아 윈저에서 처음으로 대혜성(C/1861 J1)을 발견했고, 후에 이 혜성에는 그의 이름이 붙었다. 당시 사람들의 설명에 의하면 맨눈으로 관측이 가능했던 이 혜성은 도나티 혜성의 아름다움을 능가하지는 못했지만 또 다른 매력을 지니고 있었다. 이 혜성은 주황색 머리, 여러 개의 핵, 주변을 감싸는 11개의 후광, 90도에서 120도에 이르는 엄청나게 긴 꼬리를 가지고 있었다. 6월 29일과 7월 1일 사이에는 놀랍도록 밝아졌기 때문에 밤에 그림자를 만들 수 있었다. 낮에도 관측이 가능했던 테벗 혜성을 어떤 사람들은 19세기의 가장 밝은 혜성이라고 생각하기도 했다. 이 혜성의 등장은 다른 세대의 화가들로 하여금 많은 혜성 그림을 그리도록 했다. 예를 들면 1861년 귀스타브 모로Gustave Moreau가 그린 〈왕들의 행렬The Procession of the Kings〉(귀스타브 모로 박물관, 파리)에서는 베들레헴의 별을 혜성으로 대체했다. 그러나 같은 해에 그린 〈허영의 시장Vanity Fair〉을 위한 삽화에서는 미국의 전쟁광 윈필드 스콧 장군을 '1861년의 대전쟁 혜성'으로 나타냈

다. 이 풍자화에서 장군의 캐리커처 초상화는 혜성의 머리 역할을 했고, 빅토리아풍의 콧수염과 머리는 코마였으며, 날카로운 총검을 겨누고 있는 군대는 혜성의 꼬리를 구성했다.

테벗 혜성은 처음으로 천체 사진의 위대한 개척자들 중 한 사람이었으며 전문 사진사였던 영국의 웨렌 드 라 루의 관심을 끈 혜성이었다. 1851년 박람회에서 다게레오타입을 본 후 그는 태양과 일식 사진을 찍었다. 또한 미국의 윌리엄 크랜치 본드와 마찬가지로 도나티 혜성뿐만 아니라 다른 혜성들의 사진을 찍으려고 시도했지만 실패했다(그림 291). 그러나 드 라 루는 망원경의 도움을 받아 그린 테벗 혜성의 그림을 사진으로 기록해 놓는 데 성공했다.

남북전쟁과 관련된 또 다른 혜성은 1862년에 출현했던 대혜성인 스위프트-터틀 혜성(109P/Swift-Tuttle)이다. 주기 혜성인 이 혜성은 미국의 루이스 스위프트Lewis Swift와 호레이스 파넬 터틀Horace Parnell Tuttle이 동시에 발견했다. 밝기나 아름다움이 테벗 혜성에는 미치지 못했지만 맨눈 관측이 가능했으며, 핵으로부터 모양이 달라지는 이상한 빛의 제트가 뿜어져 나왔다. 이 혜성은 8월에 나타나는 페르세우스자리 유성우의 근원이기도 하다. 페르세우스자리 유성우는 지구가 이 혜성의 꼬리를 지나가는 133년 마다 특히 장관을 연출한다(6장). 미신을 좋아하는 혜성 관측자들은 이 하늘의 불꽃놀이가 남북전쟁 중 실로와 윌리엄스버그에서 있었던 전투의 전조였다고 해석했다.

1874년 4월 17일에는 코지아J. E. Coggia가 마르세유에서 밝은 혜성(C/1874 H1)을 관측했다. 최

173 새뮤얼 팔머Samuel Palmer, 〈다트무어 상공에 나타난 1858년의 도나티 혜성Donati's Comet of 1858 over Dartmoor〉, 1858년, 종이에 수성 물감·과슈·달걀흰자,
31.1×69.9cm.

174 옥스퍼드의 윌리엄 터너William Turner, 〈도나티 혜성, 옥스퍼드, 1858년 10월 5일 오후 7시 30분Donati's Comet, Oxford, 7.30 p.m. 5 October 1858〉, 1858년, 종
이에 흑연으로 그리고 그 위에 수성 물감과 과슈로 색을 입힘, 25.8×36.7cm.

175 로버트 하벨 주니어Robert Havell Jr. 〈10월 6일과 8일 허드슨 강 위에 나타난 도나티 혜성의 두 모습Two Views of Donati's Comet on October 6th and 8th over the Hudson River〉, 1858년. 종이에 수성 물감과 과슈. 32.9×21.5cm.

176 귀스타브 모로Gustave Moreau, 〈파에톤의 죽음The Death of Phaeton〉, 1878년, 종이에 흑연으로 그리고 그 위에 수성 물감으로 색을 입힘, 99×65cm.

177 에드워드 포인터Edward Poynter, 〈루이차트 호에서 관측된 1882년 9월의 대혜성The Great September Comet of 1882 over Loch Luichart〉, 1882년, 종이에 백묵과 석묵, 17.7×33.8cm.

소 3개의 별 모양 핵을 가지고 있었던 이 혜성의 머리에서는 밝은 제트가 뿜어져 나오고 있었고, 검은 선이 꼬리를 둘로 갈라놓고 있었다. 당시에 그려진 천문학적 그림에 의하면 코지아 혜성의 머리는 여러 개의 후광으로 둘러싸여 있었다.

혜성에 열광했던 세기에 이루어진 기술의 진보에도 불구하고 절대로 자신의 신비를 모두 벗어던지지 않았던 혜성들은 많은 장식에도 사용되었다(그림 121). 19세기 말에 사실주의에 대한 매력이 다소 퇴색하자 혜성의 출현으로 혜성에 심취하게 된 많은 화가들이 다시 한 번 혜성의 전조적이고 감성적인 상징성에 매료되기 시작했다. 3개의 혜성이 출현했던 1878년에 쥘 베른은 『혜성에서 내려라!Off on a Comet!』를 출판했다. 이 소설에는 "그의 혜성을 단념해라! 절대로 안 돼! 그의 혜성이 바로 그의 성이야!"라는 대화가 등장

한다.

19세기 하늘에 그렇게 많은 혜성들이 나타났던 것은 부분적으로 더 많은 혜성의 발견을 가능하게 한 정밀한 망원경의 개발 덕분이었다. 그리고 텔레비전이 등장하기 전이어서 혜성 관측은 중산층이 저녁 시간을 보내는 좋은 방법이었다. 19세기 말 화가들 사이에서 혜성을 그리는 일이 인기가 있었던 것은 놀라운 일이 아니다. 미국의 화가 프레더릭 레밍턴Frederic Remington이 1890년에 헨리 워즈워스 롱펠로Henry Wadsworth Longfellow의 시 '하이어워사Hiawatha'의 노래를 위해 그린 일련의 삽화 중 하나인 〈혜성, 이스쿠다Ishkoodah, The Comet〉에서 그는 혜성을 긴 머리를 휘날리며 달리고 있는 인디언 전사로 묘사했다(혜성 이스쿠다처럼 빛나는,/ 불타는 머리카락을 가진 별처럼). 혜성에 대한 열병이 얼마나 만연했는지는 앨프레

178 에드워드 포인터Edward Poynter, 〈3월 15일The Ides of March(카이사르의 암살일로 예언된)〉, 1883년, 캔버스에 유채, 153×112.6cm.

드 테니슨Alfred Lord Tennyson의 『국왕의 목가Idylls of the King』에 나오는 한 장면을 제임스 스메트햄 James Smetham이 그린 〈베디비어 경이 엑스칼리버를 호수에 던지다Sir Bedivere Throwing Excalibur into the Lake〉(1869년, 개인 소장)에서 테니슨의 오로라를 혜성으로 바꾸어 놓은 것에서도 짐작할 수 있다. 이것은 스메트햄이 혜성을 왕의 죽음을 알리는 신호로 본 문학적 전통을 잘 알고 있었다는 것을 보여 준다. 모로가 그린 〈파에톤의 죽음The Death of Phaeton〉(그림 176)이라는 제목의 수채화에서는 커다란 혜성이 또 다른 형태의 죽음과 파괴를 상징했다. 주기가 3.3년이라는 것을 계산해 낸 요한 프란츠 엥케Johann Franz Encke의 이름을 따서 엥케 혜성(2P/Encke)이라고 부르는 혜성과 템펠 혜성(10P/1878 O1)은 모로가 이 수채화를 그리던 1878년에 실제로 맨눈으로 관측이 가능했다.

1880년대에도 여러 개의 놀라운 혜성들이 나타났다. 이들 중에서 남반구에서 가장 관측이 용이했던 1880년에 나타났던 남부 대혜성(C/1880 C1)은 꼬리가 지평선 아래에서부터 40도까지 펼쳐져 있었다. 1881년 5월 22일에는 테벗이 오스트레일리아 윈저에서 많은 사람들이 사진을 찍은 또 다른 혜성을 찾아냈다. 그러나 꼬리를 포함한 혜성의 사진을 처음 찍은 것으로 인정받고 있는 사람은 희망봉에서 1882년에 나타났던 대혜성 (C/1882 R1)의 사진을 찍는 데 성공한 영국의 천문학자 데이비드 길David Gill이다. 이것은 혜성 과학을 영원히 바꾸어 놓는 분수령이 되었다(그림 292). 길게 휩쓸고 지나가는 꼬리로 인해 고대부터 터키의 언월도에 비유되었던 1882년의 대혜성은 전통적으로 사람들의 마음속에 공포심을 갖게 했다. 여러 개로 분리되었던 꼬리는 극적인 요소를 더했고, 모체로부터 분리된 혜성의 조각들은 독립적인 위성들을 형성했는데 이는 사람들에게 더 강렬한 인상을 주었다. 이 혜성은 또 다른 크로이츠 선그레이저 그룹에 속하는 혜성으로 5개월 반 동안 맨눈으로 관측이 가능했으며, 망원경으로는 이보다 훨씬 오래 관측이 가능했다. 사진이 없었다면 잃어버렸거나 발견하지 못했을 혜성 출현의 증거들을 사진을 이용해 보존할 수 있다는 것을 알게 된 혜성 과학자들은 사진 기술의 중요성을 인식하기 시작했다. 그러나 조숙한 천문학자였고, 후에 왕립 천문협회의 펠로가 된 라파엘전파 화가 존 브렛과 같은 일부 사람들은 그들의 관측 결과를 계속 흑백 분필로 그렸고, 혜성의 구조를 나타내는 다이어그램을 스케치북에 그렸다. 다재다능했던 빅토리아 시대의 에드워드 포인터Edward Poynter는 루이차트 호 상공에 나타난 혜성을 정확한 날짜와 시간이 명시된 분위기 있는 그림으로 완성했다(그림 177). 그는 이 혜성의 관측 결과를 다음 해(1883년)에 런던에 있는 왕립 아카데미에 전시했던 캔버스화 〈3월 15일The Ides of March〉(그림 178)에 응용했다. 포인터의 캔버스화는 셰익스피어의 희곡 〈줄리어스 시저Julius Caesar〉에 나오는 카이사르와 그의 아내 칼푸르니아 사이의 대화 장면을 그린 것이다. 이 장면에서 칼푸르니아는 황제에게 "거지들이 죽을 때는 혜성들이 나타나지 않습니다;/ 왕들의 죽음에 앞서 하늘이 스스로를 불태웁니다."라고 말한다. 포인터는 이 주제를 1916년에 그린 파스텔화에서도 다시 사용했다. 브루투스에 의한 카이사르의 암살을 암시했던 혜성의 꼬리가 3월 15일에는 길게 확장되었다. 앞에서 언급했던 1882년에 출판된 하디의 소설 『탑 위의 두 사람』에는 그해 9월에 출현했던 대혜성을 포함해 그가 관측했던 여러 혜성들이 나타나 있다. 성적인 것을 상징했던 이 혜성은 하디의 소설에서 불운했던 천문학자의 목숨을 구한다.

살아서 새로운 현상을 보겠다는 강력한 희망이 존재의 모든 지루함을 바꾸어 놓았다.… 그에게 새로운 생기를 주었다. 위기가 지나갔

다.… 어떤 면으로 보나 혜성이 그의 목숨을 살렸다. 하늘의 복잡하고 끝없는 경이가 그의 상상력이 예전의 힘을 되찾게 해주었다.

혜성 관측과 혜성의 상징성에 대한 하디의 관심은 커다란 휘발성이 있는 혜성 그림을 첫 페이지의 장식 도안으로 사용한 그의 『웨섹스 시편Wessex Poems』(1898년)에 포함된 '사인 시커A Sign Seeker'에서도 계속 보인다.

전통적으로 변화를 나타냈던 혜성은 많은 변

179 바실리 칸딘스키|Wassily Kandinsky, 〈혜성Comet (Night Rider)〉, 1900년, 종이에 수성 물감과 금─청동 염료, 19.8×22.9cm.

180 페르낭 레제Fernand Léger, 〈혜성의 머리와 나무: 빌라 아메리카의 머피 스크린을 위한 조사Head of a Comet and Trunk of a Tree: Study for the Murphy Screen for
Villa America〉, 1930~1931년, 종이에 흑연, 43.5×29.4cm.

180

화가 일어났던 20세기의 완벽한 상징이라고 할수 있다. 19세기가 끝나고 새로운 1000년이 시작되면서 유럽 문명이 어딘가 잘못되어 가고 있는 것 같다는 느낌이 팽배했고, 심층적인 변화와 정치적 혁명이 임박했다는 분위기가 감돌았다. 일부 사람들은 자신들을 쾌락 속에 묻어 버렸지만, 아무도 신이 죽었다고 외친 독일 철학자 프리드리히 니체Friedrich Nietzsche의 주장과 인구 과다가 빠르게 현실화될 것이라는 토머스 로버트 맬서스Thomas Robert Malthus의 주장을 부정할 수 없었다. 철학자들과 작가들은 모두 빅토리아 시대의 외형적인 관습과 순응, 질서를 공격했다. 사회의 전반적인 민주화와 함께 노동자들과 여성의 해방 운동이 동시에 시작되었다. 진보적인 예술계에서는 그러한 변화가 유쾌한 분위기를 만들어 냈고, 그러한 분위기는 웰스H. G. Wells의 이상적이고 초현대적인 『혜성의 날들 안에서In the Days of the Comet』(1906년)에 반영되었다. 간단한 서술 형식이 이전 시대의 장황한 서술 방식을 대신했다. 예술적인 측면에서 보면 미적인 것을 추구하는 경향이 추상적이고 비구상적인 예술을 위한 길을 닦았다. 가속화된 과학적 발견과 이들이 함축하고 있는 의미(예를 들면 앨버트 아인슈타인의 새로운 물리학이 가지고 있는)가 사람들에게 자신감과 함께 두려움을 안겨 주었다. 밀어닥친 새로운 정보들은 이전에는 상상도 하지 못했던 미묘한 힘들이 눈에 보이는 실체 아래 숨어 있다는 것을 알게 해주었다. 오랫동안 길들여져 있던 안정적이고 질서 있는 우주에 대응하는 전통적인 표현 형식과 이미지는 이제 쓸모없는 것으로 버려지게 되었다.

19세기에는 더 이상 교회나 국가가 예술의 주요 후원자가 아니었기 때문에 예술가들은 자신들의 개인적인 세계로 후퇴해 자신과 개인적인 후원자들만을 위한 이미지를 실험하고 만들어 낼수 있게 되었다. 프랑스의 철학자 앙리 베르그송Henri Bergson의 작품들은 이러한 주관적인 발전과 절대적 표준의 상실을 잘 반영하고 있다. 러시아 출신의 화가 바실리 칸딘스키가 1900년에 그린 〈혜성Comet〉은 두 세기의 중간에 걸쳐 있는 것처럼 보였다(그림 179). 이 그림의 장식적인 물결 모양의 형식과 강한 색채는 독일의 유겐트 양식과 뮌헨의 아르누보 운동에서 비롯된 것이었고, 다가올 단순화된 추상적인 형태의 전조였다. 독일의 표현주의 화가들과 마찬가지로 칸딘스키는 대담하면서도 단순한 형식을 구축하는 데 필요한 영감을 얻기 위해 초기 독일 전단지들을 이용했으며, 이 과정에서 16세기에 홍수를 이루었던 혜성의 이미지들과 마주하게 되었다. 19세기의 낭만적인 용어들에서 성과 말을 타고 있는 기사를 찾아낸 칸딘스키는 기사를 개인적인 자유의 상징과 그가 속했던 독일 표현주의 화가들의 주축이 되었던 청기사단의 로고로 사용했다. 그의 유명한 에세이 『예술에서의 영혼과 관련하여Concerning the Spiritual in Art』(1912년)에서 지적했던 것처럼 하늘을 가로질러 펼쳐져 있는 칸딘스키의 거대한 혜성은 언제나 예술가들의 호기심을 불러일으키는 우주적인 힘의 신비를 나타냈다. 그의 혜성은 세계를 위한, 예술을 위한, 과학을 위한 변화의 전조처럼 보였다.

20세기에는 수백 개의 혜성이 관측되었다. 그러나 맨눈으로 관측 가능했던 혜성의 수는 그리 많지 않았다. 낮에도 관측이 가능했던 기억에 남을 만한 혜성들 중 첫 번째 혜성은 1910년에 나타났던 혜성이었다. 그리고 오랫동안 돌아오기를 기다렸던 핼리 혜성이 뒤따랐다. 제임스 조이스James Joyce의 소설 『피네간의 경야Finnegans Wake』에 있는 다음 구절의 동기를 제공한 것도 이 핼리 혜성이었을 것이다. "당신이 리스트를 작성한 모든 개의 일생을 당신은 아직도 듣고 있을 것이다.… 핼리 혜성이 확실한 것처럼." 1890년대에는 혜성의 과학적 사진이 일반적인 것이 되었다. 장비를 갖춘 과학자들은 1910년에 나타난 핼리 혜성을 이전과는 비교할 수 없을 정도로 종합적으로 조사할 수 있었고, 그 결과 이 유명한 혜성에 대한 다양한 삽화와 환영 행사가 준비될 수 있었다. 이 혜성 출현의 효과는 여러 해 동안 남아 있었다. 특히 지구가 이 혜성의 꼬리를 지나가게 되어 많은 사람들이 걱정했지만 지나친 기우였다는 것이 밝혀졌다. 전 시대와 마찬가지로 혜성의 이미지는 이상한 것과 소수들만이 이해하는 상징물을 애호하는 예술가들에게 큰 호소력을 가지고 있었다.

스위스 출신으로 독일에서 활동했던 유대 혈통의 표현주의 화가 파울 클레의 재미있어 보이면서도 형이상학적인 작품들에는 머리가 다윗의 별로 이루어진 혜성(그림 1)을 포함한 천문학적이고 우주적인 상징들이 가득하다. 클레는 이 그림을 독일 군대에 징병 당한 뒤 휴가로 전선을 떠나 있는 동안 전쟁의 공포로부터 벗어나기 위해 파리에 가 있던 초창기를 꿈꾸며 그렸다. 특징적인 건조한 유머를 가지고 있던 그는 왕관을 쓰고 있는 자기 자신을 다윗의 별을 머리로 그린 유대

181 르네 랄리크René Lalique, 〈혜성comète〉, 자동차 후드 장식. 1927. 유리. 9×19cm.

182 폴 이리브Paul Iribe, (코코 샤넬을 위한) 혜성 목걸이, 1932년경. 백금과 다이아몬드.

혜성으로 나타냈다. 이마를 가로질러 지나가는 또 다른 혜성은 아마도 전쟁을 상징하고 있는 혜성으로 보인다. 그의 친구 프란츠 마르크는 이 전쟁에서 살아남지 못했다. 1916년에 있었던 전투에서 죽기 전에 마르크도 그의 사후인 1917년에 출판된 『별세계 여행Stella peregrina』이라는 제목의 시집에 포함된 삽화에 혜성을 그렸다.

1910년에 출현했던 핼리 혜성의 소동이 진정된 후 1927년에 그리그-스켈러업 혜성(26P/Grigg-Skjellerup)이 출현할 때까지는 한동안 맨눈으로 관측 가능한 혜성이 나타나지 않았다. 이 혜성이 1992년 조토 탐사위성이 접근한 혜성이었다. 1927년에 나타났을 때는 이 혜성이 며칠 밤 동안만 밝게 보였다. 이 혜성 다음에는 다시 맨눈 관측이 가능한 혜성이 나타나지 않았던 시기가 있었고, 1940년대가 되자 여러 개의 혜성이 태양

에 접근해 망원경 없이도 관측이 가능했다.

이 기간 동안에는 장관을 연출하는 혜성이 거의 없었지만 화가들은 계속적으로 자극적인 혜성 이미지를 창조해 냈다. 제1차 세계대전 이후 팽배했던 환멸과 종말론적 분위기의 결과로 혜성은 다시 한 번 징조 또는 종종 자연의 힘과 연계된 탈출을 위한 도구로 사용되었다. 페르낭 레제Fernand Léger의 그림들은 혜성을 탈출의 도구로 이용한 예였다. 이 프랑스 화가가 그린 혜성이 등장하는 여러 그림 중 하나는 미국에서 추방된 부부로 파블로 피카소의 원을 좋아했던 재즈 시대, 즉 잃어버린 세대에 속하는 제럴드와 사라 머피Gerald and Sara Murphy를 위해 그가 설계한 스크린에 사용하기 위한 것이었다(그림 180). 이 스크린은 앙티브 곶에 위치한 프렌치 리베라 타운에 있던 그들의 축복받은 빌라 아메리카를 장식하기 위한 것이었다. 두 면으로 이루어진 이 스크린에는 왼쪽에 있는 혜성과 함께 추상화된 소품들이 등장한다. 레제는 혜성을 대담하게 해부해 꼬리와 밀도가 높은 중심 부분뿐만 아니라 머리를 둘러싸고 있는 여러 개의 후광도 그려 넣었다. 나무와 물도 포함시킨 것은 혜성들이 별세계에서 생명을 만들어 내는 존재라는 것을 이야기하고 싶었기 때문일 것이다.

1920년대와 1930년대에 유행했던 기하학과 세련미를 바탕으로 한 날씬한 형식의 아르데코 역시 현실 도피의 한 형태였다. 이 형식은 별이나 달과 같은 하늘의 이미지들을 포함하고 있기 때문에 유선으로 나타내어진 혜성이 많이 사용된 것은 그리 놀라운 일이 아니다. 가장 아름다운 것들 중 하나는 형식과 기능을 매력적으로 결

합한 르네 랄리크Rene Lalique가 설계한 유리로 만든 자동차 후드 장식이다(그림 181). 모리스 귀로-리비에르Maurice Guiraud-Riviere가 조각한 청동 아르누보 조각인 〈혜성The Comet〉(1925년경)에서는 혜성이 다시 한 번 머리카락을 늘어뜨린 여성의 모습으로 등장했다. 랑방Lanvin(프랑스 파리에 본사를 둔 1889년에 설립된 패션 브랜드)을 위해 가구와 유명한 실루엣 로고를 디자인했던 프랑스 디자이너 폴 이리브Paul Iribe는 혜성을 주제로 한 많은 보석들도 디자인했다. 그가 디자인한 보석들 중에는 프랑스 패션 디자이너 코코 샤넬Coco Chanel을 위해 디자인한 우아하고 눈부신 다이아몬드 목걸이도 있다. 이 목걸이는 21세기에 샤넬이 설립한 패션 하우스에서 재생산되었고, 반지와 같은 관련 제품에도 복제되었다. 이 목걸이는 아름다운 꼬리가 물결 모양으로 목의 뒷부분을 감싼 다음 가슴으로 흘러내린다(그림 182).

제1차 세계대전으로 인한 환멸이 예술적 문화 운동인 다다Dada(1920년대에 프랑스·독일·스위스의 예술가들이 기존 체계와 관습적인 예술에 반발한 문화 운동)에서 가장 요란하게 표현되었다. 1920년대에 일부 다다이즘 지지자들은 인간의 마음속에 흐르는 초현실주의의 부활을 꾀했다. 그들은 새로운 세상을 불러오고 인간의 잠재의식에 들어 있는 상징을 일깨우기 위해 자동 기록 장치, 꿈, 환상, 약물과 같은 것들을 사용했다. 전쟁 중 참호 속에서의 경험을 통해 정신적 외상을 입은 프랑스 화가 앙드레 마송André Masson은 1935년에 그린 유화 〈경이로운 풍경Landscape of Wonders〉에서와 같이 혜성을 암시하거나 소용돌이치는 혜성의 형식을 포함하고 있는 많은 작품들을 남겼다. 1933년에 그

렸고 1936년에 출판된 『희생, 죽은 신Sacrifices, The Gods Who Die』이라는 제목의 에칭 작품집에 포함되어 있는 그의 윤곽선 그림 〈미트라Mithra〉는 우주 황소를 죽여 선한 힘을 지구에 들어오게 한 신비에 싸여 있는 로마의 신을 암시한다. 마송은 소용돌이치는 혜성을 좌측 위쪽에 배치했는데 이는 그가 제임스 조지 프레이저James George Frazer의 죽어가고 있는 생식력을 지배하는 신들에 대한 인류학적인 책 『황금 가지The Golden Bough』와 미트라가 혜성의 동료로 표현되었던 고대 로마의 시각적 전통을 잘 알고 있었다는 것을 나타낸다. 같은 해에 마송은 차이콥스키의 다섯 번째 교향곡을 레오니드 마신Léonide Massine이 안무해 파리 몬테카를로 극장에서 발레단 뤼스가 〈예감Les présages〉이라는 제목으로 공연한 발레의 배경을 디자인하기도 했다. 마송의 공상과학 소설 배경에는 밝은 색으로 표현된 하늘의 우주적 불안정성을 암시하는 소용돌이치는 태양, 유성, 혜성과 같은 모든 종류의 천문학적 난류들이 등장한다. 프레이저의 『황금 가지』의 영향을 받은 조르조 데 키리코는 1929년에 공연된 디아길레프가 연출한 발레 〈무도회〉의 초현실적인 무대를 위해 의상을 디자인했다. 데 키리코가 이 발레에 등장하는 점성술사를 위해 디자인한 의상은 코트의 꼬리 부분에 2개의 혜성이 나타나 있다(그림 16). 또 다른 초현실주의 화가인 호안 미로 역시 그의 작품들에 혜성을 연상시키는 형태를 사용했다. 그러나 마송의 경우보다는 좀 더 일반화되고 개인적인 것이 되어 있었다. 초현실주의자들은 도로시아 태닝 Dorothea Tanning의 〈혜성에 관한 진실The Truth about Comets〉(1945년, 개인 소장)이나 테이블 다리에 기

183 잭슨 폴록Jackson Pollock, 〈혜성Comet〉, 1947년, 캔버스에 유채, 94.3×45.4cm.

184 아렌드-롤런드 혜성. 1957년 4월 25일. 릭 천문대. 캘리포니아.

대고 있는 혜성(1937년)과 같이 수수께끼 같은 물체들을 이상하게 결합시킨 헬렌 룬데버그Helen Lundeberg의 경우처럼 성적인 주제와 상징을 다루기도 했다.

제1차 세계대전의 상처가 아물기도 전에 제2차 세계대전이 일어나자 현실 도피자들이 예술에서 혜성의 이미지를 더욱 많이 사용하게 되었다. 마우리츠 코르넬리스 에셔Maurits Cornelis Escher의 중력이 존재하지 않는 것 같은 고도로 조작된 수수께끼 같은 풍경에서 혜성은 불안감을 조성하기도 하고, 외계인이 등장하는 우주에서나 익숙한 이상한 감정을 유발하기도 했다(그림 234). 영국의 생물학자 홀데인J. B. S. Haldane은 "나는 우주가 우리가 생각한 것보다 더 기묘할 뿐만 아니라 우리가 생각할 수 있는 것보다 더 기묘하다고 생각한다."라는 유명한 말을 남겼다. 전쟁 이후의 실존주의적 세상은 인간이 고통스런 고독과 절망이라는 형을 선고받은 장소였다. 여기에서는 행동만이 존재를 증명해 주었다. 예술계에서는 잭슨 폴록Jackson Pollock의 〈혜성〉(그림 183)에서 볼 수 있는 것과 같이 액션 페인팅 또는 추상 표현주의가 등장해 일부 사람들을 당황스럽게 만들었고, 또 다른 일부 사람들에게는 흥미를 불러일으켰다. 이런 분위기는 예술가들이 자신들의 세상과 표현 방법을 창조해 낼 필요성을 증대시켰다. 멕시코 화가 루피노 타마요는 〈점성가의 일생The

186

185 웨스트 혜성. 1976년 3월 초.

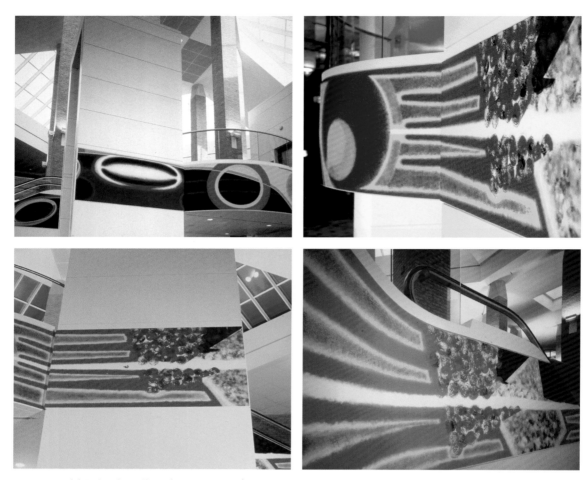

186~189 도로시아 록번Dorothea Rockburne, 〈유클리드 혜성Euclid's Comet〉, 1997년, 프레스코 세코(벽화 기법), 3개의 벽 위에 1.5×24.3m의 크기로 그린 그림. 미디어 유니온, 미시간 대학, 앤아버.

Astrologers of Life〉과 〈사람El Hombre〉에 여러 개의 혜성을 그려 넣었다(그림 2). 콜럼버스 이전의 천문학을 잘 알고 있었던 그는 과학자들과 만나 예술과 과학 사이의 이론적 관계에 대해 토론하기 위해 워싱턴 D.C.에 있는 NASA 본부에 초대받았던 여섯 명의 예술가들 중 한 명이었다.

제2차 세계대전 동안의 로켓 실험이 진지한 우주 개발로 이어져 스푸트니크를 비롯한 인공위성들의 시대가 시작되었다. 1957년에는 2개의 비주기성 혜성이 나타났다. 하나는 아렌드-롤런드 혜성(C/1956 R1)으로 머리 앞쪽으로 뾰족

한 돌기가 나와 있었는데(그림 184), 휘플은 이것이 새롭게 형성된 아직 덜 구워진 혜성이기 때문일 것이라고 설명했다. 다른 하나는 므코스 혜성(C/1957 P1)이었다. 그 후에도 우주 탐사가 계속 진행되었지만 실망스럽게도 선그레이저 혜성인 이케야-세키 혜성(C/1965 S1), 베넷 혜성(C/1969 Y1), 코후테크 혜성(C/1973 E1)을 제외하면 기억에 남을 만한 혜성은 한동안 나타나지 않았다. 스카이랩 우주 정거장이 없었더라면 이 시기는 쉽게 잊혔을 것이다. 실제로 코후테크 혜성은 미국 우주 조종사들이 지상 1,160킬로미터 상공인 스카

188

이랩 밖에서 우주 유영을 하다가 발견했다. 그러나 이 혜성은 한 달 동안이나 큰 기대를 가지고 기다렸던 지상의 관측자들에게는 실망스러운 것이었다. 다음에 나타난 아름다운 혜성은 망원경으로 발견되어 부서지는 모습을 사진에 담는 데 성공한 웨스트 혜성(C/1976 V1)이었다. 이 혜성의 머리는 네 조각으로 분리되었고 2~3일에 한 번씩 먼지가 포함된 증기를 내뿜어 부채 모양의 꼬리를 만들었다(그림 185).

밝은 혜성은 대개 며칠이나 몇 주 전에 방문을 알려 주고 나타나지만 1985~1986년에 다시 돌아온 핼리 혜성은 여러 세기 전에 이미 방문이 예고되어 있었다. 이번에는 처음으로 혜성을 맞이할 탐사선을 보낼 수 있었다. 유럽 우주국, NASA, 구소련이 이 혜성을 맞이하기 위해 여러 개의 탐사선을 발사했다. 미국과 소련의 탐사선은 먼 거리에서 이 혜성을 지나갔다. 미국 탐사선은 여러 과학 장비들을 갖추고 있었지만 카메라는 가지고 있지 않았다. 최초의 혜성 근접 사진을 찍는 데 성공한 것은 유럽 우주국에서 발사한 조토 탐사위성이었다(그림 129). 조토 탐사위성이 찍은 사진에는 암석과 얼음으로 이루어진 혜성의 얼룩덜룩한 표면뿐만 아니라 거대한 기체 제트도 나타나 있었다. 이 제트들은 이전 혜성들의 경로에 영향을 주고 있던 '비중력적 힘'의 근원으로 추정되고 있었다. 그러나 조토가 찍은 자세한 혜성 표면 사진은 혜성 표면에 대한 우리의 생각을 바꾸어 놓았다.

대혜성 하쿠다케(C/1996 B2)는 1996년 3월 25일에 지구로부터 0.1018천문단위(1,500만 킬로미터) 떨어져 있는 지점까지 접근했다. 이 혜성은 1556년 이후 지구 가까이 지나간 가장 밝은 혜성이었다. 새벽에 바로 머리 위에서 관측할 수 있었던 이 혜성의 밝기는 0등성의 밝기와 같았고, 꼬리의 길이는 100도에 이르렀다. 이 혜성은 '1000년 만에 가장 밝은 혜성'이라고 불렸다. 그리고 헤일-밥 혜성(C/1995 O1)이 나타났다. 1996년 7월부터 1997년 10월 사이에 맨눈으로도 관측할 수 있었던 이 혜성은 20세기에 나타났던 혜성들 중에서 아마도 가장 폭넓게 관측된 혜성일 것이다. 밤하늘 관측자들은 길이가 15도에서 20도 정도 되는 뚜렷한 먼지 꼬리와 희미한 이온 꼬리를 볼 수 있었다. 당시 화가들은 다시 한 번 혜성 이미지로 눈을 돌렸다. 그들은 비야 셀민스가 그린 목탄화 〈무제 #13(혜성)Untitled #13(Comet)〉(1996년, 뉴욕 현대 미술관)과 같은 소품과 함께 도로시아 록번Dorothea Rockburne이 그린 벽화(그림 186~189)와 같은 대작도 제작했다. 화가이자 천문학자였던 러셀 크로티는 캘리포니아 말리부와 최근에는 오하이에 있는 자신의 집에 만들어 놓은 관측소에서 망원경으로 관측한 별, 혜성, 소행성, 행성들을 꼼꼼하게 그렸다. 크로티의 그림은 다섯 장짜리 접어 넣는 페이지의 야경 그림을 구성하고 있는 밤하늘 그림 중 하나였다. 이 중에는 지상 풍경이 포함된 그림도 있었다(그림 190). 19세기 과학 삽화와 미니멀리스트 화가들의 반복적인 패턴을 동시에 연상시키는 이 그림들은 꾸밈없는 천체 지도에서부터 신비스런 밤 풍경에 이르는 그림의 다른 면들을 보여 주고 있다.

21세기에도 혜성에 열광하는 사람들이 존재했고, 이들은 20세기에 만들어진 엄청난 양의 혜성 수집품들을 즐겼다. 혜성은 우편엽서, 카드,

190 러셀 크로티|Russell Crotty, 〈다섯 야경Five Nocturnes〉, 1996년, 종이에 볼펜, 책표지, 펼쳤을 때 크기 157.5×297.2cm.

스테인드글라스 창문, 구두, 나이트가운, 비디오 게임, 그리고 모든 종류의 광고를 장식했다. 혜성이 왜 상징성이 있는 이미지가 되었는지 그리고 '혜성'이라는 말이 왜 마술이라는 의미를 함축하게 되었는지를 이해하는 것은 어렵지 않다. '빌 헤일리와 그의 혜성들Bill Haley and His Comets'이라는 이름의 록 그룹은 기억하기 쉬운 이 이름으로부터 거의 도움을 받지 못했다. 혜성이라는 말은 기적적일 정도로 마음을 *끄는* 특성을 나타내기 위해 세안제, 초콜릿, 아이스크림 콘, 자동차와 같은 일상용품들의 이름에도 사용되고 있다. 유성 맥주, 푸른 혜성 기차, 타오르는 스타 페리, 또는 혜성 여행사와 같은 이름들에는 사람의 관심을

끄는 무엇이 있다. 그리고 파리의 뤼 드 라 코메트rue de la Comète나 로마에 있는 테아트로 델라 코메타Teatro della Cometa와 같은 이름들은 별과 관련된 어떤 것들을 상상하게 한다. 혜성들은 좋은 생각을 떠올리게 한다.

21세기는 2007년의 대혜성(C/2006 P1)이라고도 알려져 있는 맥노트 혜성과 함께 시작되었다. 이 혜성은 영국 출신 오스트레일리아 천문학자 로버트 H. 맥노트Robert H. McNaught가 발견한 50개가 넘는 혜성들 중 하나다. 2006년 1월 13일과 14일에 밝기가 최고점에 도달했던 이 혜성은 손으로 햇빛을 가리기만 해도 낮의 밝은 빛 속에서도 관측이 가능했다. 이 혜성은 남반구의 밤

191 아타카마 사막에 있는 파라날 천문대에서 찍은 2007년 1월 태평양에서 관측된 맥노트 혜성.

하늘로 이동해 여러 개의 밝은 띠를 가진 거대한 부채 모양의 꼬리를 펼쳐 1월 23일에 최대 길이인 35도에 도달했다. 이 혜성 다음에는 다른 여러 개의 혜성도 발견한 아마추어 천문학자 테리 러브조이Terry Lovejoy가 발견한 러브조이 혜성(C/2012 W3)이 나타났다. 이 혜성은 태양으로부터 0.005584천문단위(83만 5,000킬로미터) 떨어져 있는 지점을 지나갔다.

최근에 이루어진 과학에서의 놀라운 성취에 의해 환경과 사회를 구성하는 다른 요소들은 크게 변했지만 인간의 본성은 수천 년 동안 크게 변한 것 같지 않다. 인간은 무관심과 냉소, 환멸에 의한 정신적인 파괴 가능성뿐만 아니라 엄청난 파괴력을 가진 무기나 환경 파괴를 통해 자신들을 완전히 파괴할 수 있는 물리적인 잠재력을 가지고 절벽 위에 서 있다. 그러나 혜성은 존재하는 것만으로도 이러한 절망적인 시나리오를 반박하고 있다. 혜성들은 좋은 일이나 나쁜 일의 전조일 뿐만 아니라 우주 연속체 안에서의 변화를 상징한다. 혜성들은 우리 행성의 보존과 발전을 조용하게 이야기해 주고 있을 뿐만 아니라 과학자들에게 우주의 형성 과정을 이해할 수 있는 실마리를 제공하고 있다. 혜성들은 새로운 세상을 발견하거나 우주의 마이크로칩인 지구 행성을 유지하는 데 필요한 격려와 희망의 신호등이다.

192 사자리 유성우 기간 중 관측된 유성. 2009년 11월 7일.

Chapter 6

—

폭발하는 유성과 유성우

18세기 말에 영국에서 유성(그림 192), 폭발 유성, 유성우와 그 사촌인 혜성이 구별되기 전까지는 이들을 서로 혼동했었다. 아리스토텔레스는 이들을 기상 현상이라고 믿었지만 혜성과 마찬가지로 이들은 태양 주변을 돌고 있는 혜성의 핵이나 소행성에서 떨어져 나와 행성 간 공간을 떠돌아다니는 작은 물체들이다. 이들이 시속 7만 킬로미터에서 25만 킬로미터 사이의 속력으로 지구 대기 안으로 들어오면, 타버리면서 때로는 긴 빛줄기를 만들어 낸다. 우주 공간에 떠돌아다닐 때는 이들을 유성체meteoroids라고 부른다. 이들이 유성meteors으로 빛나면서 공기 중을 통과한 다음 지구에 충돌한 것이 운석meteorites이다.

태양계 밖에 있는 우주 공간이나 태양계 안에서 떠돌아다니는 유성체는 암석이나 금속으로 이루어진 작은 물체로, 지름은 대략 1미터 정도다. 이보다 작은 것은 마이크로 유성체 또는 우주 먼지로 구분한다. 매년 약 1만 5,000톤의 유성체, 마이크로 유성체, 우주 먼지가 지구 대기 안으로 들어오고 있다. 최근 계산에 의하면 매년 4,000톤, 매일 10톤 이상의 마이크로 유성체가 지구에 떨어진다. 이들 대부분은 혜성이나 소행성의 부스러기들이지만 이들 중 소량은 우주에서 일어나는 충돌로 인해 달이나 화성과 같은 천체에서 우주로 방출된 물체들이다.

유성체가 지구 대기 안으로 들어오면 유성이 된다. 공기와의 마찰로 인해 높은 온도로 가열된 물체와 이 물체가 지나간 자리에 흩어진 뜨거운 부스러기들에서 빛이 방출되어 유성을 찍은 사진에 나타나는 잔광과 흔적이 긴 꼬리처럼 보이는

193 브래드 골드페인트Brad Goldpaint, 2016년 8월 8일 섀스타 산에서 관측된 페르세우스자리 유성우의 합성 사진.

유성이 만들어진다. 유성이 내는 빛은 유성체의 구성 성분과 속도에 따라 여러 가지 다른 빛깔로 보인다. 유성체를 구성하고 있는 층들이 마모되어 이온화되면 층을 이루고 있는 물질의 성분이 바뀜에 따라 색깔이 변하기도 한다. 예를 들면 그림 192에 보이는 보라색은 칼슘이 내는 빛이고, 녹청색 빛은 마그네슘이 내는 빛이다. 며칠에서 몇 달 동안 볼 수 있는 혜성과는 달리 유성은 밤하늘에서 수 초 동안 빛을 내며 달리다가 사라진다. 모래알 크기의 마이크로 유성체도 수십 킬로미터나 되는 밝은 빛줄기를 만들어 내며, 이는 420킬로미터 밖에서도 관찰할 수 있다.

중세에는 유성과 혜성을 모두 모험을 좋아하는 별이라고 생각하고, '날아다니는 용', '독사',

'하늘의 불꽃'과 같은 이름으로 불렀고, 종종 환상적인 형태로 묘사했다. 오늘날 일상용어에서는 곧 사라져 버리는 유성의 특성을 강조하고, 고정된 별들과 구별하기 위해 '별똥별shooting star'이라고 부른다. 갈릴레이의 친구였던 17세기 플랑드르 화가 페테르 파울 루벤스는 자신의 시골집이 있던 샤토 드 스틴의 야외에서 그린 야경화의 밤하늘에 유성을 그려 넣었다(그림 194).

로마의 자연철학자 플리니우스는 모든 사람들이 하늘에 자신의 별을 가지고 있는데 그 사람의 운에 따라 밝기도 하고 어둡기도 하다고 생각했다. 후에 기독교에서는 별들을 영혼과 동일시했다. 그들은 유성을 영혼이 하늘에서 이 세상으로 오는 것(탄생)이거나 이 세상에서 하늘로 가

194 페테르 파울 루벤스Peter Paul Rubens, 〈달빛이 있는 풍경Landscape by Moonlight〉, 1635년경, 패널에 유채, 64×90cm.

[48]

Of *Good*, and *Ill*, the diftant Colours blends,
Confounds all *Reafon*, and all *Hope* deftroys;
Reafon, and Hope, our fole Afylum *Here*!
A World fo far from *Great*, (and yet how Great
It fhines to Thee?) there's nothing *Real* in it;
Being, a Shadow! Confcioufnefs, a Dream!
A Dream, how dreadful? Univerfal Blank
Before it, and Behind! Poor Man, a Spark
From Non-exiftence ftruck by Wrath divine,
Glitt'ring a Moment, nor that Moment fure,
'Midft Upper, Nether, and Surrounding *Night*,
His Sad, Sure, Sudden, and Eternal Tomb.
        LORENZO! doft Thou *feel* thefe Arguments?
Or is there nought but *Vengeance* can be felt?
How haft Thou dar'd the DEITY dethrone?
How dar'd indict Him of a World like This?
If *fuch* the World, Creation was a Crime;
For what is Crime, but Caufe of Mifery?
Retract, Blafphemer! And unriddle *This*,
Of endlefs Arguments *above*, *below*,
Without us, and *within*, the fhort Refult,
" *IF* Man's Immortal, there's a GOD in Heav'n. "
                                    BUT

195 윌리엄 블레이크William Blake, 〈영의 '밤의 사색'을 위한 삽화, 밤 VII|Illustration for Young's 'Night-thoughts', Night VII〉, 1795~1797년, 종이에 회색 잉크와 수성 물감·흑연으로 그린 그림, 42×32.5cm, 영국 박물관, 런던.

196 알브레히트 뒤러Albrecht Dürer, '일곱 번째 인의 개봉', 『묵시록The Apocalypse』(edn. 1511년)에서, 목판화, 15.5×11cm 종이.

197 마티아스 게룽Matthias Gerung, '다섯 번째 트럼펫 소리', 『묵시록The Apocalypse』에서, 1547년, 목판화, 23.3×16.2cm.

는 것(죽음)이라고 믿었다(그림 195). 혜성과 마찬가지로 유성도 좋거나 나쁜 일의 징조로 다양하게 해석되었다. 북반구 북쪽 지역에 있던 일부 문명에는 별이 떨어질 때는 잠시 동안 하늘이 열리게 되는데 이때 재빨리 소원을 빌면 신이 요구를 듣고 응답해 준다는 전설이 전해지고 있다. 마야 문명을 연구하는 천문고고학자들은 혜성과 마찬가지로 유성도 통치자의 변화를 가져왔다고 믿고 있다. 그들은 카라콜Caracol과 치첸이차Chichen Itza에서 있었던 정치적 변화를 예로 들었다. 이 정변들은 핼리 혜성의 경로에 흩어져 있던 부스러기들이 만들어 낸 1531년 4월 10일에 있었던 1000

년에 한 번 있을 정도의 대규모 유성우 뒤에 일어났다.

천문학에 대해 잘 알고 있었고, 뉘른베르크에 있는 자신의 집에 천문관측소를 설치했던 알브레히트 뒤러는 계시록을 위한 목판 삽화에서 유성을 혼돈의 상징으로 묘사했다(그림 196). 자연 재해를 의미했던 기독교에서의 이미지와 균형을 맞추기 위해 뒤러는 다른 르네상스 화가들과 마찬가지로 자연 현상의 관측 결과를 예술에 이용해 같은 현상을 경험한 사람들이 그가 그린 현상들을 이해할 수 있도록 했다. 후에 마르틴 루터와 개신교의 종교개혁이 확산되면서 독일의 인쇄업

196

198 디볼트 실링Younger (or Hans von Arx, Hand B), 『루체른 연대기Lucerne Chronicle』에서 발췌한 1492년 11월 7일에 관측된 엔시스하임 운석의 부분화, 1508〜1513년, 양피지에 템페라와 잉크, 원고 S.23, 157r쪽, 루체른 중앙 도서관.

자 겸 화가였던 마티아스 게룽Matthias Gerung이 계시록 8장 10절과 11절의 삽화를 그렸다. 이 삽화에서는 유성이 지구에 떨어져 물의 3분의 1이 독에 오염되었다. "그리고 세 번째 천사가 나팔을 부니 횃불같이 타는 큰 별이 하늘에서 떨어져… 이 별 이름은 쑥이라." 게룽은 같은 목판화(그림 197)에서 계시록 9장 1절에서 3절의 삽화로 운석이 된 유성을 그렸다. "다섯 번째 천사가 나팔을 불매 내가 보니 하늘에서 땅에 떨어진 별 하나가 있는데 저가 무저갱의 열쇠를 받았더라. 저가 무저갱을 여니 그 구멍에서 큰 풀무의 연기 같은 연기가 올라오매."

유성의 불길에서 살아남아 지구에 충돌한 타고 남은 암석을 운석이라고 부른다. 운석은 때로 크레이터를 만든다. 세계에서 가장 잘 보존된 크레이터는 애리조나 주 윈슬로 부근에 있는 캐니언 디아블로Canyon Diablo 운석이 만든 크레이터다. 이 크레이터는 지름이 1,200미터, 깊이는 170미터다. 유성은 1908년 6월 30일 러시아의 퉁구스카 상공에서 폭발해 50만 헥타르의 숲을 황폐하게 만들었던 사건처럼 지구 표면 상공에서 폭발해 커다란 재앙을 일으킬 수도 있다. 이 사건은 충돌 크레이터가 발견되지 않았음에도 운석 충돌에 의한 사건으로 분류하고 있다. 이 사건을 일으

199 알렉산드르 이바노프Aleksandr Ivanov, 카멘스크우랄스키에서 관측한 2013년 2월 15일 러시아의 첼랴빈스크 주 상공에서 폭발한 폭발 유성.

킨 운석은 5 내지 10킬로미터 상공에서 폭발한 것으로 추정된다. 1994년 목성에 충돌해 3,200킬로미터 높이의 불덩어리를 만들었던 슈메이커-레비 9 혜성의 잔해들의 경우와 같이 운석은 다른 행성에 충돌할 수도 있다.

운석은 세 가지 형태로 분류할 수 있다. 가장 흔하게 발견되는 운석은 융해를 통해 변질되지 않은 암석 운석인 콘드라이트chondrite다. 지상에 떨어지는 것을 보지 못하면 이런 운석을 발견하는 것은 쉽지 않다. 콘드라이트는 하나의 돌멩이에서부터 수천 개의 암석에 이르기까지 다양하다. 1912년에 북애리조나에 있는 홀브룩에는 1만 4,000개의 콘드라이트가 떨어졌다. 모든 운석의 6% 정도는 운철이라고 부르는 철과 니켈의 합금으로 이루어진 철 운석이다. 철 운석은 쉽게 부서지지 않고 보통 암석과 다른 모양을 하고 있어 가장 쉽게 발견할 수 있는 운석이다. 아콘드라이트achondrite 역시 비금속 운석이지만 융해될 때 만들어지는 둥근 알갱이를 포함하지 않은 운석이

다. 이 운석은 비교적 최근에 만들어진 것으로 모든 운석의 8% 정도를 차지하고 있다.

6500만 년 전에 운석과 혜성이 태양의 모든 천체에 충돌했다. 이런 충돌의 증거들이 수많은 크레이터들로 덮여 있는 달과 태양계의 다른 행성들에서 발견되었다. 널리 받아들여지는 이론에 의하면 이 시기에 혜성 또는 소행성이 지구와 충돌해 지구를 여러 해 동안 둘러싸는 거대한 구름을 만들었고, 이는 공룡을 비롯한 많은 생명체의 멸종으로 이어졌다. 지구를 둘러싼 짙은 구름이 태양빛을 가려 식물이 광합성을 할 수 없게 되자 초식동물의 먹이가 되는 식물이 파괴되었고, 공룡과 다른 종들이 의존하고 있던 먹이사슬이 붕괴되었다. 고생물학자들은 이 시기에 형성된 퇴적층에서 먼지 구름의 증거를 발견했으며, 멕시코의 유카탄 반도에 있는 칙술루브에서 6600만 년 전에 형성된 것으로 보이는 크레이터의 흔적을 발견했다. 크레이터의 지름은 200킬로미터 정도다. 이 크레이터의 연대는 공룡의 멸종 연대와

일치한다.

역사상 기록에 남아 있는 가장 유명한 운석은 아마도 1492년 11월 7일 160킬로미터 밖에서도 들릴 수 있는 천둥 같은 큰 소리를 내며 현재는 프랑스 영토인 알자스의 엔시스하임Ensisheim에 있는 밀밭에 떨어진 무게가 127킬로그램이나 되는 콘드라이트일 것이다(그림 198). 낮에 발생한 이 운석이 떨어지는 장면을 직접 목격한 사람은 어린 소년 한 사람뿐이었다. 이 운석이 서양에서 떨어지는 것이 목격되고 조각들이 보존된 첫 번째 운석이다. 이 운석은 현재 엔시스하임 시 박물관에 보관되어 있다. 이 엔시스하임 운석은 1미터 크기의 구덩이를 만들었다. 당시 언론 매체들은 이 운석의 크기가 소금 덩이 크기였다고 설명했다. 독일의 풍자가 세바스티안 브란트Sebastian Brant는 이 운석이 로마 왕 막시밀리안 1세(1508년 신성로마제국 황제)에게는 긍정적인 징조지만, 그의 적들에게는 불길한 징조라고 주장하는 시를 썼다. 라틴어와 독일어로 된 브란트의 시는 삽화가 포함된 전단지와 3개의 해적판을 통해 사람들에게 알려졌다. 이것은 인쇄된 언어의 새로운 권위를 보여 주는 것이었다. 이 사건을 그린 삽화들은 디볼트 실링이 출판한 『루체른 연대기』(1508~1513년)라고 알려진 원고에 포함되었고, 하르트만 쉐델이 출판한 『뉘른베르크 연대기』(1493년)와 콘래드 리코스테네스가 출판한 『징조와 예언의 연대기』(1557년)에도 실렸다.

매우 밝은 운석은 '화구(불덩이)'라고 부른다. 국제천문연합은 화구를 '행성보다 밝은 유성'이라고 정의하고 있다. 즉 밝기가 보름달보다 두 배 더 밝은 −14등급 이하의 유성이 화구다. 이것

200 알브레히트 뒤러Albrecht Dürer, 〈성 제롬St Jerome〉의 뒷면에 그려져 있는 폭발 유성. 1496년. 배나무 패널에 유채. 23.1×17.4cm.

은 증발하면서 폭발하는 것처럼 보이고 조금 후에 큰 소리가 들린다. 화구는 마지막 단계에 폭발을 일으키기 때문에 미사일 또는 불꽃을 뜻하는 그리스어 bolis에서 따서 폭발 유성bolide이라고 부르기도 한다(그림 199). 플리니우스는 기원전 76년에 출판한 『자연의 역사』에서 잠깐 동안 나타났다가 사라지는 유성을 지구를 향해 떨어지는 '핏빛으로 보이는 불꽃'이라고 설명했다.

뒤러는 이 현상으로부터 받은 시각적 충격을 〈성 제롬St Jerome〉이라는 제목의 종교적인 그림 뒷면에 생생하게 그려 놓았다(그림 200). 강력한 폭발 유성을 목격한 뒤 뒤러는 성인의 정신적

201 라파엘로 산치오Raphael Sanzio, 〈폴리그노의 성모Madonna of Foligno〉의 일부, 1512년, 패널에 그린 유화를 캔버스에 옮김.

인 깨우침을 강조하기 위해서 또는 제롬이 광야에서 최후의 심판의 순간에 천사의 나팔 소리를 들었다고 말했다는 사실을 암시하기 위해 이 폭발 유성의 상징성을 이용했다. 많은 사람들이 뒤러가 목격한 폭발 유성을 후에 알려진 엔시스하임 운석이라고 잘못 알고 있었다. 이것이 사실이 아니라고 주장한 많은 이유 중 하나는 뒤러의 폭발 유성 그림의 야경이 낮에 떨어진 운석과 맞지 않는다는 것이다.

유성 폭발은 자주 일어나는 일이지만 지역적인 사건이어서 목격하는 것은 쉽지 않다. 유성 폭발을 목격하기 위해서는 그것을 볼 수 있는 장소에 있어야 하고, 그 순간 하늘을 바라볼 수 있어야 한다. 따라서 대개는 옆으로 스쳐 지나가는 것을 힐끗 볼 수 있을 뿐이다. 과거에는 유성 폭발을 중요한 사건의 전조라고 해석했다. 예를 들면 라파엘로는 그가 그린 〈폴리그노의 성모〉(그림 201)의 배경에 보이는 무지개 아래에 유성 폭발을 그려 넣었다. 라파엘로는 1511년 9월 4일 정오에 폭발해 이탈리아 크레마에 돌 소나기를 내리게 했던 유성 폭발을 로마에서 목격했을 것이다. 제단화의 후원자였으며 교황의 비서이자 역사학자였던 시지스몬도 데 콘티Sigismondo de' Conti는 그가 포로 상태에서 기적적으로 생존할 수 있었던 것을 감사하기 위해 그림을 그리게 했다. 콘티를 비범한 사람으로 나타내기 위해서였지만 자신도 모르는 사이에 1512년 1월에 있었던 콘티의 죽음을 예고하는 것처럼 라파엘로는 그림의 우측에 유령 같은 얼굴로 성모와 아기 예수를 경배하는 콘티의 모습을 그려 놓았다.

며칠 동안 하늘의 특정한 지점에서 많은 유성이 쏟아지는 것처럼 보이는 것을 유성우라고 부른다(그림 202~208). 유성우가 내릴 때는 밝은 오로라를 목격할 때 들을 수 있는 것과 같은(9장 참고) 쉬익 소리가 들린다. 매년 10월과 5월에 핼리 혜성의 경로를 통과하는 경우처럼 지구가 현재 존재하거나 또는 이제는 사라진 혜성의 경로를 통과할 때 유성우 또는 별 소나기가 만들어진다. 핼리 혜성 궤도를 지나갈 때는 오리온자리 유성우와 물병자리 유성우가 나타난다. 또 다른 유명한 유성우는 1846년에 출현했던 비엘라 혜성의 부스러기로 인한 비엘라 유성우(그림 202~204), 주기 혜성인 55P/템펠-터틀 혜성과 관련이 있는 사자자리 유성우, 가장 유명한 유성우인 109P/스위프트-터틀 혜성의 경로를 지나갈 때 발생하는 페르세우스자리 유성우(그림 193)가 있다. 페르세우스자리 유성우는 7월 중순에서 8월 중순 사이에 볼 수 있는데, 북반구에서 맑고 달이 없는 밤에는 한 시간에 5,000개 내지 2만 5,000개의 유성을 관측할 수 있다. 매년 내리는 페르세우스자

202 주라지 토스Juraj Tóth, 1998년 11월 17일 슬로바키아의 모드라 천문대에서 어안렌즈를 이용해 네 시간 동안 촬영한 사자자리 유성우.

203 아돌프 뵐미Adolph Völlmy, 『홈 서클을 위한 성경 읽기Bible Readings for the Home Circle』(배틀 크릭, 미시간, 1889년)에 포함되어 있는 〈1833년 11월 13일의 사자자리 유성우The Leonid Meteor Shower of 13 November 1833(칼 자우슬린의 그림을 바탕으로 제작한)〉, 목판화.

204 에티엔 레오폴드 트루블로Etienne Léopold Trouvelot, 『트루블로 천문학 드로잉 매뉴얼The Trouvelot Astronomical Drawings Manual』(뉴욕, 1881년)에 실려 있는 1868년 11월 13일~14일에 관측된 〈11월의 유성The November Meteors〉, 다색 석판인쇄, 94×71cm.

205 알브레히트 뒤러Albrecht Dürer, '다섯 번째 인의 개봉', 『묵시록The Apocalypse』에서, 1511년, 목판화. 15.5×11cm 종이.

리 유성우는 133년의 주기를 가지고 있다. 유성들을 발생시키는 부스러기들의 흐름을 페르세우스 구름이라고 부른다. 이것을 페르세우스자리 유성우 또는 페르세우스의 아들들이라고 부르는 것은 이 유성우의 복사점이 페르세우스자리에 있기 때문이다.

1833년 11월 12일부터 13일 사이의 밤에 있었던 사자자리 유성우의 경우처럼 유성우가 특히 장관을 이루는 경우에는 이를 유성 폭풍이라고 부른다(그림 203). 이 유성 폭풍은 매우 밝아 사람들이 잠을 이룰 수 없었고, 해가 뜨고 있는 것으로 생각하게 했다. 많은 사람들의 큰 관심을 끈 이 우주쇼에서는 아홉 시간 동안에 약 2만 4,000개의 유성이 떨어졌다. 에이브러햄 링컨도 이에

대한 기록을 남겼다. 그러나 유성을 과학적으로 명확하게 설명하지는 못했다. 1799년과 1833년, 1866년의 사자자리 유성우에 대한 관측(특히 프로이센의 알렉산더 폰 훔볼트의 관측)을 통해 이들이 혜성의 부스러기라는 것이 밝혀졌다.

1860년대는 유성우의 궤도를 계산했던 시기다. 1866년에 역사적 기록을 조사한 사람들은 비슷한 유성우가 902년 10월 13일(율리우스력)에도 있었다는 것을 알게 되었다. 영국의 천문학자 존 코치 애덤스John Couch Adams는 계산한 주기와 실제 유성우의 주기가 3주 정도 차이가 나는 것은 행성들의 교란 때문이라는 것을 계산을 통해 증명했다. 1868년과 1966년에는 예상하지 못했던 사자자리 유성우가 미국 전역에서 관측되었다. 이때는 시간당 10만 개 정도의 유성이 떨어졌다. 프랑스 천문학자 에티엔 레오폴드 트루블로는 사자자리 유성우를 처음으로 파스텔로 그린 다음 다색 석판인쇄로 제작했다(그림 204). 가장 화려한 겨울 유성우는 12월 14일경에 볼 수 있는 쌍둥이자리 유성우다. 우리는 2031년이나 2032년에 있을 것으로 예상되는 하늘에 장관을 연출할 사자자리 유성우를 기다리고 있다.

16세기부터 화가들은 특별히 놀라운 쇼를 연출한 유성우들을 사도 요한이 계시록(6장 12~13절)에서 묘사한 말세적 상황을 나타내는 시각적 도구로 사용해 왔다. 뒤러는 이 구절을 흑백 목판화를 이용해 시각화했는데 표현이 매우 강렬해 그것을 본 사람들은 본문에 설명되어 있는 색채를 느낄 수 있었다.

그리고 내가 보니 여섯 번째 인을 택하실 때

206 랭부르 형제(The Limbourg brothers, 〈겟세마네 동산의 예수Christ in the Garden of Gethsemane〉, 〈베리 공의 지극히 호화로운 시도서Les Très Riches Heures du Duc de Berry〉의 일부. 1416년, 양피지에 수성 물감과 금 염료, 원고 65. 142r쪽, 콩데 미술관, 샹티이.

207 피에트로 로렌체티Pietro Lorenzetti, 〈예수를 배신함The Betrayal of Christ〉, 1316~1320년, 프레스코화, 성 프란치스코 저교회, 아시시.

에 큰 지진이 나며 해가 총담같이 검어지고 온 달이 피같이 되며 하늘의 별들이 무화과나무가 대풍에 흔들려 설익은 과실이 떨어지는 것과 같이 땅에 떨어지며.

16세기 이전에는 소수의 진보적인 르네상스 화가들만이 자신들의 관측 결과를 자연적인 악마와 혼돈 상태에 있는 우주를 상징하는 시각적 자료로 이용했다. 예를 들면 허먼, 폴과 요한 랭부르Johan Limbourg가 그린 것과 피에트로 로렌체티가 그린 겟세마네 동산에서의 예수에 대한 유다의 배신 장면에는 예수의 죽음을 예고한 성서의 예언을 시각적으로 나타내기 위해 유성우가 그려져 있다(그림 206, 207). "하늘에서 별들이 떨어질 것이며(마태복음 24장 29절, 누가복음 21장 25절)" 로렌체티는 또한 아시시의 성 프란치스코 저교회파 교회에 있는 예수의 수난을 나타내는 그림들 중에서 절정을 이루는 배신 장면 앞에 나오는 〈최후의 만찬Last Supper〉 장면의 프레스코화에도 덜 강렬하기는 했지만 이 유성우를 포함시켰다. 그는 두 야경 그림에서 달의 위치를 이용해 시간의 경과를 나타내는 기법을 사용했다. 로렌체티의 그림에는 밝게 대각선을 가로질러 의도적으로 예수를 향하도록 한 하나를 제외하면 모든 유성들이 하나의 복사점에서 나오고 있는 것처럼 보인다. 이런 현상은 1794년이 되어서야 과학적으로 밝혀진 것으로 로렌체티의 관찰이 매우 날카로웠음을 나타내고 있다. 그리고 1974년에 저교회 중앙에 있는 조토와 그의 작업실에서 일하던 화가들이 푸르게 칠하고 금색 별들을 그린 그림들을 청소하다가 별이 반짝이는 것처럼 보이게 하기 위해 모든 별의 한가운데 둥근 볼록렌즈를 박아 넣은 것을 발견했다. 이 놀라운 장치는 예배에 참석한 사람들이 유럽에서 유성우를 최초로 대규모로 묘사한 로렌체티의 눈부신 천체 디스플레이를 볼 수 있도록 했다. 이것은 유다의 배신에 대한 우주적 고통을 구체적으로 나타내고 있다.

계시록에 대한 중세의 원고들에서부터 현대의 작품들에 이르기까지 종말을 다루고 있는 많은 표현들은 유성의 이미지를 사용하는 반면 유성이 가지고 있는 파괴의 잠재력은 우주의 잠재적 창조력을 나타내기도 했다. 20세기에 조르조 데 키리코가 제작한 채색 석판인쇄인 〈묵시록 L'Apocalisse〉(그림 208)에서는 유성우를 사용해 태양과 달이 함께 온다고 표현된 신약 성경의 세계 종말을 상징할 뿐만 아니라 제2차 세계대전에 대한 초현실주의 화가들의 두려움을 나타내기도 했다. 이 장의 나머지 부분에서는 종교개혁에 의해 촉발된 미신이나 공포와 함께 관찰과 초기 과학적 방법이 공존했던 16세기부터 시작된 과학과 유성 연구가 발전해 온 과정을 살펴볼 것이다.

원고 형태 또는 비교적 새로운 인쇄물로 되어 있는 초기의 현대적인 삽화가 포함된 연대기들은 중요한 사건들을 편집하고, 이들의 패턴을 찾아내기 위해 역사에 기록된 자연 현상들과 연계시켰다. 그들이 기록하고 삽화를 그린 것들 중에는 운석이 포함되어 있다. 예를 들어 『기적에 관한

아우크스부르크의 책』에는 862년에 비바람이 몰아치는 가운데 작센 주의 하늘로부터 운석이 떨어져 사람들 위에 핏빛의 붉은 십자가가 나타나고 어둠이 태양 위에 떨어졌다고 설명되어 있는 장면이 포함되어 있다(그림 209).

유성우는 소품에 자주 등장하는 경향이 있어 대형 유화에는 거의 등장하지 않는다. 하나의 예외는 무명의 네덜란드 화가가 소돔과 고모라의 멸망 때 롯과 그의 딸들을 그린 그림이다(1520년경, 루브르 박물관, 파리). 이 그림에서는 유성우(창세기 10장 24절에 '하늘에서 내려오는 유황과 불'이라고 설명되어 있는)가 아버지의 자연스럽지 못한 행동에 대한 하늘의 분노와 두 도시의 종말을 상징하고 있다. 『기적에 관한 아우크스부르크의 책』에 포함되어 있는 유성우 그림들 중에는 1119년에 보고된 유성우도 있다(그림 210~212). 이 책의 편집자는 유성우를 하늘에 나타난 불화살이나 창으로 표현하고 이들이 하늘에서 떨어질 때 그들 위에 물을 퍼붓는 것처럼 아우성치거나 큰 소리를 냈다고 덧붙여 놓았다. 아마도 이것은 이전의 기록들에 나타나는 쉬익 소리를 설명하는 것으로 보인다. 어떤 유성우는 대포 소리가 났다고 보고했다. 이로 인해 삽화를 포함한 원고, 목판화, 전단지에 유성우가 암석을 발사하고 있는 하늘 대포로 묘사되기도 했다. 1533년 성 우루술라의 축일이 지나고 24일째 되던 날 저녁 10시경부터 두 시간 동안 하늘에서 목격된 유성우는 놀랍게도 용의 형상으로 나타났었다고 전해진다. 이 유성의 출현을 마음속에 담고 있던 무명의 화가는 뒤러와 이전의 화가들이 그랬던 것처럼 계시록 6장 12절부터 14절의 삽화로 일식이나 월식과 연계

되어 있는 유성을 사용했다.

과학자들이 혜성과 유성을 확실하게 구별할 수 있게 된 것은 유성들과 밝은 혜성들이 유난히 많이 나타나 하늘이 불타는 것처럼 보였던 18세기가 되어서야 가능했다. 계몽주의 시대 이후 높아진 과학에 대한 관심과 분류에 대한 요구로 인해 이 천체 '불'들은 천문학자와 화가, 일반인들의 관심을 끌었고, 많은 사람들이 즐기는 관람 스포츠가 되었다. 냉정하고 과학적인 태도와 진보에 대한 긍정적인 믿음과 연계된 좀 더 객관적 관측이 관련된 활동들의 홍수 속에서 주로 영국인들의 노력이 다양한 현상을 완전하게 구별하는 길을 닦았다. 에드먼드 핼리는 유성이 대기 상층부에서 일어나는 현상이라고 했던 아리스토텔레스의 주장을 극복하고 이들이 천체와 관련된 현상이라는 것을 밝혀냈다. 그는 또한 유성의 높이와 속력을 계산해 내기도 했다. 18세기 후반까지는 화가들이 혜성을 나타내기 위한 시각 자료들을 유성을 나타내는 데도 사용했다. 그러나 점차 이 현상을 물리적으로 이해하려는 노력들이 상당한 진전을 이루어 이들의 특징을 좀 더 정확하게 묘사하는 것이 가능하게 했다.

1783년에 나타났던 매우 밝은 유성은 유성 연구의 분수령이 되었다. 이 유성이 출현하기 전에는 앞에서 지적했던 것처럼 혜성 그리고 특히 유성들이 이상한 형태로 묘사되어 왔다. 이것은 왕립협회 철학 회보에 실린 논문에 사용된 확대된 그림을 그리기 위한 초벌 그림들과 (런던에 있는 왕립협회 본부에서 연구 목적으로 조사가 가능한) 같은 과학 토론을 위한 가장 중요한 그림들의 경우도 마찬가지였다. 한 삽화에는 1764년에 보고된

유성이 수평 방향으로 자라는 고드름 같은 자취를 만들어 내는 비행기의 꼬리처럼 그려져 있었다. 이와 대조적인 것은 1758년 11월 16일에 나타났던 유성의 복잡한 그림이다. 이 그림은 내과 의사이며 왕립협회 회장이었던 존 프링글John Pringle이 꼼꼼하게 그린 것이었다.

대다수 18세기 자연철학자들은 당시 '천둥 돌 thunderstones'이라고 불렀던 운석이 우주 공간에서 지구로 떨어졌다는 것을 인정하지 않았다. 이 문제는 에른스트 클라드니Ernst F. F. Chladni가 1794년에 유성의 정체를 과학적으로 정확하게 밝혀내기 전까지 뜨거운 논쟁거리였다. 실제 일어나는 일들을 자연철학자들이 부정하는 것은 과학자들을 매우 당황스럽게 했다. 이런 잘못된 판단을 하게 된 이유 중 하나는 계몽주의 시대에 과학자들(특히 프랑스 과학 아카데미 회원들)이 널리 퍼져 있는 미신을 없애기 위해 실제 눈으로 보았다는 보고들을 지나치게 무시했기 때문이었다. 운석과 유성 폭발에 대한 회의적인 생각이 계속되었던 것은 이들의 관계, 크기, 화학적 성분에 대한 지식이 부족했기 때문이었다. 클라드니의 논문이 출판되기 전에도 별똥별과 유성 폭발이 외계에서 온 물질에 의한 것이라고 추정하는 사람들이 있었다. 아마도 유성에 대한 논쟁을 가장 잘 반영한 작품이라면 베냐민 웨스트Benjamin West가 고대 문헌을 참고해 그린 그림으로 경외심을 갖게 하는 〈아이네아스와 크레우사Aeneas and Creusa〉(그림 213)를 꼽을 수 있을 것이다. 웨스트는 베르길리우스의 전원시 『아이네이스Aeneid』 2권을 시각화하기 위해 구름 낀 하늘에 떨어지는 유성을 그려 넣었다.

...... e le stelle del cielo caddero sulla terra.

208 조르조 데 키리코Giorgio de Chirico, 〈묵시록L'Apocalisse No.9〉, 1941년, 채색 석판인쇄, 34.5×27cm.

209 작자 미상, 『기적에 관한 아우크스부르크의 책Augsburg Book of Miracles』 70쪽에 실려 있는 862년의 운석과 일식. 1550~1552년경. 종이에 수성 물감·과슈·검은 잉크, 카틴 컬렉션.

하늘을 따라서는 흐르는 램프가 발사되고,
그것은 날개 달린 빛이 나르는 것 같고;
…
그리고 꼬리, 사라지고…
하늘의 길을 휩쓴다…
그리고 황은의 악취가 풍겨 나온다.

유성 관찰의 전환점이 된 사건이 일어난 것은 1783년 8월 18일이었다. 일부 기록에서는 이것을 혜성과 혼동했다. 그들은 이것을 고대에 '날아다니는 용'이라고 알려져 있던 혜성이라고 생각했다. 그러나 이것은 폭발 유성이었다. 꼬리의 끝에서 폭발한 이 밝은 유성에 대한 기록과 시각적 자료들에 의하면 이것은 폭발음과 소닉붐을 동반

하는 특히 밝은 유성인 폭발 유성이라는 것을 알 수 있다.

사진이 등장하기 이전에는 예술과 과학이 협력적인 동반자였다. 과학계와 예술계의 많은 사람들이 이 유성에 대한 기록을 남겼다. 이 유성과 관련된 여섯 편 이상의 논문이 왕립협회가 발행하는 철학 회보 74권에 실렸고, 이 문제를 다루기 위한 세미나가 개최되었다. 이전의 유성들에 비해 1783년의 폭발 유성에 대해서는 매우 심도 있는 논의가 이루어졌다. 그리고 철학 회보에 실린 논문들 중에서 이탈리아 출신의 자연철학자 겸 내과 의사였던 티베리우스 카발로Tiberius Cavallo가 쓴 논문과 영국 천문학자 너새니얼 피고트Nathaniel Pigott가 쓴 논문에는 폭발 유성의 세 단

210~212 작자 미상, 『기적에 관한 아우크스부르크의 책Augsburg Book of Miracles』에 실려 있는 1119년과 1533년의 유성우·계시록 6장 12~14절. 41/129/176쪽. 1550~1552년경. 종이에 수성 물감과 과슈·검은 잉크, 카틴 컬렉션.

계를 나타내는 원본 그림을 새긴 펼칠 수 있는 판화가 저자의 원고와 함께 수록되어 있었다. 이 유성을 설명한 다른 기록들과 함께 이 그림들은 유성이 좌측에서 우측으로 진행했다는 것을 나타내고 있다. 각 논문들은 날씨와 관측 조건에 대해 경험을 바탕으로 기록했다. 그리고 그들의 과학적인 조사는 유성에 대한 전통적인 가정에 의해 뜻하지 않은 구름이 드리워졌다. 부주교 요크 윌리엄 쿠퍼York William Cooper가 작성한 장문의 자료에는 '유황 증기'의 냄새를 맡은 후에 말을 타고 관측한 중요한 정보가 포함되어 있었다.

어둠의 한가운데서… 눈부시게 떨리는 빛이 북서쪽에서 나타났다. 처음에는 이 빛이 정지해 있는 것처럼 보였다. 그러나 잠시 후 그 자리에서 폭발했다. 그러고는 남동쪽으로 달려갔다. 빛은 소리를 내며 머리 위를 지나갔다. 아마 55미터 높이의 상공을 지나간 것 같다. 그리고 눈에 보이는 것만으로 판단하면 꼬리의 길이는 7미터에서 9미터 정도 되어 보였다. 마침내 이 놀라운 유성은 여러 개의 불덩어리로 분리되었다. 그 후 곧 나는 두 번의 폭발음을 들었다. 그 폭발음은 4킬로그램짜리 포탄을 발사하는 대포 소리와 비슷했다.

왕립협회의 또 다른 펠로였던 알렉산더 오버트Alexander Aubert도 이 놀라운 유성과 함께 그가 1783년 10월 4일에 관측한 다른 유성에 대해 보고했다. 그는 두 유성에 대한 관측 결과를 합성하려고 시도했다. 다른 관측자들과 마찬가지로 그도 보고의 신뢰성을 높이기 위해 좀 더 정확하게

210

당시의 상황을 재현하는 데 필요한 장비를 가지고 처음 유성을 관측했던 장소를 다시 방문했다. 오버트가 작성한 보고서의 마지막 부분에는 중요한 정보가 포함되어 있었다.

> 이것은 다양한 모양의 작은 방울들을 남겼다. 떨어져 나간 것이 처음에는 매우 작았다. 그리고 점차 더 큰 것들이 떨어져 나가 마지막에는 남아 있는 것만큼 큰 것이 떨어져 나갔다. 그런 다음에는 모두 점차 사라졌다. 하늘로 치솟는 밝은 별처럼.

그는 유성을 관측한 시간이 총 10초에서 12초 정도였다고 했다. 이것은 유성 폭발과 잘 들어맞는다. 다른 관측자들처럼 그도 이 유성이 붉은색과 푸른색이었다고 했다. 유성 폭발에 대한 또 다른 기록에는 노란색 빛을 포함하고 있다고도 기록되어 있다.

이 보고들에서 가장 흥미로운 점은 앞에서 이야기했던 전기에 대한 연구와 실험을 하고 있던 펠로인 카발로가 언급한 것이다. 그는 이 유성을 윈저 성의 북쪽 테라스에서 제임스 린드 박사, 록맨 박사, 화가였던 토머스 샌드비Thomas Sandby, 그리고 다른 몇몇 사람들과 함께 보았다고 했다. 그들 중 두 사람은 이 장면을 묘사한 작품을 통해서 알 수 있듯이 여성들이었다(그림 214, 215). 카발로는 그곳에 있던 사람들이 모두 이 유성 폭발을 완벽하게 관측했고, 그 사람들 모두가 자신의 관측 결과에 도움을 주었다고 했다.

> 오로라와 매우 비슷한 일부 희미한 불꽃이 하늘의 북쪽에서 처음 관측되었다. 이것은 곧 달의 반지름 크기의 둥그런 빛을 내는 물체가 되어 앞에서 이야기한 하늘의 같은 지점에 머물러 있었다.… 이 불덩이는 처음에 푸르스름한 빛을 냈다.… 그러나 점차로 빛이 강해졌고, 곧 움직이기 시작했다. 처음에는 동쪽 방향으로 비스듬히 지평선 위로 올라왔다.… 그러고는 거의 수평 방향으로 움직였다.… 그리고 곧… 밝은 물체가 앞에서 이야기한 구름 뒤를 지나갔다.… 그러나 곧 유성이 구름 뒤에서 나타났다. 유성의 빛이 엄청났다.… 유성은 길쭉한 모양으로 나타났다.… 그러나 꼬리가 생기고 난 직후 여러 조각으로 분리되었다. 모두 꼬리를 가지고 있는 각각의 조각들은 원래의 물체 뒤를 따라 가까운 거리에서 같은 방향으로 움직였다. 분리된 조각들의 크기는 점차 작아졌다.

카발로가 자신이 관측한 것을 그린 스케치와 그것을 조각한 판화는 유성의 전개 과정에 초점을 맞추고 있어 그의 생생한 묘사와 일치한다.

이 묘사는 폴 샌드비Paul Sandby가 제작한 드문 동판화(그림 214)나 카발로와 함께 유성을 관측했던 샌드비나 그의 형제 토머스와 여러 가지로 관련이 있는 네 장의 수채화와도 잘 일치한다(그림 215, 216). 네 장의 수채화 중 세 장에는 윈저 성의 테라스에서 1783년 8월 18일에 관측한 유성의 세 단계가 잘 나타나 있다. 그러나 한 장에는 인물들이 빠져 있다. 이 그림과 유성이 빠져 있고 대신 인쇄에 나타나는 인물들만 배치된 네 번째 수채화는 합성해 동판화를 만들기 위해 그린 것

213 베냐민 웨스트Benjamin West, 〈베르길리우스의 『아이네이스』 2권에 실려 있는 아이네아스와 크레우사Aeneas and Creusa: Book II, from Virgil's 'Aeneid'〉, 1771년, 캔버스에 유채, 188×142.2cm.

이었다. 이 현상을 그린 다른 삽화들과 마찬가지로 폴 샌드비의 동판화는 유성이 내는 이상한 빛을 잡아냈고, 마치 무비 카메라가 찍은 개개의 영상들을 연결해 움직이는 영상을 만들어 내는 것처럼 유성의 운동을 세 단계로 나누어 유성의 진행 상태를 보여 주었다.

이 작품들의 놀라운 색감은 화가의 기술적 혁신으로 인한 것이다. 그는 수채화에서 물로 씻어낸 듯한 효과를 내기 위해 액체 상태의 수지를 붓으로 판 위에 발라 미묘한 빛과 색감을 구현해 냈다. 샌드비의 관측이 카발로를 포함한 자연철학자들과 왕립협회 회장이며 폴 샌드비의 후원자였던 조지프 뱅크스가 함께 있는 자리에서 이루어졌다는 사실은 당시의 과학자들과 화가들 사이의 공동 작업을 잘 나타낸다. 윌리엄 허셜은 윈저성에서 북동쪽으로 2.5킬로미터 떨어져 있는 다쳇에 있던 그의 관측소에서 이 유성 폭발을 관측했다. 맑은 날이면 매 시간마다 하늘을 관측하는 것이 그의 일이었기 때문에 167도의 호를 그리며 하늘을 가로지른 유성이 허셜의 관심에서 벗어날 수는 없었다.

1783년 8월 18일에 관측된 유성의 세 번째 단계, 즉 여러 개의 조각으로 분리된 후의 단계는 캔버스에 그린 다른 아름다운 유성들과 일치한다(그림 217). 전에는 이 그림이 1759년에 템스 강 위에 나타난 핼리 혜성을 그린 것이라고 잘못 알려져 있었다. 이전에 출판된 책에서 우리는 이 그림을 샌드비의 그림과 비교하고 이 현상을 설명한 원고를 검토한 후 이것이 유성을 그린 것이라는 것을 밝혀냈다. 특히 구름의 모습이 샌드비가 유성을 그린 작품에 나타나 있는 구름의 모습과

같다. 도료의 변색에 의해 더욱 강조되어 보이는 이 어두운 야경에는 커다란 머리와 여러 개로 끊어진 꼬리를 가진 천체가 수평으로 놓여 있다. 이것은 8월 18일에 나타났던 놀라운 유성의 세 번째 단계를 그린 샌드비의 그림과 같다. 꼬리의 작은 구형 물체들과 머리에는 그림의 도료 아래 붉은 분홍색과 노란색으로 보이는 부분이 있다. 유성이 하늘을 가로질러 달려가는 데 단지 몇 초밖에 걸리지 않는다는 것을 감안하면 이런 설명은 이전의 많은 관측자들이 기록한 놀라움을 설명해 준다. 템스 강의 강물에 밝은 빛이 반사되고 있다는 것도 중요하다. 혜성은 매우 희미하기 때문에 그렇게 반사될 수 없다. 그러나 혜성보다 1,000배나 더 밝은 폭발 유성은 그런 반사가 가능하다.

5장에서 설명했던 것처럼 시인이자 화가였던 윌리엄 블레이크는 혜성과 유성의 상징성에 매료되었다. 그는 최소한 스무 점의 작품에 혜성 혹은 유성을 포함시켰다. 블레이크는 문학에 많은 관심을 가진 화가였으며, 매우 복잡하면서도 단순한 사고를 가지고 있던 신비주의자였다. 그리고 그는 두 세기에 걸쳐 있었던 인물로 마치 역사 밖에 서 있는 사람 같아 보였다. 상상력이 풍부한 그의 이미지들은 18세기에 시작되어 다음 세기에 빠르게 발전한 계몽주의 철학자들의 이성주의에 대한 반작용이었다. 과학계가 혜성과 유성을 명확하게 설명하게 되자 사람들의 마음을 사로잡고 있던 이 태양계의 방랑자들은 이제 출현 시기와는 관계없이 많은 사람들의 상상력을 자극하는 인기 있는 상징으로 바뀌었다. 추악한 현실로부터 도피하고 싶었던 화가와 작가들은 종종 출현했던 시기를 명시하지 않은 혜성이나 유

214 토머스 샌드비|Thomas Sandby의 그림을 바탕으로 한 폴 샌드비|Paul Sandby, 〈윈저 성 북동쪽 모퉁이에 있는 테라스에서 관측한 1783년 8월 18일의 유성The Meteor of 18 August 1783, as It Appeared from the Northeast Corner of the Terrace at Windsor Castle〉, 1783년, 동판 부식, 27.3×49.3cm.

215 토머스 또는 폴 샌드비|Thomas or Paul Sandby, 〈윈저 성 북동쪽 모퉁이에 있는 테라스에서 관측한 1783년 8월 18일 유성의 세 가지 측면The Meteor of 18 August 1783 in Three Aspects Seen from the Northeast Corner of the Terrace of Windsor Castle〉, 1783년, 종이에 흑연으로 그린 그림 위에 수채, 28.5×46cm.

성을 등장시켰다. 이미 살펴본 것처럼 출현 시기를 밝히지 않은 많은 유성들이나 혜성들은 역사적 문학 작품이나 예술 전통의 일부였다. 혁신적이고 주관적인 삽화가였던 블레이크는 종종 작품의 아이디어에 자신의 창조적인 아이디어를 더해 삽화를 그렸다. 비정통적이면서도 다방면에 걸친 그의 믿음은 개인적인 것이었고 급진적이었다. 그는 틀림없이 유성이나 혜성에 대한 과학적 논의를 알고 있었다. 클라드니가 유성이 우주에서 온 것이라고 주장하는 논문을 발표했던 바로 그해(1794년)에 블레이크는 시집 『경험의 노래들Songs of Experience』을 출판했다. 이 시집에 실려 있는 〈호랑이The Tyger〉라는 유명한 시의 다섯 번째 연에는 유성우를 암시하는 다음과 같은 구절이 포함되어

있다. '하늘의 별들이 그들의 창을 던지고/ 눈물로 하늘을 적셨을 때' 블레이크의 이미지는 그가 살아 있는 동안에 나타났던 유명한 유성들과 직접 연관되어 있다. 특히 블레이크 이전에도 관측되었고 현재도 매년 8월 12일경에 관측되고 있는 유명한 페르세우스자리 유성우의 전설과 관련이 있다. 실제로 블레이크는 '호랑이'를 발표하기 1년 전 놀라운 하늘의 쇼를 보았을 가능성이 있다. 이 유성우는 성인의 축일 부근에 나타나기 때문에 전통적으로 '성 로렌스의 눈물들'이라고 불렀으며, 석쇠 위에서 산 채로 화형에 처해진 성인의 순교를 나타내기 위해 '불타는 눈물'이라고도 불렀다. 1866년이 되어서야 이탈리아의 천문학자 조반니 스키아파렐리Giovanni Schiaparelli가 이 유

216 폴 또는 토머스 샌드비|Paul or Thomas Sandby, 〈윈저 성 북쪽 테라스의 동쪽 각도에서 관측한 1783년 8월 18일의 유성The Meteor of 18 August 1783, as Seen from the East Angle of the North Terrace at Windsor Castle〉, 1783년, 종이에 흑연으로 그린 그림 위에 수성 물감과 펜과 잉크, 31.8×48.3cm.

217 윌리엄 말로William Marlow(이전까지 새뮤얼 스콧의 작품으로 잘못 알려져 있던). 〈템스 강 위에서 관측된 1783년 8월 18일의 유성The Meteor of 18 August 1783 over the Thames〉, 1783년경, 캔버스에 유채, 81.9×111.8cm.

성우의 복사점이 있는 별자리의 이름을 따서 '페르세우스자리 유성우'라고 불렀다.

　좋은 것을 생각하게 하는 유성의 이미지에 대한 블레이크의 강한 흥미는 여러 다른 작품들에도 나타난다. 1797년 그는 토머스 그레이Thomas Gray가 쓴 시의 삽화로 116장의 수채화를 그렸다. 그레이의 시 〈시선. 핀다로스 풍의 노래The Bard. A Pindaric Ode〉를 위해 블레이크가 그린 일곱 번째 삽화에서는 아버지 에드워드 2세의 복수를 한 에드워드 3세를 재앙으로 묘사했다.

연민으로 가득한 흑담비털 의상을 입고,
초췌한 눈을 가진 시인이 서 있네;
(수염과 하얗게 센 머리카락을 잃고

흘러간다, 유성처럼, 험난한 공기 중으로).

　삽화에서 블레이크는 유성의 이미지를 시에 나오는 시인의 머리카락에서 에드워드의 채찍으로 옮겼는데, 3개로 이루어진 가죽끈의 끝은 유성과 같이 뾰족하게 묘사되었다. 그레이 시집의 삽화를 그리기 직전인 1795년에 블레이크는 에드워드 영Edward Young의 『밤의 사색Night-Thoughts』 (1742~1745년)의 삽화를 그렸는데 여기에는 많은 유성들과 혜성들이 나타나 있다. 이 중 일부는 영의 원고에는 포함되어 있지 않은 것이었다. 313번 삽화에 블레이크는 불타는 유성처럼 스스로를 파괴하는 영혼의 일생을 상징하는 고통스러워하는 인물과 함께 2개의 유성을 그렸다. 두 유성의 우아한 경로는 유성의 죽음을 향한 추락과 대조를 이루었다. 여기에서 블레이크는 유성, 유성우, 혜성을 세상의 종말과 연관 짓는 전통을 따랐다. 『밤의 사색』(이미지 번호 320)에 그려진 블레이크의 유성은 지그재그 형태의 꼬리와 별 모양 안에 들어 있는 아기도 포함되어 있다(그림 195). 이 아기는 우주의 창조와 불멸성을 생각나게 한다. 이 작품들에는 블레이크가 천체 현상을 적극적으로 관찰했을 뿐만 아니라 아마추어와 전문가들의 관측 증가와 혜성과 유성에 대한 지적이고 문화적인 관심에 의해 고무된 상징적 문학과 시각적 전통도 잘 반영했다는 것이 나타나 있다. 실제로 『밤의 사색』 509번 삽화에 블레이크는 "오 망원경을 위해, 만드는 왕좌!"라는 구절을 나타내기 위해 커다란 망원경을 그려 넣었다. 영과 마찬가지로 블레이크도 망원경과 천문학을 신과 연계시켰다. 앞서 이야기했던 것처럼 블레이크는 존 밀턴의 『두 권의 책에 있는 시』(1810년)를 위해 혜성(아니면 유성일 가능성도 있는)을 네 차례 그렸다(그림 218). 그가 그린 유성은 위대한 영국 청교도 시인 존 밀턴의 영혼을 실체화하고 시적 영감을 상징했다. 밀턴은 그의 작품에서 혜성을 많이 이용했는데 『실낙원』에서 특히 그랬다. 블레이크는 개인적으로 이 위대한 시인을 문학이라는 별자리의 밝은 별로 나타냈다. 29번 판화에서 그는 밀턴의 영혼을 섬세한 푸른색과 분홍색, 일렉트릭 그린색으로 채색한 불타는 꼬리와 다섯 개의 돌기를 가지고 있는 별 모양으로 구체화했다. 술에 취해 발작적인 화가의 몸에 흐르는 전류처럼 유성이 내리치자 밀턴은 블레이크의 이름인 '윌리엄'을 부르고 있다.

19세기에 유성과 유성우는 유럽과 미국의 화가들과 작가들에게 생생한 이미지를 제공했다. 5장에서 이야기했던 프랑스의 삽화가 그랑빌은 그의 책 『다른 세상』에서 효과를 증대시키기 위해 혜성과 마찬가지로 유성을 사용하기도 했다(그림 170). '우주의 저글러'의 삽화에는 유성으로 가장한 우주의 마술사가 자신의 작품집을 들고 있는 화가에게 레지옹 도뇌르 훈장의 십자가를 던진다. 그랑빌의 가장 유명한 책 『동물: 동물의 공적이고 사적인 생활에 관한 과학Les Animaux: Scènes de la vie privée et publique des Animaux』(1842년)에는 좀 더 침울한 메시지가 포함되어 있다. 이 그림에서 그는 짝사랑으로 인한 숭고한 죽음을 강조하기 위해 멧비둘기 연인이 죽는 순간을 새의 영혼을 구체화한 유성의 불꽃으로 나타냈다. 『별Les Étoiles』(1849년)을 위해 제작한 상상력이 풍부한 목판화에서 그는 아름다운 여인을 유성우 속에서 떨어지는 별이나 마음속에 그리고 있는 악마 별로 나타냈다. 심지어 현실적이었던 사회주의 화가 장-프랑수아 밀레Jean-François Millet도 단테의 코메디아의 『큰 불Inferno』의 5편을 나타내기 위해 상상력이 풍부한 캔버스화인 〈유성The Shooting Stars〉을 그렸다(그림 219). 여기에서는 정욕이 넘치는 영혼들이 큰 바람에 떠밀려 지옥 하늘을 영원히 맴돌고 있다. 밀레가 그린 죽은 사람 같은 인물들은 빛을 내고 있다. 좌측에 있는 커플의 남자를 둘러싸고 있는 붉은 윤곽은 욕정의 열기를 나타내고 길게 늘어진 형태는 관능에 젖어 있는 상태와 더불어 유성과 같이 순간적으로 지나간다는 것을 나타내고 있다. 밀레가 그린 또 다른 유성우의 그림은 해가 진 후 퐁텐블로 숲에서 본 유성우를 그린

〈별 밤Starry Night〉이다(그림 220). 여름철의 페르세우스자리 유성우와 매우 비슷한 이 그림은 하늘의 반딧불을 연상시킨다. 이 그림은 풍경과 밤하늘의 기상학적 효과를 사실적으로 관찰했다는 것을 나타내고 있지만 화가가 전달하고자 하는 것은 자연에 대한 좀 더 낭만적이고 신비스러운 태도다. 다른 화가와 마찬가지로 밀레에게도 유성은 아직 우주 질서의 상실을 의미했다. 밀레의 경이와 조용한 두려움은 빈센트 반 고흐의 〈밤의 카페 테라스Café Terrace at Night〉(1888년, 크뢸러-뮐러 미술관, 오테를로)에서도 다시 해석되었다. 고흐의 그림에서는 별들이 환각을 일으킬 것처럼 보이는 폭발하는 플래시의 전구처럼 표현되었다. 이런 경향은 고흐의 〈별이 빛나는 밤〉(그림 246)에서 절정에 달했다. 밀레 작품의 영향을 받은 것으로 보이는 이 그림은 고흐가 생-레미-드-프로방스에 있는 정신병원에 머물고 있는 동안에 그려졌다. 고흐가 그린 약동하는 빛의 형태는 하늘에서 빙글빙글 돌면서 춤을 추고 있는 데르비시(금욕 생활을 하는 이슬람교의 일원으로 예배 때 빠른 춤을 추는 사람들)처럼 소용돌이치고 있는 나선 성운을 포함해 일부 구별이 가능한 천체를 나타내고 있다. 그러나 유성이라고 할 수 있는 것은 발견되지 않는다.

폭발 유성(그림 221)과 이들의 사촌들은 대서양의 양안에서 모두 큰 관심을 받았다. 미국에서는 1860년 여름과 초가을이 활발하게 대기 현상이 나타난 시기였다. 혜성과 유성, 심지어 오로라까지도 대서양 연안의 여러 곳에서 관측되었다. 신문 기사나 편집자에게 보낸 편지들에는 이런 사건들로 인한 폭넓은 불안감이 잘 나타나 있다. 일부에서는 유성이 지속적으로 대포를 나타

218 윌리엄 블레이크William Blake, 〈밀턴: 두 권의 책에 있는 시Milton: A Poem in Two Books〉, 스물아홉 번째 판화. 1804~1811년. 동판화에 펜과 잉크로 그린 그림. 16.1×11.3cm.

내는 비유로 사용되었는데 이것은 갈등, 종말, 또는 승리의 징조와 같이 다양하게 해석되었다. 당시의 시인들은 노예 폐지론자로 그의 행동이 남북전쟁을 촉발시킨 존 브라운John Brown의 불꽃 같은 정치적 행적을 유성에 비유했다. 허먼 멜빌Herman Melville은 브라운을 1859년의 유성에 비유하는 시를 썼다. 이 시에서 브라운은 자연의 힘을 어지럽히는 사람으로 그려졌다. 멜빌은 브라운의 수염을 유성의 꼬리와 비교하는 구절로 '전조The Portent'를 끝맺었다. "그러나 흘러내리는 수염이 보이고/ (이상한 존 브라운),/ 전쟁의 유성" 천체 현상에서 전쟁의 전조를 찾으려고 하는 사람이라

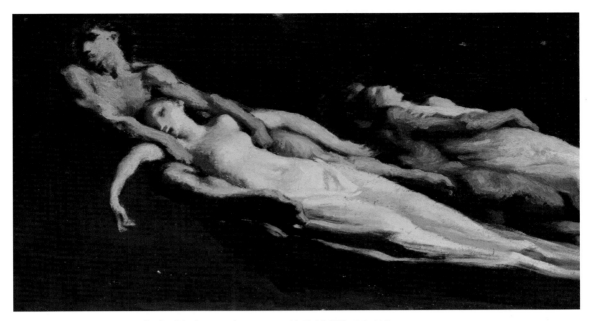

219 장-프랑수아 밀레Jean-François Millet, 〈유성The Shooting Stars〉, 1847~1848년, 판자에 유채, 18.7×34.5cm.

220 장-프랑수아 밀레Jean-François Millet, 〈별 밤Starry Night〉, 1850~1865년경, 패널에 고정한 캔버스에 유채, 65.4×81.3cm.

221 매슈 코츠 와이어트Matthew Coates Wyatt, 〈약 12분 동안 패딩턴에서 관측한 유성…Meteor Seen at Paddington about 12 Minutes…〉, 1850년, 메조틴트 동판법, 33.2×46cm.

면 누구나 1860년 7월과 8월에 있었던 동부 해안 대부분의 지방에서 관측된 화려한 페르세우스자리 유성우가 펼치는 우주쇼에서 전쟁의 기운을 느꼈을 것이다.

7월 20일 동쪽 하늘에 나타난 유성이 화가 프레더릭 에드윈 처치의 마음을 사로잡았다. 본능적으로 천체 현상에 많은 관심을 가지고 있던 그는 1858년 10월 1일에 도나티 혜성의 아치 형태 꼬리를 묘사한 두 장의 그림을 그리기도 했다. 평범한 유성이 아니었던 이 유성은 과학자들과 아마추어 관측자들의 큰 관심을 끌었다. 이 유성은 대기권을 통과하기는 했지만, 지상에는 도달하지 않는 커다란 궤도로 지구를 도는 유성이었다.

영국 상공에서 관측된 1783년의 유성과 마찬가지로 이 유성은 폭발해 여러 조각으로 분리된 후 불타는 조각들이 눈부신 목걸이처럼 하늘을 수놓았다. 「뉴욕 타임스」는 허드슨 강 상공에서 "유성을 볼 수 있었고, 조건이 좋은 경우에는 캐츠킬 마운틴 하우스에서도 관찰이 가능했으며, 폭발하는 순간에는 이것들이 마치 몇 미터 안에 있는 것처럼 보였고, 골짜기에 충돌하는 것 같았다."라고 보도했다.

처치는 2개의 불덩이가 작은 조각들을 이끌고 로켓처럼 하늘을 가로질러 달려가고 있는 유성의 분리 장면을 작은 캔버스 그림에 기록해 놓았다. 그는 이 그림에 〈1860년의 유성Meteor of

220

222 프레더릭 에드윈 처치Frederic Edwin Church, 〈1860년의 유성Meteor of 1860〉, 1861년, 캔버스에 유채, 25.4×44.5cm.

1860〉이라는 제목을 붙였다(그림 222). 8월 4일에 발행된 「하퍼스 위클리」 표지는 이 유성이 하늘을 가로지르는 모습을 세 장의 목판화와 함께 머리기사로 다루었다. 신시내티와 세인트루이스, 시카고 트리뷴과 같이 서쪽 지방에서 발행되는 신문들도 처음에는 이것을 로켓이나 불붙은 풍선이라고 생각했다고 보도했다. 시인 월트 휘트먼Walt Whitman은 사자자리에서 한 시간 동안에 수천 개의 유성이 쏟아진 1833년의 유성 폭풍과 처치가 그린 지구를 도는 유성을 관측했다. 이것은 그에게 '유성들의 해(1859~1860년)'를 쓸 수 있는 영감을 주었다. 이것은 그의 시 모음집 『풀의 잎들Leaves of Grass』에 수록된 1860년의 대혜성(혜성 1860 III)에 인용되기도 했다.

유성의 해! 음울한 해!
…
이상한 색조의 유성 행렬이 눈부시고 깨끗한,
우리 머리 위의 별똥별,
(어느 순간, 긴 어느 순간, 외계에서 온
빛 덩어리가 우리 머리를 지나갔고,
분리된 후, 밤으로 떨어져, 사라졌다.)
…
혜성과 유성의 해, 순간적으로 사라지는
이상한! –아!
여기에서도 똑같이 덧없고 이상한!

223 해리엇 파워스Harriet Powers, 유성우가 수놓아진 누비이불. 1895~1898년. 면직물에 수놓음.

내가 당신을 휙 지나가는 것처럼,

곧 떨어져 사라질,

이 성가는 무엇인가,

나 자신이 당신의 유성이 아니고 무엇일까?

처치의 작은 그림은 지구를 도는 이 커다란 유성이 지구 대기와 충돌한 후 분리되어 거의 같은 경로를 따라 이동하는 여러 개의 유성들을 만들어 내는 놀라운 순간을 잡았다. 유성의 행렬이라고 부르는 곧 사라질 빛나는 불덩어리들이 만들어 내는 경외심을 갖게 하는 광경은 놀라운 장관이다.

빠르게 진행되는 산업화에도 불구하고 유성우의 힘은 아직도 하늘에 관심을 가지고 있던 19세기 사람들의 마음을 사로잡고 있었다. 유성우가 수놓아진 사각형 누비이불을 포함해 많은 천문학적인 상징들을 수놓은 특별한 누비이불을 만든 해리엇 파워스Harriet Powers도 그런 사람들 중한 사람이었다(그림 223). 노예로 태어난 파워스는 조지아 주의 아테네 부근에서 남편과 함께 4에이커 규모의 농장을 운영했다. 읽거나 쓰는 방법

을 몰랐던 그녀는 유성우 장면을 "1833년 11월 13일 별들의 낙하, 사람들이 크게 놀랐고, 종말이 왔다고 생각했다. 신의 손이 별들을 멈추게 했다고 생각했다. 아이들이 침대에서 뛰쳐나왔다."라고 묘사했다. 여덟 시간 동안이나 계속되었던 1833년의 사자자리 유성우에 대한 이야기는 여러 세대를 통해 전해지면서 그 이미지에 힘을 더하는 구전 전통의 일부가 되었다.

1890년대에는 사진 건판을 이용해 유성의 사진을 찍었다. 그리고 1894년에는 유성의 꼬리 모습뿐만 아니라 하늘을 달려가는 속력을 측정하기 위해 회전하는 셔터를 사용하기 시작했다. 이 기술은 곧 유성 분광 기술로 발전했고, 20세기 후반에는 레이더 관측으로 발전했다. 시각적 관측은 어두운 시간에만 가능했지만 레이더 관측은 하루 24시간 관측이 가능하다는 장점을 가지고 있었다. 20세기가 되면서 유성에 대한 두려움이 사라졌다. 이로 인해 유성들을 나타내는 구슬들로 하는 재미있는 유성 게임도 등장할 수 있었다(그림 224). 그럼에도 불구하고 화가들은 자신들의 작품에서 좋은 생각을 떠올리게 하는 이미지

224 리히터 회사, 루돌슈타트, 독일, 유성, 1900년경, 나무·세라믹·종이·판지, 5.7×22.5×22.5cm.

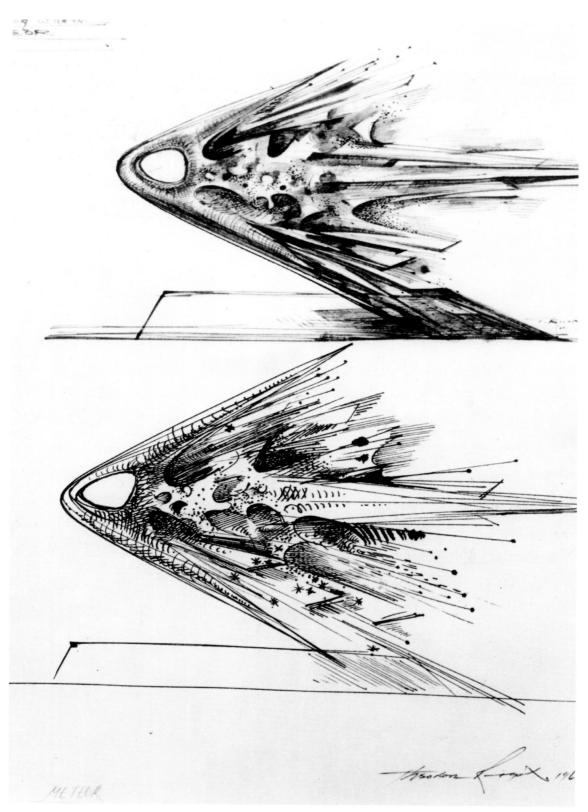

225 시어도어 로작Theodore Roszak, 〈연구—유성Study – Meteor〉, 1962년, 종이에 가는 펜과 붓·잉크, 28.4×21.6cm.

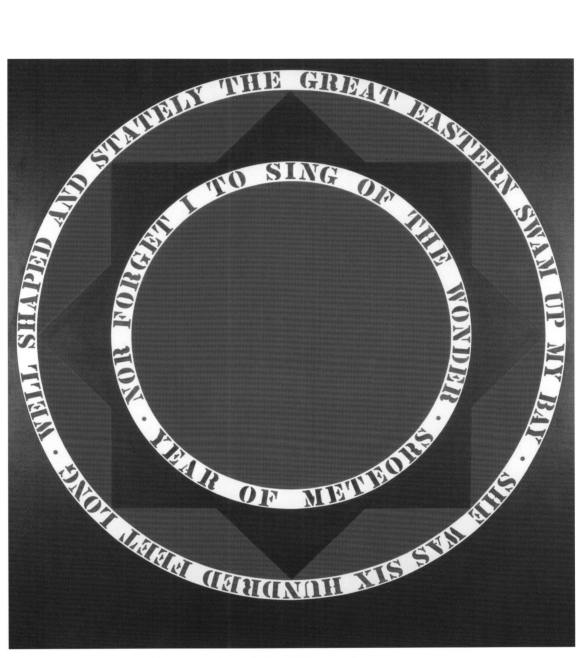

226 로버트 인디애나Robert Indiana, 〈유성의 해Year of Meteors〉, 1961년, 캔버스에 유채, 2.28×2.13m.

227 조디 핀토Jody Pinto, 〈부드러운 유성과 헨리Henri with a Soft Meteor〉, 1983년, 수성 물감, 못 쓰게 된 종이 위에 과슈. 크레용과 흑연. 1.83×2.44m.

로 유성을 계속 사용했다. 혜성과 마찬가지로 엘리자베스 시대 이후에는 유성들도 사랑이나 성적인 결합과 연계되었다. 에드먼드 스펜서Edmund Spenser의 서정시집 『목동들의 달력The Shepheardes Calender』(1579년)은 그런 예 중 하나다. 아서 래컴 Arthur Rackham은 1908년에 윌리엄 하이네만William Heinemann이 출판한 셰익스피어의 『한여름 밤의 꿈A Midsummer Night's Dream』의 삽화를 위해 그린 수채화 습작에 이런 전통을 반영했다. 이 연극 2막의 첫 번째 장면에서 요정들의 왕인 오베론이 낭독한 구절을 나타내기 위해 래컴은 유성을 시적인 천체 풍경 속에 포함시켰다.

내가 곶 위에 앉은 이후,
돌고래의 등에 타고 있는 인어의 목소리를 들었다.
그렇게 감미롭고 조화로운 숨을 내뱉는
그녀의 노래에 거친 바다가 예의를 차린다.
그리고 별들이 하늘에서 달려온다.
인어의 노래를 듣기 위해.

래컴은 작품의 위쪽에 있는 원형 무늬 안에 있는 유성우를 활을 든 큐피드와 연관시켰다. 이것은 이 사랑의 신이 유성을 그의 활에서 발사되는 화살로 사용한다는 해석을 강조한 것이다. 많은 작가들과 마찬가지로 셰익스피어도 그의 연극들을 상징성이 큰 유성과 혜성들로 장식했고, 삽화가들은 이것을 오랫동안 즐겨 사용했다.

불타는 별들의 3차원 이미지를 잡는 것은 좀 더 어렵다. 그러나 화가였던 시어도어 로작Theodore Roszak은 금속 조각의 준비 그림으로 〈연구-유성Study - Meteor〉이라는 제목의 그림을 그렸다(그림 225). 이 그림은 그가 보았을 운석 구덩이에 남아 있는 운석 조각들의 영향을 받은 것이 틀림없다. 그러나 로작은 그의 기억에 우주 폭발의 방향성을 더해 한층 재미있게 표현했다.

자신을 대표하는 사랑 작품들로 널리 알려진 미국의 팝 아티스트 로버트 인디애나Robert Indiana는 그의 〈유성의 해Year of Meteors〉(그림 226)에 광고 문구와 새로운 기법을 적용했다. 이 그림은 휘트먼의 유명한 시에서 인용한 것을 시각화한 것이다. 시인이기도 했던 인디애나는 휘트먼의 아이디어를 보존하기 위해 여러 개의 글자와 단어들을 사용했다. 실제 유성우를 나타내는 대신 그는 유성의 우주적이고 덧없는 성격을 암시하는 개념을 나타냈다. 2개의 동심원은 우주를 나타내고, 별 모양을 이루고 있는 8개의 점들은 영원을 상징한다. 이 작품의 녹색과 푸른색은 우주의 끝없는 풍경과 '놀라움의 노래'를 만들어 내는 지구와 우주의 결합을 암시한다.

이와는 대조적으로 조디 핀토Jody Pinto는 그녀의 '헨리Henri' 시리즈(그림 227)에서 인간의 몸을 우주적인 것들을 생각하게 하는 그림에 등장시켰다. 화가의 이웃에 살고 있던 헨리 라모테Henri LaMothe는 전 올림픽 수영 선수로 유머러스하면서

도 죽음에 도전하는 물리적 기량을 보여 주었다. 라모테를 또 다른 자아라고 생각한 핀토는 그를 엄청난 에너지와 유머를 가지고 꿈을 실현하는 저돌적인 사람으로 묘사했다. 그녀의 캔버스화에는 그가 에너지 넘치는 밝은 붉은색으로 그려졌다. 하늘을 위태롭게 달리는 그의 아래에는 노란색과 붉은색의 유성이 함께 달리고 있고, 위쪽에는 쉭 소리를 내며 달리는 푸른색과 흰색, 노란색의 유성 꼬리가 나타나 있다.

가장 놀라운 재료는 아마도 지그마르 폴케Sigmar Polke가 〈힘을 빌린 영혼은 보이지 않는다 II(텔루륨 지구 물질)The Spirits That Lend Strength are Invisible II(Tellurium Terrestrial Material)〉(1988년, 샌프란시스코 현대 미술관)라는 제목의 캔버스화를 그리는 데 사용한 수지로 고정한 유성의 먼지일 것이다. 이 작품은 창조의 의미와 다른 세상에 근원을 둔 시간이 의미 없는 우주적인 차원의 예술에 대해 다시 생각하게 한다.

오늘날에도 모든 유성 가족들은 하늘과 별들을 관찰하는 사람들의 마음을 사로잡고 있다. 그리고 매년 반복되는 유성우에 대한 보도는 아직도 모든 매체를 통해 사람들의 관심을 불러일으키고 있다. 유성은 아직도 그들의 빛나는 꼬리에 사람들을 묶어 둘 수 있으며, 하늘과 지구 사이의 좀 더 기본적인 관계에 대해 생각하게 한다. 그리고 우리를 더 큰 우주와 연결시키고, 일상적인 생활에서 벗어난 초월적인 문제들에 대해 생각하도록 한다. 무엇보다 중요한 것은 이들이 우리들로 하여금 경외심을 불러일으킨다는 것이다.

228 작자 미상. 스테파노의 안티포니-그래듀얼에 그려져 있는 〈동방박사의 경배Adoration of the Magi〉에 나타나 있는 C자로 표시된 1006년 또는 1054년에 나타났던 초신성. 11세기 후반, 양피지에 검은 잉크와 수성 물감. 코덱스 123, 40r쪽, 안젤리카 도서관, 로마.

Chapter 7

빅뱅의 원시 물질:
신성, 성간운, 은하

138억 년 전 우리 우주에는 무슨 일이 있었을까? 우리는 현재 우주가 팽창하고 있다는 것을 알고 있다. 은하단들은 점점 빨라지는 속력으로 인해 서로 멀어지고 있다. 만약 우리가 우주의 팽창을 뒤로 돌리면 모든 것들이 점점 더 가까이 다가와 21세기 과학자들이 일반 상대성 이론과 양자역학을 결합해 과학적으로 정확하게 설명할 수 없는 영역에 도달하게 된다. 그러나 과학자들은 일반적으로 우주가 우리가 빅뱅이라고 부르는 처음 아주 짧은 순간에 매우 빠르게 팽창을 시작했다는 것을 사실로 받아들이고 있다. 이 이론과 경쟁 관계에 있던, 이제는 더 이상 받아들여지지 않는 정상 우주론을 만든 사람이 이 이론을 조롱하기 위해 만든 '빅뱅'이라는 단어가 우리 우주의 초기 단계를 설명하는 이론의 이름으로 정착했다.

온도와 밀도가 매우 높아 초기 우주에는 현재 우리가 알고 있는 물질이 존재하지 않았다. 약 1초 후부터 3분이 흐를 때까지 우주에는 양성자가 만들어졌고, 그 뒤를 따라 1,000분의 1%의 양성자와 중성자로 이루어진 '중수소' 원자핵이 만들어졌다. 그리고 헬륨 원자핵이 만들어졌고, 아주 적은 양의 리튬 원자핵과 붕소 원자핵이 만들어졌다. 그러나 이보다 더 무거운 원소의 원자핵은 만들어지지 않았다. 이 우주 초기의 1,000초를 원자핵 합성의 시대라고 부른다.

그 후 전자가 원자핵과 결합할 수 있을 정도로 우주가 충분히 식는 데는 대략 38만 년이 걸렸다. 양성자와 전자가 결합한 수소 원자는 모든 빛과 상호작용하지 않고, 특정한 파장의 복사선과만 상호작용을 한다. 따라서 '우주 마이크로파

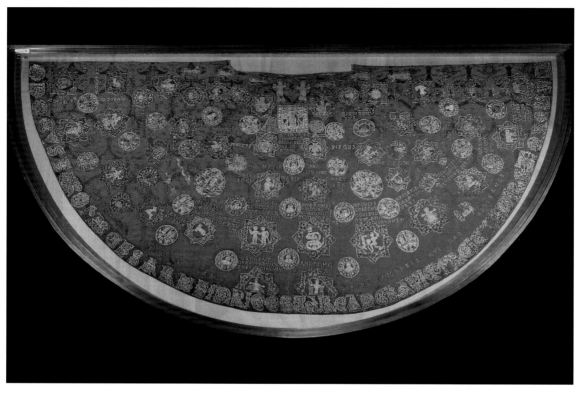

229 미상의 독일 제작자. 하인리히 2세 황제의 별이 그려져 있는 망토. 1020년, 금실로 수놓은 보라색 직물, 지름 297cm.

배경복사'가 자유롭게 우주를 달릴 수 있게 되었다. 그 후 별과 은하들이 형성되기까지는 수억 년이 더 필요했다. 새로운 방법을 이용하는 천문학자들은 우리 우주의 초기 상태를 좀 더 잘 관찰할 수 있다.

인류는 수천 년에서 수만 년 동안 지구에서 관측이 가능한 별들을 관측하고 별들의 지도를 만들어 왔지만 눈에 보이지 않는 현상들을 감지하는 것은 이보다 훨씬 어려운 일이다. 이 장에서 우리는 일반적으로 우리 눈에는 보이지 않지만 때로는 폭발하거나 밝아지고, 때로는 눈에 보이게 되는 것들에 대해 이야기할 것이다.

아무런 별도 보이지 않던 곳에서 별이 보이게 되면 우리는 그런 별을 '미라클로스(기적적인)' 별이라고 생각한다. 실제로 천문학자였던 다비트 파브리치우스David Fabricius는 1596년에 새로 나타난 별을 '미라Mira'라고 불렀다. 우리는 현재 미라가 수십 개나 되는 '변광성들' 중 하나라는 것을 알고 있다. 변광성은 밝기가 수일, 수개월 또는 수년을 주기로 변하는 별이다. 1603년에 요한 바이어가 『우라노메트리아』를 출판할 때 미라에는 고래자리의 그리스 문자 오미크론이 부여되었기 때문에 이 별은 고래자리 오미크론별이라고 불리게 되었다.(고래자리에서 대략 열다섯 번째로 밝은 별이기 때문에 별자리 이름과 그리스 알파벳의 열다섯 번째 글자인 오미크론이 별의 이름이 되었다.) 미라는 6개월 동안에 밝기가 100배 이상 변한다. 이 별은 '미라형 변광성'이라고 부르는 별들 중 하나다. 천문학자

빅뱅의 원시 물질: 신성, 성간운, 은하

들은 이 적색거성의 밝기가 변하는 것이 별의 크기가 진동하기 때문이라는 것을 알아냈다.

종종 진정한 의미의 새로운 별이 나타나는데 이런 별을(혜성이 아닌 별, 한때는 혜성과 유성, 신성을 모두 같은 천체라고 생각했다.) 라틴어에서 '새로운'이라는 의미를 가진 단어에서 따서 '신성nova'이라고 부른다. 우리는 신성이 백색왜성이라고 부르는 별에 싸인 물질의 핵융합 반응을 통해 밝은 빛을 내서 만들어진다는 것을 알고 있다. 이러한 일은 여러 번 반복해 일어날 수 있으며 때로는 불과 수십 년의 간격을 두고 반복해 일어나기도 한다.

19세기에 밝기가 변하는 별이 나선 형태의 안드로메다성운에서 관측되었다. 천문학자들은 이

230 디볼트 라우버Diebold Lauber의 작업실, '티볼리에 있는 하인리히 3세와 신성', 주교 연대기에서 발췌, 1450년, Cod. Pal. germ. 149, 20v쪽, 하이델베르크 대학 도서관.

별의 실시등급을 측정한 후 거리와 밝기가 알려진 다른 변광성들과 비교해 안드로메다성운까지의 거리를 계산했다. 이로 인해 안드로메다성운이 우리 은하 안에 있는 나선 형태의 보통 물질 구조가 아니라는 것이 밝혀졌다. 안드로메다성운은 그 자체로 하나의 '섬 우주'를 이루고 있는 안드로메다은하였다. 하늘에 갑자기 나타나는 별들 중에는 신성보다 수백만 배나 더 밝은 초신성도 있다. 신성은 별의 표면이 밝아지는 반면 초신성은 별 전체가 폭발하는 별이다.

초신성이 얼마나 밝게 보이는지는 이 별의 실제 밝기와 지구로부터의 거리에 따라 달라진다. 가장 오래된 초신성을 찾아내기 위해 천문학의 역사를 연구하는 사람들은 지구 문명이 시작된 이후 기록된 문헌들을 조사했다. 그들은 중국의 연대기에 기록된 기원전 185년에 관측된 초신성이 기록에 나타난 최초의 초신성이라는 데 동의하고 있다. 역사상 가장 밝은 초신성 또는 천체 현상은 1006년 4월 30일에 관측된 것이다. 이 별은 낮에도 관측이 가능했고, 밤에는 여러 달 동안 관측이 가능했다. 이 초신성의 출현이 계기가 되어 동방박사의 경배를 유도한 전통적인 베들레헴의 별이 사실은 초신성이었다고 주장하는 원고가 11세기 말에 등장하기도 했다(그림 228). 이것은 1301년에 조토가 형식화된 크리스마스 별을 헬리 혜성으로 대체한 것과 비슷하다(그림 135). 실제로 천문학자들 중에도 동방에서 베들레헴으로 향하던 세 명의 왕들이 보았다는 예수의 탄생을 나타내는 별이 초신성이었다고 주장하는 사람들이 있다. 1054년에 또 다른 초신성 관측이 기록되었다. 이 초신성의 잔해에 대해서는 다음에 더

231 로마 화단에서 활동하던 미상의 화가. 1181년의 초신성. 〈동방박사의 경배Adoration of the Magi〉의 일부. 1182년경. 프레스코화. 발레에 있는 산 피에트로, 페렌틸로.

자세히 이야기할 것이다. 이 원고의 삽화가 특정한 날짜를 명시하지 않았기 때문에 이 원고에서 이야기하는 새로운 별이 1006년에 관측된 초신성(SN 1006)인지 아니면 1054년에 관측된 게성운(그림 295)에 있는 초신성(SN 1054)인지를 확인할 수는 없다. 그러나 확실한 것은 이름을 알 수 없는 화가가 이전 기록에 나타나지 않아서 자신의 경험으로만 설명해야 하는 아주 밝은 천체를 그렸다는 것이다. 중심 부분에 그는 빛이 바깥쪽으로 퍼져 나가는 원형의 윤곽선을 그렸고, 그 바깥쪽은 원주 위에 빛이 뻗어 나가는 여러 개의 점이 찍힌 더 큰 원으로 둘러쌌다. 전체적인 모습은 후의 불꽃놀이와 유사했다. 이것은 하늘의 질서를 거부하는 우주적 폭발이 일어나고 있는 것이 틀림없어 보였다.

1006년 초신성의 '기적적인' 출현은 하인리히 2세로 하여금 이름이 알려지지 않은 독일 제작자를 시켜 별들을 수놓은 기념 망토를 제작하도록 했다. 이 망토에는 초신성이 새겨져 있었다(그림 229). 앞서 이야기했던 것처럼 천체 현상은 지구에서의 중요한 사건을 예고하는 것으로 믿어졌다. 혜성과 마찬가지로 초신성도 새로운 지도자의 등장을 알리는 신호라고 생각했다.

보통의 별과는 뚜렷하게 다른 초신성의 출현은 오랫동안 구전 전통과 대중들의 의식 속에 남아 있게 된다. 1450년경에 그려진 수채화는 1046년에 있었던 신성로마제국의 황제 하인리히 3세가 대관식을 마치고 티볼리와 프라스카티를 여행하고 있는 동안 나타났던 초신성이 그의 권력을 공고하게 해주었다는 것을 나타내고 있다. 화가는 티볼리 상공에 나타난 초신성과 왕관

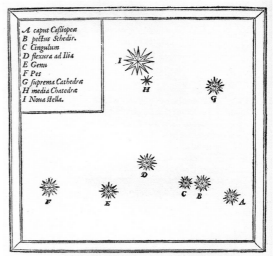

232 티코 브라헤Tycho Brahe, 카시오페이아자리의 성도 안에 표시된 1572년의 초신성. 『새로운 별…De nova stella…』(코펜하겐, 1573년)의 페이지 B. 목판화.

을 쓴 하인리히가 자신의 권위를 입증하려는 듯이 초신성을 가리키고 있는 모습을 그렸다(그림 230). 거의 1000년 전인 1181년에 카시오페이아자리에 나타났던 또 다른 유명한 초신성(SN 1181)은 무명의 화가가 페렌틸로 발레에 있는 산 피에트로 교회에 그린 〈동방박사의 경배〉를 묘사한 그림에 나타나 있다(그림 231).

우리 은하를 포함한 나선 은하에서는 10년에 1개 정도의 초신성이 발생한다. 그러나 태양계에 비교적 가까이 있어서 밝게 보이는 초신성은 100년 정도에 하나씩 나타난다. 가장 잘 알려진 초신성은 발견한 천문학자의 이름을 따서 1572년 티코 브라헤의 초신성(SN 1572), 1604년 요하네스 케플러의 초신성(SN 1604) 등으로 부르고 있다. 브라헤는 1572년 초신성을 관찰하고, 『새로

233 에티엔 레오폴드 트루블로Étienne Léopold Trouvelot, 1875~1876년 오리온자리에서 관측된 〈오리온자리의 대성운The Great Nebula in Orion,〉, 『트루블로 천문학 드로잉 매뉴얼The Trouvelot Astronomical Drawings Manual』(뉴욕, 1881년)의 열다섯 번째 판화. 다색 석판인쇄. 71×94cm.

운 별De nova stella』이라는 제목의 책을 썼다(그림 232). 브라헤의 초신성은 카시오페이아자리에서 관측되었다. 20세기 중반에 전파천문학이 발전한 후 초신성의 잔해가 카시오페이아자리에서 가장 강한 전파원이라는 것을 알게 되었고, 이것을 카시오페이아 A라고 명명했다. 천문학자들은 고해상도의 허블 우주 망원경을 포함한 다양한 망원경들을 이용해 이 초신성 잔해의 구조를 조사하고, 팽창하고 있는 기체를 관찰하고 있다.

약 100년 전 초신성이 신성과 전혀 다른 천체 현상이라는 것을 처음 알아낸 사람은 패서디나에 있는 캘리포니아 공과대학의 천문학자 프리츠 츠비키Fritz Zwicky였다. 현재 광각 망원경(하늘의 넓은 부분의 이미지를 볼 수 있는 망원경)과 1948년 건설될

때부터 1990년대까지 세계 최대 망원경이었던 길이가 5미터인 '200인치' 헤일 망원경을 포함한 2개의 보통 망원경이 남부 캘리포니아 팔로마 산에 있는 팔로마 천문대의 츠비키 트랜션트 퍼실리티ZTF를 구성하고 있다. 천문학이 빅 데이터의 영역으로 진입함에 따라 ZTF는 팔로마에서 관찰 가능한 전체 하늘의 이미지를 일주일에 적어도 두 번씩 제공하고 있다.

한 종류의 초신성은 지구 크기로 붕괴한 백색 왜성이 동반별로부터 질량을 얻을 때 발생한다. 이런 별은 백색왜성이 견딜 수 있는 최대 질량인 태양 질량의 1.4배를 넘어설 때 갑자기 붕괴한다. 따라서 이런 방법으로 일어나는 초신성 폭발은 기본적으로 가장 밝을 때의 밝기가 같다. 따라서

234 마우리츠 코르넬리스 에셔Maurits Cornelis Escher, 〈다른 세상Other World〉, 1947년, 목판과 세 가지 색으로 인쇄한 목판화, 31.8×26.1cm.

관측된 밝기와 이론적인 밝기를 비교해 천문학자들은 이 초신성이나 이 초신성이 있는 은하까지의 거리를 계산할 수 있다. 약 20년 전에 일부 아주 멀리 있는 초신성이 우주가 일정하게 팽창한다고 가정했을 때보다 훨씬 희미하게 보인다는 것을 발견했다. 이것은 우주의 팽창이 가속되고 있다는 결론을 내리도록 했다. 이 발견은 솔 펄머터Saul Perlmutter, 애덤 리스Adam Riess, 브라이언 슈미트Brian Schmidt에게 2011년 노벨 물리학상을 안겨 주었다. 이 발견은 보통 물질이 우주 전체 질량의 4%를 차지하고 있으며, 눈에 보이지 않는 암흑 물질이 30%를 차지하고 있고, 우주의 가속 팽창을 주도하고 있는 암흑 에너지가 나머지 3분의 2를 차지하고 있다는 것을 알게 해주었다.

2장에서 이야기했던 1603년에 제작된 성도에서 요한 바이어는 점으로 보이는 천체, 즉 별들만 기록하고 하늘에 보이는 희미한 물체는 제외시켰다. 처음 망원경으로 하늘을 관측한 결과를 수록한 갈릴레이의 『별 세계의 메시지』(1610년)에는 오리온자리의 벨트 부분에서 맨눈으로 볼 수 있는 것보다 훨씬 더 많은 별들을 발견했다고 기록되어 있지만 희미하게 보이는 성운은 기록되어 있지 않았다. 점차로 오리온자리의 벨트 부분에 있는 희미한 성운이 사실은 오리온자리대성운이라는 것이 밝혀졌다. 그리고 이것은 안드로메다대성운과는 달리 멀리 있는 은하가 아니라 성간 먼지 구름이라는 것도 밝혀졌다. 1870년대에 처음으로 에티엔 레오폴드 트루블로가 오리온성운의 구조를 파스텔로 아름답게 그렸고, 후에 이것을 이용해 1880년대 초에 발행된 다색 석판인쇄를 제작했다(그림 233). 우리는 현재 이 기체 구름

이 기체 안에 박혀 있는 삼각형자리Triangulum라고 부르는 3개의 별에 의해 가열되었다는 것을 알고 있다. 실제로 이 별들은 이 기체 구름 안에서 형성되었다. 오리온성운은 별들이 형성되는 보육원과 같다.

20세기 화가 에셔는 〈다른 세상Other World〉이라는 목판화를 통해 수수께끼 같고 무한한 우주의 변화를 그려 냈다(그림 234). 이 작품에서 우리는 복잡한 회랑으로 구성된 구조물 안에서 크레이터, 혜성, 나선 은하, 알려지지 않은 형태를 포함하고 있는 우주의 구성 요소들로 이루어진 초현실적인 세상을 불안스레 내다볼 수 있다.

1920년에 저명한 캘리포니아 천문학자 할로 섀플리Harlow Shapley와 히버 커티스Heber Curtis가 워싱턴 D.C.에 있는 국립 과학 아카데미에서 '위대한 토론'을 벌였다. 나선 은하가 우리 은하 구조의 일부인지 아니면 독립적인 은하인 '섬 우주'인지를 놓고 토론을 벌인 것이다. 섀플리는 나선 은하의 크기가 작고, 우리 은하의 가장자리에 자리 잡고 있다고 믿었다. 반면에 커티스는 이들이 멀리 있는 큰 독립적인 은하라고 주장했다. 그러나 섀플리는 일부 잘못된 증거에 의존하고 있었다. 또 다른 뛰어난 천문학자가 안드로메다은하에서 운동을 관측했다는 잘못된 주장을 한 것이다. 그것은 이 성운이 비교적 가까운 곳에 있다는 것을 의미했다. 왜 그런 저명한 천문학자가 그렇게 잘못된 주장을 했는지에 대해서는 아직도 논란 중에 있다. 이로 인해 하버드 칼리지 천문대 대장을 역임했고 천문학에 대해 일반인들에게 많은 지식을 전해 주었던 섀플리가 잘못된 결론을 내리게 되었다.

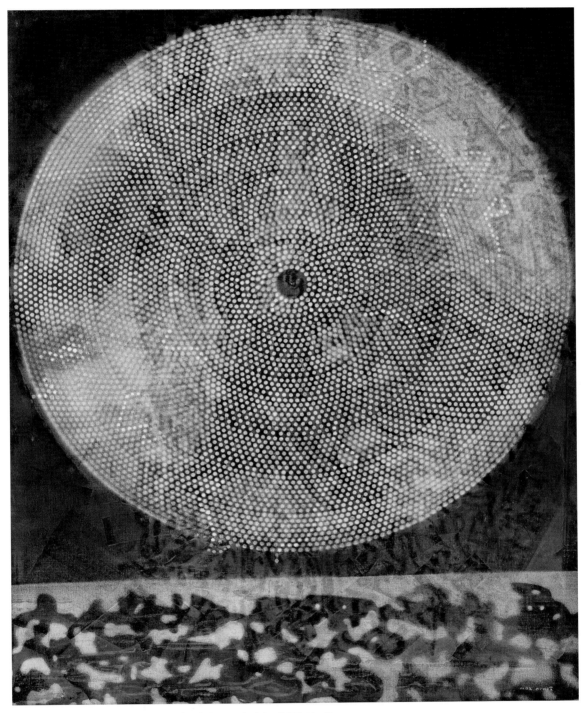

235 막스 에른스트Max Ernst, 〈은하의 탄생Birth of a Galaxy〉, 1969년, 캔버스에 유채, 92×73cm.

안드로메다은하까지의 거리는 1923년에 이 은하에서 변광성을 찾아낸 미국의 천문학자 에드윈 허블Edwin Hubble에 의해 마침내 밝혀졌다. 밝기의 변화를 알아차렸을 때 그는 사진 건판 위에 있는 그 별에 붉은 매니큐어로 '변광성'이라는 의미로 'VAR!'라고 표시해 두었다. 이 별은 케페이드변광성이라고 부르는 특별한 형태의 변광성이라는 것이 밝혀졌다. 이런 형태의 별이 케페우스자리에서 처음 발견되었기 때문에 이런 이름을 갖게 되었다.

20세기 초에는 '컴퓨터'가 오늘날 우리가 가지고 있는 기계가 아니라 계산을 하기 위해 고용된 사람들을 뜻했다. 100년 전에 대부분 여성들로 이루어진 하버드 칼리지 천문대의 컴퓨터들

이 수십만 개 별들의 밝기와 스펙트럼을 조사했다. 헨리에타 스완 리비트Henrietta Swan Leavitt는 우리 은하의 위성 은하인 대마젤란은하의 케페이드 변광성들을 중점적으로 조사했다. 지구로부터 아주 멀리 떨어져 있는 대마젤란은하 안에 분포되어 있는 이 변광성들까지의 거리는 비슷하다고 간주할 수 있어서 더 밝게 보이는 별은 실제로도 더 밝다고 할 수 있었다.(모든 빛이 구에서 퍼져 나가면 구의 면적은 반지름의 제곱에 비례해 커진다. 따라서 별의 밝기는 반지름의 제곱에 반비례해서 줄어들지만 이 변광성들의 경우에는 거리가 같다고 볼 수 있어 측정된 밝기가 실제 밝기의 차이를 나타낸다고 볼 수 있다.) 케페이드변광성의 주기와 밝기 사이의 관계를 나타내는 법칙을 오랫동안 주기-밝기 관계라고 불렀지만

236 데이비드 말린David Malin, 솜브레로 은하(M104, NGC 4594), 1993년 3월, 오스트레일리아에 있는 사이딩 스프링 천문대에서 세 가지 색으로 인쇄.

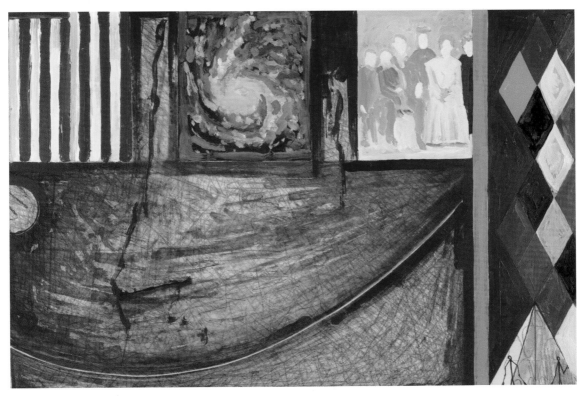

237 재스퍼 존스Jasper Johns, 〈무제[Untitled]〉, 2001년, 동판화 위에 콜라주와 아크릴·종이에 에칭, 46.2×68.1cm.

현재는 리비트의 법칙이라고 부르고 있다(이 법칙은 다른 종류의 별에는 적용되지 않는다.). 별의 주기만 측정하면 리비트의 법칙을 이용해 이 별의 원래 밝기를 알 수 있고, 이 밝기를 겉보기 밝기(우리 눈에 얼마나 밝게 보이는지)와 비교해 이 별까지의 거리를 계산할 수 있다. 2018년에 발표된 유럽 우주국의 가이아 탐사위성이 측정한 자세한 별 위치를 이용하면 가까이 있는 케페이드변광성까지의 좀 더 정확한 거리를 알 수 있다. 이를 통해 리비트 법칙의 더 확실한 발판이 마련되었다. 허블이 안드로메다은하에서 발견한 케페이드변광성 'VAR!'으로부터 시작해 시카고 대학의 웬디 프리드먼Wendy Freedman과 그녀의 동료들은 허블 우주 망원경을 이용해 다른 수십 개의 은하에서 케

페이드 거리를 측정함으로써 이 방법을 일반화했다. 이를 통해 우주 전체의 크기와 나이에까지 도달할 수 있는 '우주 거리 사다리'가 정교하게 다듬어졌다.

'은하galaxy'라는 단어는 약 1세기 전부터 사람들이 널리 사용하는 단어 중에 포함되어 있었다. 미국의 추상 표현주의 화가 잭슨 폴록이 그린 〈은하Galaxy〉(1947년, 조슬린 미술관, 오마하, 네브래스카)라는 제목의 캔버스화는 이 말이 얼마나 널리 사용되고 있었는지를 보여 주고 있다. 초현실주의 화가 막스 에른스트Max Ernst가 1969년에 그린 〈은하의 탄생Birth of a Galaxy〉(그림 235)은 혼란스럽게 보이면서도 우주의 형성과 관련이 있는 질서가 잘 나타나 있다. 21세기에 우리는 강력한 컴퓨터 칩

238 허블 우주 망원경. 서베이를 위한 어드밴스드 카메라로 2005년 1월에 찍은 소용돌이 은하 M51(NGC 5194).

을 가지고 우주를 더 멀리, 그리고 대부분의 은하가 현재의 모습을 갖추기 이전인 수십억 년 전까지 바라볼 수 있게 되었다. 우리는 현재 은하가 형성되는 과정에 대해 계속 알아가고 있다. 천문학자들은 빛이 심하게 적색편이되어 있는 은하들을 조사하기 위해 발사 일정이 계속 연기되고 있는 NASA의 제임스 웹 우주 망원경James Webb Space Telescope, JWST이 가지고 있는 적외선 망원경을 이용할 수 있게 되기를 기대하고 있다. 이 망원경은 130억 년이 넘는 우주 역사 중에서 100억 년을 돌아볼 수 있게 해줄 것이다.

수천 개 개개 은하들의 이미지가 지상에 설치된 천문대와 우주 망원경을 이용해 만들어졌

다. 망원경에 여러 가지 필터를 사용해 개개의 단색 사진을 찍어 합성하는 3색 기술을 처음 사용한 사람 중 한 명은 시드니에 있는 앵글로-오스트레일리아 천문대(현재는 오스트레일리아 천문대)에서 일하던 데이비드 말린David Malin이다. 말린은 처음 그의 암실 화학에 대한 지식으로 인해 고용되었다. 그가 찍은 솜브레로 은하(그림 236)는 옆에서 본 은하의 모습(접시를 위에서가 아니라 옆면에서 본 것과 같은 모습)을 보여 주고 있다. 이 은하는 오래전에 두 은하가 합쳐지면서 만들어진 것으로 보이는 먼지 고리를 가지고 있다. 뉴욕의 화가 비야 셸민스는 천체 현상에 대한 그림과 인쇄물로 널리 알려져 있다. 그녀가 흑연으로 그린 〈은하

239 제3대 로스 백작 윌리엄 파슨스William Parsons, 로스 페이퍼에 실려 있는 나선 성운 M51의 최초 그림, 1845년 4월, 비르 성 아카이브.

Galaxy〉(1975년, 테이트, 런던)는 내셔널 지오그래픽 소사이어티가 수행한 팔로마 천문대 스카이 서베이 프로젝트가 1950년대에 팔로마 천문대의 광각 '슈미트' 망원경을 이용해 찍은 원본과 제대로 일치한다. 미국 국기 우측에 푸른 바탕의 은하를 포함시킨 재스퍼 존스Jasper Johns를 포함해(그림 237) 많은 화가들이 은하들의 우주적 중요성을 작품에 이용해 왔다.

NASA와 유럽 우주국의 공동 프로젝트로 진행된 허블 우주 망원경으로 찍은 사진들을 통해 우리는 수백만 개의 새로운 은하들을 알 수 있게 되었다. 허블 우주 망원경을 이용해 1995년에는 딥 필드HDF 사진들을, 다음에는 울트라 딥 필드

HUDF 사진들을, 그리고 최근에는 익스트림 딥 필드XDF 사진들을 찍었다. 허블 우주 망원경의 주 카메라를 우주의 한 점을 향하도록 한 다음 며칠 동안 노출시키면 팔을 뻗은 손에 들려 있는 쌀알 크기로 보이는 수천 개의 은하들이 찍힌다. 가장 가까이에 있는 은하는 내부 구조가 보이기도 하지만 멀리 있어 심하게 적색편이가 일어난 은하는 붉은색으로 보여 제대로 찍히지 않은 것처럼 보인다.

이 프로젝트를 수행한 NASA의 조직 중 하나인 볼티모어에 있는 존스 홉킨스 대학의 우주 망원경 연구소와 허블 우주 망원경이 수집한 자료, 그리고 미래에는 제임스 웹 우주 망원경이 수집

240 제이슨 추Jason Chu, 하와이 마우이에 있는 할레아칼라 상공의 은하수, 2017년 3월 27일.

할 자료가 웹사이트를 통해 수백 개의 은하 사진을 공개하고 있다. 이 중 일부는 가정용 컴퓨터의 배경 화면용으로 만들어진 것도 있다. 내부 구조가 처음으로 밝혀진(19세기 중반 아일랜드에 있는 비르 성에서 제3대 로스 백작 윌리엄 파슨스가 처음 사진 찍은) 가까이 있는 나선 은하의 사진에는 흰색으로 보이는 별들과 나선 팔 바깥쪽에 붉은색으로 보이는 성운이 나타나 있다(그림 239).

이 모든 은하들은 우리 은하 너머에 있다. 하와이 마우이에 있는 할레아칼라 산 천문대에서 찍은 사진에는 우리 은하의 중심 원반의 옆면 모습이 나타나 있다(그림 240). 그렇다면 우리 은하는 어떻게 형성되었을까? 베네치아의 르네상스 화가 야코포 틴토레토가 상상력을 발휘해 그린 것처럼 비너스가 흘린 젖에 소용돌이치는 나선 형태를 더해 만들어진 것은 틀림없이 아닐 것이다(그림 241). 루벤스의 비슷한 그림은 은하가 만들어지는 우주적 현상을 좀 더 지구적으로 표현하고 있어 좀 더 문학적이다(그림 242). 빛으로 오염된 현대를 살아가는 도시 주민들은 은하수를

보는 것이 거의 불가능하다. 그러나 예전에는 17세기에 아담 엘스하이머가 그린 종교화에 나타난 것처럼 은하수가 별을 보는 사람들의 마음을 사로잡았다(그림 243). 이 그림은 갈릴레이가 처음으로 망원경을 이용해 우주를 관찰하던 것과 비슷한 시기에 그려졌다. 천문학 시리즈의 일부로 트루블로는 수직적인 모습으로 보이는 은하수를 좀 더 완전하게 나타냈다(그림 244). 반면에 프랑스의 점묘화 화가 앙리-에드몽 크로스Henri-Edmond Cross가 그린 수채화 〈별이 있는 풍경Landscape with Stars〉에는 은하수가 덜 사실적으로 표현되어 있다(그림 245). 천문학에서 자주 언급되고 있는 가장 유명한 그림 중 하나는 빈센트 반 고흐의 〈별이 빛나는 밤〉이다(그림 246). 이 그림은 크로스의 영향을 받은 것으로 보인다. 오랫동안 진행된 많은 연구에 의하면 이 그림에 나타난 천문학은 정확하지 않지만 영원히 소용돌이치고 있는 우주에 대한 화가의 경외심이 잘 표현되어 있다. 이 그림에서 가장 밝은 천체는 좌측 아래쪽 나무 바로 옆에 있는 금성이다. 자연스럽지 않은 노란색으

241 야코포 틴토레토Jacopo Tintoretto, 〈은하수의 기원The Origin of the Milky Way〉, 1575~1580년경, 캔버스에 유채, 149.4×168cm.

242 페테르 파울 루벤스Peter Paul Rubens, 〈은하수의 기원The Origin of the Milky Way〉, 1636~1637년경, 캔버스에 유채, 181×244cm.

로 보이는 초승달은 우측 위쪽에 있다. 별들과 금성 주위의 원형 또는 나선 형태는 현재는 M51 또는 소용돌이 은하라고 알려진 로스 백작이 50년 전에 발견한 나선 성운의 영향 때문일 가능성이 있다. 고흐는 또한 이 야경 그림에 은하수도 포함시켰다.

은하수 가까이에 황소자리가 있다. 이 별자리에서 처음으로 전파원이 발견되었다. 황소자리 ATaurus A라고 부르는 이 전파원은 앞에서 이야기한 1054년에 관측된 초신성이라는 것이 밝혀졌다. 이 전파원의 가시광선 이미지는 19세기에 로스 백작이 그린 게와 같은 모습을 닮았다. 따라서 이것을 게성운Crab Nebula이라고 부르고 있다(그림

247, 295). 사진 기술적인 이유로 20세기 중반에는 흑백 사진이 컬러 사진보다 훨씬 효과적이었다. 따라서 대형 망원경으로 찍은 사진은 다른 필터를 사용한 흑백 사진이었다. 그런 다음 여러 가지 흑백 사진을 합성해 게성운의 편광 컬러 사진을 만들 수 있었다(그림 247). 이 합성 사진에는 폭발해 버린 별의 잔해가 나타나 있다. 이 잔해 속에서 자기장을 따라 나선 운동을 하면서 편광을 방출하고 있는 전자들이 초신성 잔해의 모습을 강화하고 있다. 배경에 보이는 별들은 게성운과 관계없는 별들이다.

21세기에는 한때 암실에서 행해지던 합성 작업이 컴퓨터를 이용해 이루어지고 있다. 허블 우

243 아담 엘스하이머Adam Elsheimer, 〈이집트로의 비행The Flight into Egypt〉, 1609∼1610년. 구리에 유채. 31×41cm.

주 망원경이 상호작용하고 있는 은하들을 찍은 사진은 여러 장의 단색 사진들을 합성해 만든 것이다(그림 248). 50년 전에 캘리포니아 팔로마 산에서 천문학자 할튼 '칩' 아르프Halton 'Chip' Arp가 하늘에 있는 이상하게 보이는 은하들의 지도를 편집했다. 준성 전파원이라는 뜻의 영어 머리글자들을 따서 퀘이사quasar라고 부르는 천체가 이상한 모습을 하고 있는 은하 가까이에서 발견되는 것으로 보아 퀘이사와 이상하게 보이는 은하가 관련이 있고, 은하보다 그리 멀지 않은 곳에 있을 것이라는 아르프의 생각은 통계적으로 옳지 않다는 것이 증명되었지만 그가 만든 〈이상한 은하 지도Atlas of Peculiar Galaxies〉는 은하 연구에 큰 영향을 미쳤다.

지금까지 이 책에서 이야기한 모든 것은 어떤 식으로든 빛이나 엑스선, 전파와 같은 전자기파와 관련이 있었다. 20세기에 우리는 양자역학을 통해 전자기파가 때로는 파동으로 그리고 때로는 광자라고 부르는 입자로 행동한다는 것을 알게 되었다. 때로 우리는 외계에서 오는 보통 입자들로 이루어진 '우주선cosmic rays'도 받고 있다. 그러나 21세기에 처음 관측된 중력파는 이들과는 전혀 다른 현상이다. 중력파는 빛의 속력으로 전파되고 있는 공간 자체의 흔들림이다.

앨버트 아인슈타인이 1915년에 발표한 일반 상대성 이론을 해석하는 데는 수십 년이 걸렸다.

245

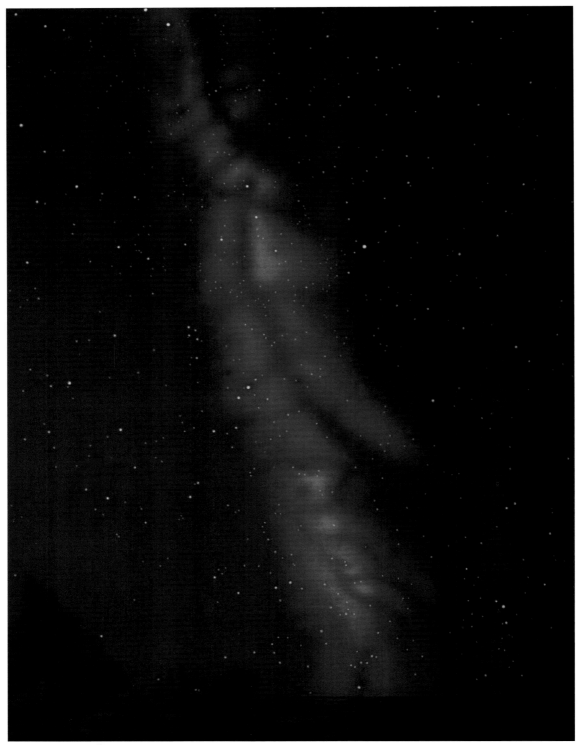

244 에티엔 레오폴드 트루블로Étienne Léopold Trouvelot, 1874년에 조사한 은하수의 일부, 1875년과 1876년, 『트루블로 천문학 드로잉 매뉴얼The Trouvelot Astronomical Drawings Manual』(뉴욕, 1881년)의 열세 번째 판화, 다색 석판인쇄, 94×71cm.

245 앙리-에드몽 크로스Henri-Edmond Cross, 〈별이 있는 풍경Landscape with Stars〉, 1905~1908년경, 종이에 흑연으로 그리고 수채, 24.4×32.1cm.

246 빈센트 반 고흐Vincent van Gogh, 〈별이 빛나는 밤The Starry Night〉, 1889년, 캔버스에 유채, 73.7×92.1cm.

247 데이비드 말린David Malin(앵글로–오스트레일리아 천문대)과 제이 M. 파사초프Jay M. Pasachoff. 팔로마 천문대에서 찍은 계성운 편광 이미지.

248 허블 우주 망원경. 상호작용하는 은하들 Arp 273. 2010년 12월 17일. 광각 카메라로 찍은 사진.

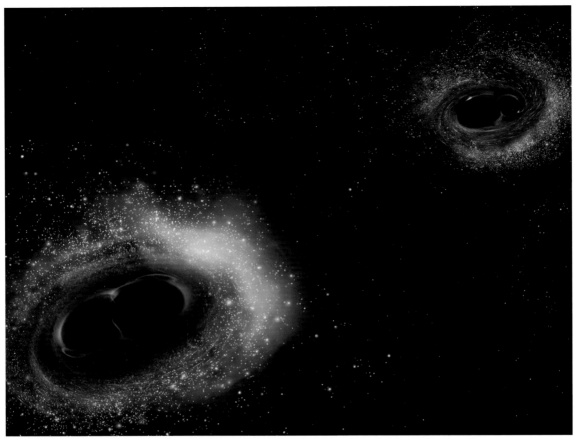

249 시모넷A. Simonnet, 중력 렌즈 측정으로 확인한 충돌하는 블랙홀들의 모형.

1930년대에 초신성 폭발과 같은 격렬한 현상에 의해 만들어진 공간의 흔들림이 중력파 형태로 공간을 통해 전파될 것이라는 아이디어가 처음으로 제시되었다. 그러나 공간의 흔들림이 아주 미미했기 때문에 아인슈타인마저도 중력파를 검출하는 것이 불가능할 것이라고 생각했다. 그러나 40년의 노력 끝에 2015년 중력파가 마침내 측정되었다. 최초 이론은 초신성 폭발이 중력파를 발생시킬 것이라고 예측했지만 아무도 확신할 수는 없었다. 따라서 중력파 검출 장비 제작자들이 검출 장치를 만들고 있는 동안 이론물리학자들은 어떤 종류의 사건들이 중력파를 발생시키고, 원

인에 따라 발생하는 중력파가 어떻게 다른지를 계산했다.

MIT 라이너 바이스 교수의 아이디어와 로널드 드레버의 장비 제작 기술, 칼텍 킵 손 교수의 이론을 바탕으로 미국 국립 과학재단은 중력 측정 장치인 레이저 간섭 중력파 측정 장치LIGO를 두 곳에 만들었다. 하나는 태평양 연안에 있는 워싱턴 주 핸포드에 설치했고, 다른 하나는 수천 킬로미터 떨어져 있는 루이지애나 주 리빙스턴에 설치했다. 이것은 도로를 달리는 트럭과 같은 지역적인 잡음을 중력파로 잘못 인식하는 것을 방지하기 위한 것이다.(실제로 미국 대서양 연안의 파도

가 LIGO의 민감도에 비해 너무 강해 동부에 설치된 중력파 측정 장치는 대서양 연안이 아닌 파도가 약한 걸프 만 연안에서 가까운 루이지애나에 설치되었다.) 중력파 측정 장치의 운영을 맡은 사람은 배리 배리시였다. 중력파 측정의 성공으로 바이스, 손, 배리시는 2017년 노벨 물리학상을 공동으로 수상했다.

2015년에 이 장비가 측정을 시작하자 중력파가 모습을 드러냈다. 처음에 연구원들은 이것이 이 시스템에 인위적으로 주입한 잡음일 것이라고 생각했지만 그것은 실제 중력파였다. LIGO가 측정한 중력파는 태양 질량의 30배 정도 되는 질량을 가지고 있는 2개의 블랙홀이 충돌할 때 만들어질 것이라고 예상했던 중력파와 일치했다(그림 249). 두 블랙홀의 충돌로 만들어진 태양 질량의 60배나 되는 질량을 가지고 있는 거대한 블랙홀의 질량은 충돌하기 전 두 블랙홀의 질량을 합한 것보다 태양 질량의 1배 정도 작다. 나머지 질량은 E=mc²에 의해 중력파 에너지의 형태로 공간으로 방출되었다. 이 중력파가 13억 년 동안 13억 광년의 거리를 달려와 지구에 도달해 2개의 LIGO 장치를 똑같이 흔들어 놓았다. 1초도 안 되는 시간 동안 흔들림이 점점 빨라졌다. 그것은 진동수가 커진다는 것을 의미했다. 중력파를 소리로 번역하면 새들이 지저귀는 소리 같았다. 길이가 4킬로미터나 되는 LIGO의 한 팔의 실제 흔들림은 양성자 지름의 100분의 1 정도밖에 안 된다. 이것은 태양으로부터 가장 가까이에 있는 별

까지의 거리에서 사람의 머리카락 굵기의 흔들림이 발생한 것과 같다. 그러나 중력파는 확실하게 측정되었다. 이 첫 번째 측정 이후 여러 번 중력파가 더 측정되었다.

중력파 천문학 분야에서 다음 중요한 단계는 블랙홀이 아니라 2개의 중성자성이 충돌할 때 발생하는 강도가 약한 사건이 발생시킨 중력파를 측정하는 것이다. 중성자성은 블랙홀로 붕괴할 수 있을 정도의 충분한 질량을 가지고 있지 않은 별의 잔해다. 중성자성은 중력파를 발생시킬 뿐만 아니라 모든 종류의 전자기파도 발생시킨다. 지구에 있는 수천 명의 천문학자들이 지상에 설치된 망원경과 우주 망원경을 이용해 중성자성이 충돌하는 사건을 찾아내기 위해 노력하고 있다. 이들은 우주에서 오는 감마선을 검출했고, 다양한 망원경을 이용해 하늘에서 밝은 점들을 찾아냈다.

이 책을 쓰고 있는 동안에도 LIGO와 이탈리아에 있는 Virgo가 더 많은 중력파를 측정했다. 인도와 일본에 또 다른 중력파 측정 장치가 건설 중에 있다. 중력파 측정 장치의 수가 늘어나면 중력파가 오고 있는 방향을 결정하는 것이 더욱 쉬워질 것이고, 다른 망원경들로 그 지점을 자세하게 살펴볼 수 있을 것이다. 멀리에서 오는 빛과 20세기에 추가된 엑스선, 전파, 자외선, 적외선과 같은 전자기파만을 이용해 우주를 관측하던 시대는 이제 지나갔다.

250 카라바조Caravaggio, 〈목성, 해왕성, 명왕성Jove, Neptune and Pluto〉, 1597년경, 석고에 유채, 3 ×1.8m, 빌라 본콤파그니-루도비시, 로마.

Chapter 8

—

태양계의 행성들

철학적으로 볼 때 수학적 진리는 발견하는 것일까, 발명하는 것일까? 아니면 이미 우주에 내재되어 있는 것일까? 마찬가지로 수백만 년 동안 그곳에 있던 행성을 찾아내는 것을 발견이라고 할 수 있을까? 국제천문연합을 포함해 그 누구도 어려운 문제에 부딪히기 전까지는 행성이 무엇인지를 정의하지 않았다.

'행성planet'이라는 말은 '방랑자'라는 뜻을 가진 고대 그리스어에서 유래했다. 수만 년 동안 지구에서 하늘을 바라본 인류의 눈에는 행성들이 동쪽에서 떠서 서쪽으로 지거나 북극성을 중심으로 도는 동안에도 항상 같은 모양을 유지하고 있는 별들 사이를 떠돌아다니는 천체들로 보였기 때문이다. 태양계의 주요한 행성들의 이름은 고대 그리스 로마 올림픽 신들의 이름을 따라 지어졌다. 이 신들과 관련된 신화는 여러 세기 동안 다양한 예술 작품들에 등장했다. 특히 카라바조Caravaggio가 로마에 있는 빌라 본콤파그니-루도비시 천장에 그린 프레스코화에 잘 나타나 있다. 카라바조는 이 그림을 갈릴레이의 후원자들 중 한 사람이었으며 추기경이었던 프란체스코 마리아 델 몬테Francesco Maria del Monte를 위해 그렸다(그림 250). 캘리포니아 공과대학이 운영하고 있는 NASA의 제트 추진 연구소는 현재 목성을 돌고 있는 탐사선의 이름을 로마 신들의 여왕이며 주피터 아내의 이름을 따라 주노라고 붙였다. 주노 탐사선은 목성 부근의 중력장과 전자기장, 입자들을 측정할 수 있는 다양한 장비들을 갖추고 있으며, 시민 과학자들과 일반인들에게 제공할 사진을 찍을 수 있는 카메라도 갖추고 있다(그림

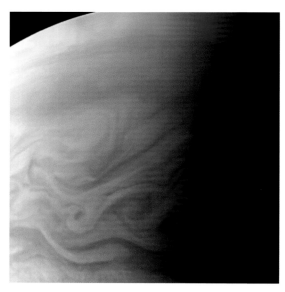

251 주노 탐사선이 관측한 목성의 구름 풍경. 2016년 12월 11일.

나 지역들이 보이는 적도면 모습이다. 띠들 사이에서 소용돌이치고 있는 폭풍들은 마치 두 손 사이에 연필들을 넣고 손을 비빌 때 연필들이 돌아가는 모습과 비슷하다. 목성의 폭풍이 만들어 내는 형태 중 하나가 수백 년 동안 인류가 관찰해 온 대적점이다. 150년 전에 에티엔 레오폴드 트루블로가 그린 파스텔화를 바탕으로 제작한 다색 석판인쇄물에도 대적점이 나타나 있다(그림 253). NASA에서 발사한 갈릴레오 탐사선을 비롯한 이전에 목성에 근접했던 탐사선이 찍은 사진에는 대적점이 내부에 소용돌이를 가지고 있다는 것을 보여 주었다. 우리는 현재 이것을 주노 탐사선을 이용해 자세하게 조사하고 있다(그림 254).

금성 다음으로 하늘에서 가장 밝은 행성인 목성은 때에 따라서는 저녁 내내 볼 수 있는 행성이다(금성과 같은 내행성은 태양에서 멀리 떨어지는 일이 없다.). 17세기 초에 멀리 있는 것을 가까이 볼 수 있게 하는 도구가 발명되었다는 소식을 들은 파도바에 있던 갈릴레오 갈릴레이는 '페르스피실룸(렌즈)'이라고 부른 이 도구로 하늘을 본 첫 번째 사람이 되었다.(갈릴레이는 지역의 유력 인사들에게 자신의 페르스피실룸으로 베네치아에 있는 성 마르크스 바실리카의 종탑을 보여 주고, 이 도구로 바다 멀리에 있는 배를 얼마나 더 잘 볼 수 있는지를 확인시켜 이것이 상업적이나 군사적으로 큰 가치가 있다는 것을 증명했다.)

갈릴레이는 자신이 관측한 것을 1610년 1월 7일부터(약 20년 전 교황 그레고리에 의해 도입된 그레고리력에 의해) 스케치하기 시작했다. 그는 목성의 양쪽에 번갈아 나타나는 점들을 처음에는 3개, 후에는 4개 발견했다(그림 255). 그는 곧 자신이 배경의 별들이 아니라 행성을 돌고 있는 위성들

251, 252, 254).

태양계 천체들은 대부분 '황도면'이라고 부르는 기하학적인 평면 내에 있다. 황도면을 영어로는 ecliptic plane(식면)이라고 부르는데 이는 일식과 월식이 이 면 부근에서 일어나기 때문이다(달의 공전면은 5도 정도 기울어져 있다.). 태양계 바깥쪽을 탐사하는 탐사선들은 멀리 있는 행성까지 날아가는 데 소요되는 에너지를 절약하기 위해 지구나 다른 행성들의 속력을 이용해 가속한다. 그러나 주노 탐사선은 목성의 중력을 새총처럼 이용해 목성의 극 상공을 지나는 길게 늘어진 타원 궤도를 돌고 있다. 주노 탐사선이 목성을 한 바퀴 도는 데는 약 3개월이 걸린다. 탐사선이 목성의 극에 접근했을 때 찍은 사진에는 위도가 낮은 지역에 보이는 구름 띠가 아니라 소용돌이가 나타나 있다(그림 252).

지구에서 망원경으로 본 목성의 모습은 서로 다른 속력으로 목성을 돌고 있는 다양한 띠들이

254

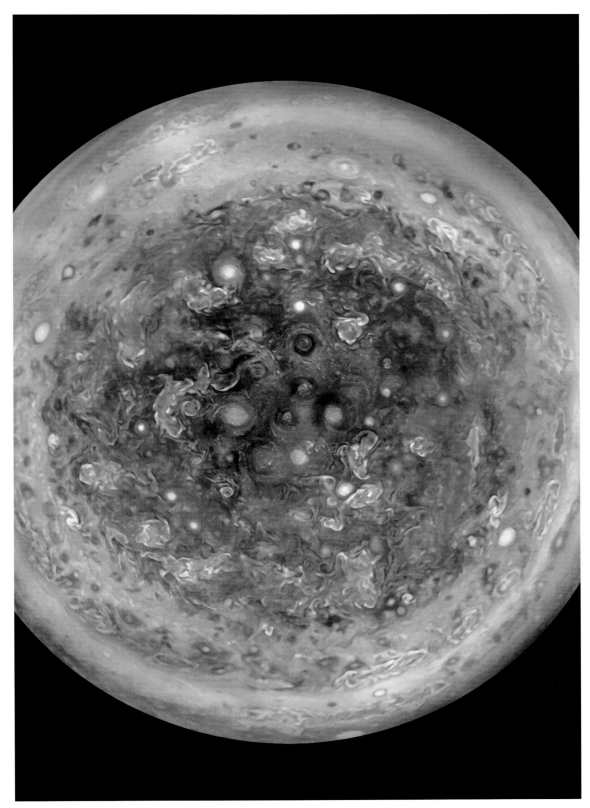

252 주노 탐사선이 관측한 목성의 남극.

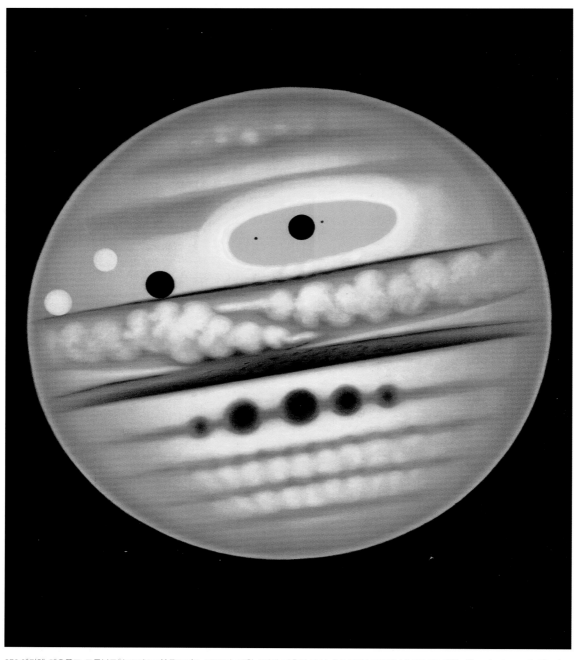

253 에티엔 레오폴드 트루블로Étienne Léopold Trouvelot, 1880년 11월 1일에 관측된 목성. 『트루블로 천문학 드로잉 매뉴얼The Trouvelot Astronomical Drawings Manual』(뉴욕, 1881)의 아홉 번째 판화. 다색 석판인쇄. 71×94cm.

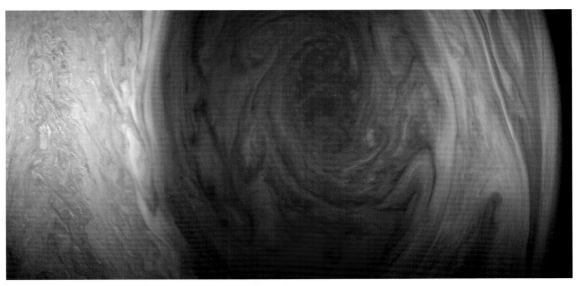

254 제럴드 아이히슈테트Gerald Eichstädt, 목성의 대적점. 주노 탐사선의 주노캠이 수집한 자료를 바탕으로 해 색을 보강한 이미지.

OBSERVAT. SIDEREAE

Ori.   * ▪○ *   Occ.

Stella occidentaliori maior, ambæ tamen valdè con-
fpicuæ, ac fplendidæ: vtra quæ diftabat à Ioue fcrupu-
lis primis duobus; tertia quoque Stellula apparere cœ-
pit hora tertia priùs minimè confpecta, quæ ex parte
orientali Iouem ferè tangebat, eratque admodum e-
xigua. Omnes fuerunt in eadem recta, & fecundum
Eclypticæ longitudinem coordinatæ.
    Die decimatertia primum à me quatuor confpectæ
fuerunt Stellulæ in hac ad Iouem conftitutione. Erant
tres occidentales, & vna orientalis; lineam proximè

Ori.   *   ○ *▪*   Occ.

rectam conftituebant; media enim occidentalium pau-
lulum à recta Septentrionem verfus deflectebat. Abe-
rat orientalior à Ioue minuta duo: reliquarum, &
Iouis intercapedines erant fingulæ vnius tantum mi-
nuti. Stellæ omnes eandem præ fe ferebant magnitu-
dinem; ac licet exiguam, lucidiffimæ tamen erant, ac
fixis ciufdem magnitudinis longe fplendidiores.
    Die decimaquarta nubilofa fuit tempeftas.
    Die decimaquinta, hora noctis tertia in proximè
depicta fuerunt habitudine quatuor Stellæ ad Iouem;

Ori.   ○ ▪ ▪ *   *   Occ.

occidentales omnes: ac in eadem proxim recta linea
difpofitæ; quæ enim tertia à Ioue numerabatur pau-
lulum

255 갈릴레오 갈릴레이Galileo Galilei, 목성의 위성 관측. 『별 세계의 메시지
Sidereus nuncius』(베네치아, 1610년)의 18쪽. 판화.

256 시몬 마리우스Simon Marius, 목성과 네 위성 그리고 위성들의 경로가 나
타나 있는 『문두스 이오비알리스Mundus Iovialis』(뉘른베르크, 1614년)의
표제. 목판화.

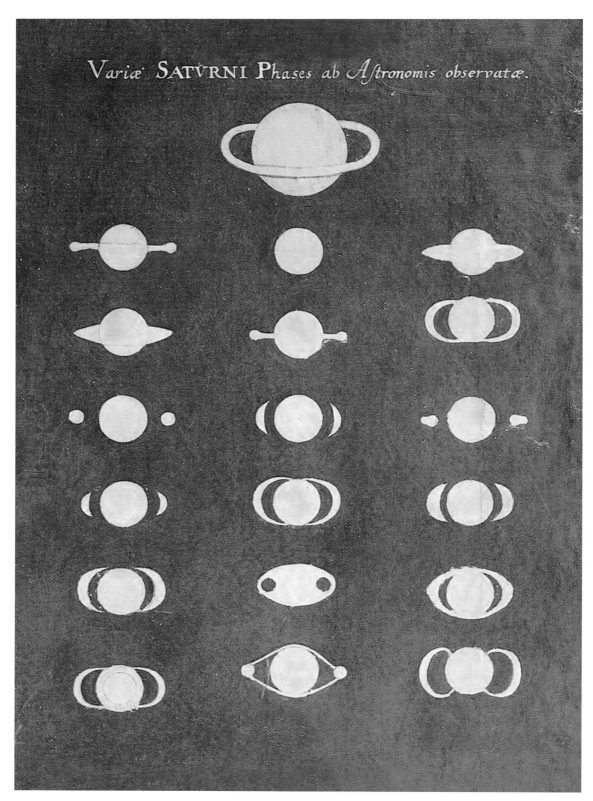

257 마리아 클라라 에임마트Maria Clara Eimmart(크리스티안 하위헌스를 따라서), 토성의 위상들. 1693~1698년. 푸른색 종이에 파스텔. 64×52cm, MdS 124L, 볼로냐 대학, 스페콜라 박물관.

258, 259 레베카 에미스Rebecca Emes와 에드워드 바너드 1세Edward Barnard I. 1811년의 대혜성과 행성들이 그려진 잔. 1811~1812년. 금도금한 내부와 은. 높이 14.9cm.

을 발견했다는 것을 알아차렸다. 그가 망원경을 이용해 새롭게 발견한 것들을 담은 『별 세계의 메시지』를 인쇄하고 있던 갈릴레이는 서둘러 이 새로운 발견까지 이 책에 포함시켰다. 책은 1610년 3월 13일에 출판되었다.

갈릴레이에게는 알려져 있지 않았지만 멀리 북쪽에 있는 독일에서 다른 천문학자인 시몬 마리우스도 망원경을 입수했다.(갈릴레이처럼 스스로 제작하거나 수정한 것이 아니라 이웃에게 빌려 왔다.) 그러나 다른 주제에 대한 책을 준비하고 있던 마리우스는 그의 새로운 발견을 서둘러 책 속에 포함시키지 않았다. 그는 다음 해인 1612년 목성을 돌고 있는 네 위성이 포함된 삽화를 연감에 포함시켰다. 1614년에는 그가 '1609년'에 발견한 것을 설명한 대표작 『문두스 이오비알리스』를 출판했다. 그의 책에는 목성을 돌고 있는 위성들의 궤

도 다이어그램과 함께 갈릴레이가 만들 수 없었던 관찰 결과를 나타내는 표가 포함되어 있었다(그림 256). 그러나 경쟁 관계에 있던 갈릴레이는 1609년을 명시함으로써 마리우스가 그보다 먼저 목성의 위성을 발견했다고 암시하는 것을 강력하게 비난했다. 뉘른베르크 부근에 살고 있던 마리우스는 예전의 율리우스력을 사용하고 있었기 때문에 갈릴레이의 발견 날짜와 비교하기 위해서는 날짜를 그레고리력으로 수정해야 했다. 결국 마리우스가 목성의 위성을 발견했다고 주장한 날짜는 갈릴레이가 발견한 날짜보다 하루 늦다는 것이 밝혀졌다. 그러나 두 사람 모두 자신의 발견 사실을 기록하기 얼마 전에 관측을 시작했는지를 알 수 있는 방법이 없다. 따라서 이 문제는 확실하게 매듭지어졌다고 할 수 없다. 우리가 알고 있는 것은 이 위성들의 이름인 이오, 유로파, 가니

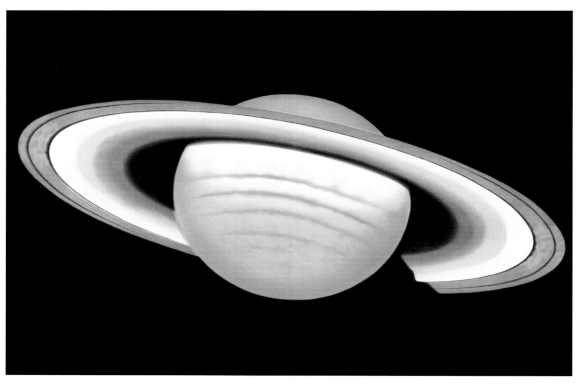

260 에티엔 레오폴드 트루블로Étienne Léopold Trouvelot, 1874년 11월 30일에 관측한 토성. 『트루블로 천문학 드로잉 매뉴얼The Trouvelot Astronomical Drawings Manual』(뉴욕, 1881년)의 열 번째 판화. 다색 석판인쇄. 71×94cm.

261 토성의 합성 사진. 2016~2017년. NASA의 카시니 탐사선.

262 엘사 스키아파렐리Elsa Schiaparelli, '코스미크' 컬렉션의 디너 재킷(메이슨 리사지가 수놓음, 파리), 1937년, 비단·벨벳·금속 포일 실·유리구슬·라인스톤(모조 다이아몬드).

메데, 칼리스토가 마리우스가 그의 책에서 처음 사용한 이름이라는 것이다.

이 책을 쓰고 있는 동안 NASA는 얼음으로 덮여 있는 표면 아래에 커다란 바다가 있는 것으로 알려진 유로파에서 생명의 징후를 발견하기 위해 탐사선을 보낼 계획을 세우고 있다. 최근에 허블 우주 망원경은 유로파의 표면으로부터 160킬로미터까지 치솟는 수증기가 만든 것으로 보이는 기둥들을 관측했다. 1997년에는 갈릴레오 탐사선이 이 기체 기둥을 통과해 지나갔다. 유로파 클리퍼 프로젝트는 빠르면 2022년에 목성 궤도로 발사되어 유로파를 수십 차례 근접 비행할 예정이다. 2029년에 목성계에 도달해 유로파뿐만 아니라 가니메데와 칼리스토도 방문할 유럽 우주국

의 목성 얼음 위성 탐사선JUICE도 같은 해에 발사될 예정이다.

갈릴레이는 1610년에 토성도 관찰했지만 자신이 본 것이 무엇인지 알 수 없었다. 토성의 옆쪽에는 돌출된 '귀'가 달려 있었다. 수십 년 후인 1655년에 갈릴레이가 사용했던 것보다 더 나은 망원경을 사용했던 네덜란드의 천문학자 크리스티안 하위헌스Christiaan Huygens가 토성의 귀가 사실은 토성 주위를 둘러싸고 있는 고리라는 것을 알아냈다. 얼마 후 독일의 천문학자이자 판화가였던 마리아 에임마트Maria Eimmart가 지구에서 본 고리를 가지고 있는 토성의 여러 가지 모습을 수채화로 그렸다(그림 257). 레베카 에미스Rebecca Emes와 에드워드 바너드 1세Edward Barnard I가 행성과 1811년의 대혜성을 은제 맥주잔에 그려 넣던 1811년에서 1812년 무렵에는 목성의 위성들과 토성의 고리가 널리 알려져 있었다(그림 258, 259). (목성, 천왕성, 해왕성의 고리들은 20세기 후반이 되어서야 발견되었다.) 트루블로도 당연히 그의 천문학 시리즈의 파스텔화와 다색 석판인쇄에 고리를 두르고 있는 토성을 포함시켰다(그림 260).

토성은 아마추어 천문학자들이나 일반인들이 작은 망원경으로 관찰할 수 있는 가장 흥미로운 천체다. 토성의 고리를 보는 것은 여전히 놀라운 경험이다. 토성 고리들의 완전한 정체는 NASA, 유럽 우주국, 이탈리아 우주국이 토성과 토성 시스템, 토성의 위성들을 조사하기 위해 1997년에 발사한 카시니 탐사선(토성의 가장 큰 위성인 타이탄에 보낸 하위헌스 착륙선과 함께)이 밝혀냈다. 이 탐사선의 이름은 토성의 안쪽 고리와 바깥쪽 고리 사이에 틈이 있다는 것을 발견한 17세기 과학자 조

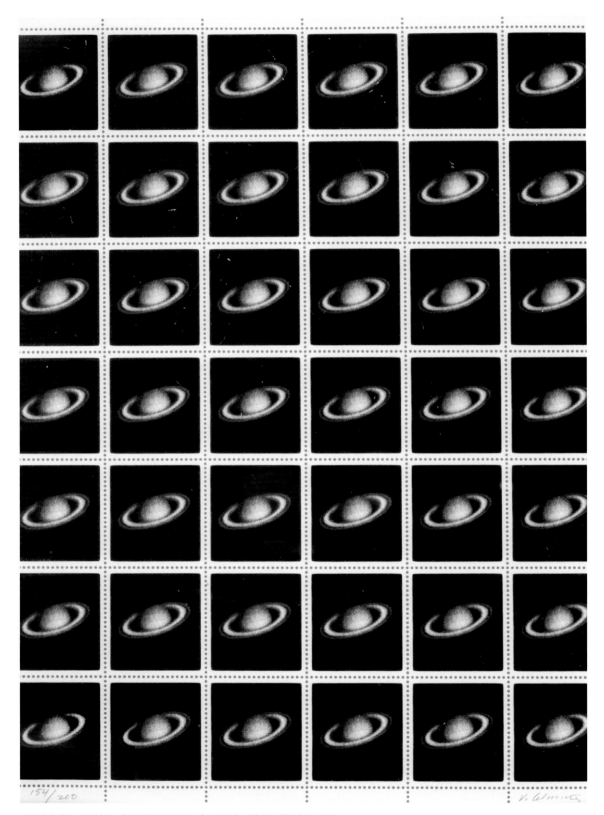

154/200

V. Celmins

263 비야 셀민스Vija Celmins, 〈토성 우표Saturn Stamps〉, 1995년, 석판 오프셋인쇄, 31×23.8cm.

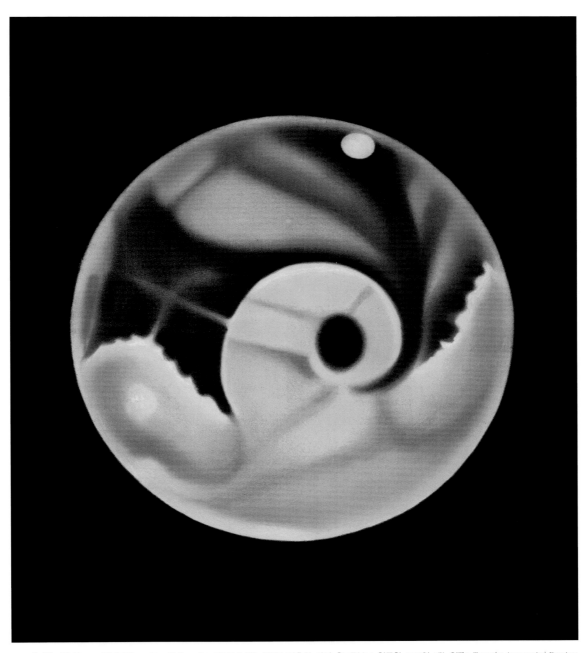

264 에티엔 레오폴드 트루블로Étienne Léopold Trouvelot, 1877년 9월 3일에 관측한 화성, 『트루블로 천문학 드로잉 매뉴얼The Trouvelot Astronomical Drawings Manual』(뉴욕, 1881년)의 일곱 번째 판화, 다색 석판인쇄, 71×94cm.

265 하워드 러셀 버틀러Howard Russell Butler, 〈데이모스에서 본 화성Mars as Seen from Deimos〉, 1920년경, 캔버스에 유채, 125.5×100cm.

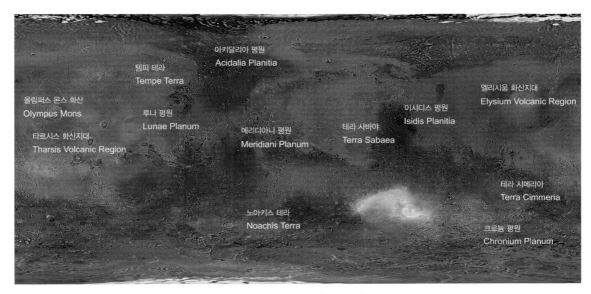

266 바이킹 탐사선의 관측 결과를 바탕으로 구면 위에 색깔을 입힌 모자이크로 나타낸 화성 표면(MDI M2.1).

반니 도메니코 카시니의 이름을 따라 붙여졌다. 2017년에 카시니 탐사선이 의도적으로 토성의 구름과 충돌해 유성처럼 타올라 한 줌의 원자들로 돌아가 토성의 위성들을 지구 생명체로 오염시킬 가능성을 없애기 직전에 토성과 토성 고리의 자세한 사진을 지구로 보내왔다. 매우 정밀한 이 사진들의 합성 사진은 벽을 다 채울 수 있을 정도로 확대해도 해상도가 떨어지지 않는다. 카시니 탐사선은 황도면 위까지 높이 올라갔기 때문에 토성의 북극도 상당히 잘 볼 수 있었다. 놀랍게도 토성의 북극에는 6각형 모양의 제트 흐름이 극을 둘러싸고 있었다(그림 261).

토성의 고리는 토성을 특별한 천체로 만들고 있다. 고리로 인해 토성은 예술계에서도 큰 관심을 끌고 있다. 천문학자 조반니 스키아파렐리의 조카인 이탈리아 디자이너 엘사 스키아파렐리 Elsa Schiaparelli는 '코스미크(우주)' 수집품에서 영감을 받은 장식미술의 하나로 토성을 포함한 천체

들의 이미지를 아름다운 천문학적 디너 재킷(그림 262)에 활용했다. 최근에는 천문학적 현상을 표현한 작품을 자주 그렸던 미국의 화가 비야 셀민스가 우표 크기의 42개 토성 이미지를 반복적으로 나타낸 석판화를 제작했다(그림 263). 그녀의 토성 우표는 기념우표 발행의 일환으로 만든 것이었다. 이 경우에는 2년 전에 발사된 토성 탐사선 카시니를 기념하기 위한 것이었다(이 프로젝트는 오랜 기간에 걸쳐 실행되었지만).

금성이나 목성에는 못 미치지만 화성도 밝은 행성이다. 로마 신화에 등장하는 전쟁의 신 마르스의 이름을 따서 마스Mars라고 부르는 화성은 붉은 빛깔로 유명하다. 붉게 보이는 별인 안타레스Antares는 '마르스의 반대편'에 앉는다는 의미로 마르스의 상대인 아레스Ares의 이름을 따서 안타레스라고 부른다. 트루블로가 그린 것과 같은 19세기 화성의 모습(그림 264)은 지구에서 망원경으로 본 희미한 화성의 모습보다 훨씬 음영의 대조

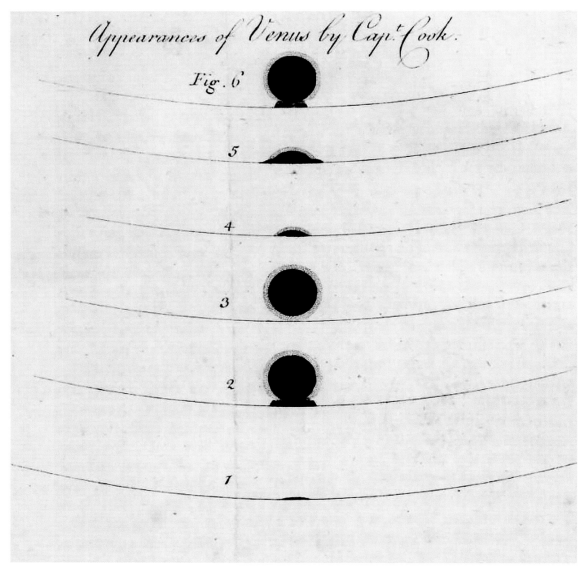

267 제임스 쿡James Cook, 금성의 트랜싯. 1769년, '남해에 있는 킹 조지 섬(타히티)에서 이루어진… 관측'의 열네 번째 판화의 일부. 왕립협회 철학 회보 LXI/397(1771년), 판화.

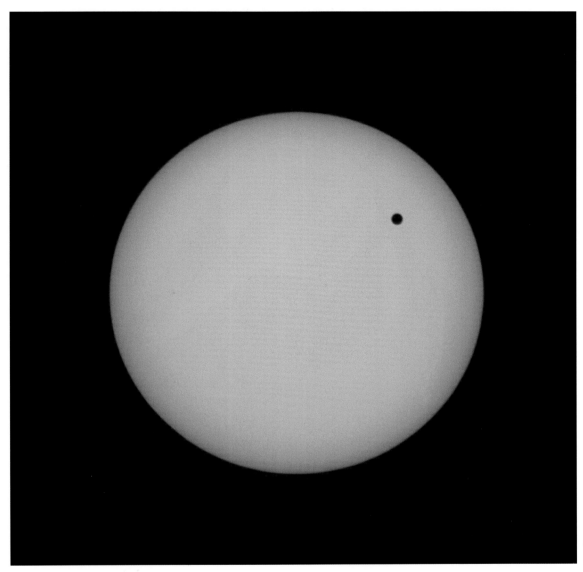

268 제이 M. 파사초프Jay M. Pasachoff와 윌리엄스 칼리지 팀, 그리스에서 2004년에 관측한 금성의 트랜싯.

269 자코모 발라Giacomo Balla, 〈수성의 태양면 통과Mercury Passing before the Sun〉, 1914년. 종이 위에 템페라. 120×100cm.

가 뚜렷하다. 이탈리아 천문학자 스키아파렐리는 시각적 착오로 인해 화성의 표면에서 직선들로 이루어진 네트워크를 발견하고 '카날리canali'라고 불렀다. 수로를 뜻하는 이 말이 '운하canals'로 잘못 번역되었고, 애리조나에 자신의 천문대를 세웠던 미국의 천문학자 퍼시벌 로웰Percival Lowell은 화성의 표면에 화성인들이 만든 운하 시스템이 있다고 확신하게 되었다. 하워드 러셀 버틀러가 화성의 작은 위성 데이모스 위에서 본 화성 표면의 모습을 그린 그림은 화성 표면에 있는 똑바르고 좁은 직선들에 대한 이런 잘못된 정보를 널리 전파시켰다(그림 265). 화성인이 존재한다는 널리 퍼진 믿음으로 인해 오손 웰스Orson Welles가 1938년에 라디오 드라마로 만든 〈우주 전쟁The War of the Worlds〉이 방송되는 동안 미국인들이 크게 놀라는 소동이 벌어졌다.

1970년대 이후 NASA는 화성에 일련의 궤도선과 착륙선을 보냈다. 화성 태양계 연구실의 일부인 큐리오시티Curiosity 로버의 탐사는 베라 루빈 리지Vera Rubin Ridge(관측을 통해 암흑물질의 확실한 증거를 제공한 과학자의 이름을 따서 명명한)를 포함한 화성 표면의 다양한 지역을 조사했다. NASA는 거대한 골짜기와 3개의 커다란 화산을 보여 주는 화성 표면의 정확한 지도를 작성했다(그림 266).

지구 바깥쪽에서 태양을 돌고 있는 행성들은 밤하늘 어디에서도 나타날 수 있다. 그러나 내행성인 금성과 수성은 태양 가까이에서 태양을 돌고 있어서 태양이 뜨기 전 동쪽 하늘과 태양이 진 후 서쪽 하늘에서 몇 시간 동안만 관측이 가능하다. 이 행성들이 지구와 태양 사이를 지나갈 때가 있는데 이를 '트랜싯transit'이라고 부른다.

1627년에 루돌프 표Rudolphine Tables를 작성한 요하네스 케플러는 이 표를 이용해 1631년 수성의 트랜싯을 정확하게 예측했다. 그러나 1639년 금성의 트랜싯은 예측하지 못했다. 영국에서는 젊은 대학원생이었던 제러마이아 호록스가 1639년에 금성의 트랜싯이 있도록 케플러의 표를 수정했다. 정확한 트랜싯 시간은 하루 이틀 정도 틀렸지만 그가 옳았다는 것이 밝혀졌다. 호록스와 그의 친구는 세계에서 이 금성의 트랜싯을 관찰한 유일한 사람들이었다. 케플러의 법칙을 이용하면 행성들이 태양 주위를 도는 주기를 이용해 행성들까지의 거리의 비는 계산할 수 있었지만 행성들까지의 확실한 거리는 알 수 없다. 후에 궁정 천문학자가 된 에드먼드 핼리는 1716년에 멀리 떨어져 있는 지구 위의 두 지점에서 금성의 트랜싯을 관측하면 태양에서 금성까지의 거리를 알아낼 수 있다는 것을 밝혀냈다. 이에 따라 세계 여러 나라들은 1761년과 1769년에 있었던 금성의 트랜싯을 관측하기 위한 탐사팀을 지구 각 지역으로 파견했다.

1761년의 금성 트랜싯은 러시아의 상트페테르부르크에서 미하일 로모노소프Mikhail Lomonosov가 관측한 것으로 널리 알려져 있다. 그는 금성의 검은 그림자가 태양의 밝은 가장자리에 가까워질 때 그가 관측한 광학적 효과를 금성의 대기에 의한 것이라고 잘못 해석했다. 그는 금성에 대기가 있는 것으로 '알고' 있었다. 그렇지 않다면 금성에 살고 있는 사람들이(당시에는 금성에 사람들이 살고 있다는 것이 상식이었다.) 어떻게 숨을 쉴 수 있을까? 이 검은 방울 현상은 이 책의 저자 중 한 사람이 1999년에 있었던 트랜싯을 인공위성에서

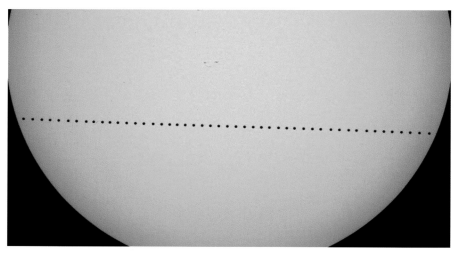

270 수성의 트랜싯. 2016년. NASA의 태양활동 관측위성에서 찍은 사진을 이용해 만든 합성 사진.

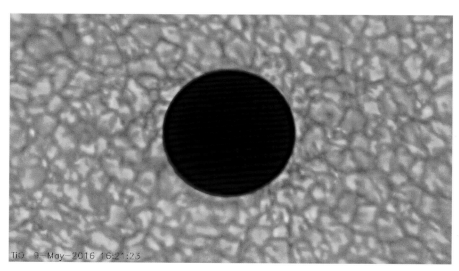

271 제이 M. 파사초프Jay M. Pasachoff/글렌 슈나이더Glenn Schneider/데일 게리Dale Gary/빈 첸Bin Chen, 수성의 트랜싯. 2016년. 광학 장치를 이용한 근접 촬영.

관측한 자료를 분석하고 이것이 단순한 명암 대비의 효과라는 것을 밝혀낼 때까지 오랫동안 베일에 싸여 있었다.

제임스 쿡 선장은 그의 배 인데버 호를 타고 천문학자 제임스 그린과 함께 1769년 금성의 트랜싯을 관측하기 위해 타히티로 갔다. 그곳의 날씨는 관측하기에 좋았고, 그들도 검은 방울 효과를 관측하고 그것을 그림으로 그렸다(그림 267). 금성의 경우에는 8년 간격으로 나타나는 2개의 트랜싯이 105.5년이나 117.5년의 주기를 가지고 반복해서 나타난다. 따라서 1761년과 1769년에 두 번의 트랜싯이 일어난 다음에는 1874년과 1882년에 일어났고, 우리가 살고 있는 시기에는 2004년(그림 268)과 2012년에 일어났다.

수성은 금성보다 태양에 가까이 있기 때문에 더 빨리 태양을 돌고 있어 100년 동안 수십 번의 트랜싯이 일어난다. 운동에 큰 관심을 가지고 있던 이탈리아의 미래학자 겸 화가였던 자코모 발라Giacomo Balla는 1914년에 있었던 수성의 트랜싯을 그린 수십 장의 작품을 남겼다(그림 269). 수성은 고전적인 화가들의 수호신이라고 할 수 있다. 그의 대담한 그림은 우주 안에 내재되어 있는 우주적 에너지를 잡아냈다. NASA의 태양활동 관측위성이 만든 합성 사진(그림 270)은 태양면에 나타난 작은 수성의 모습을 잘 보여 주고 있다. 수성은 지구와 비슷한 크기인 금성과 비교해도 매우 작다. 보정 광학 기술이라고 부르는 새로운 광학 기술과 캘리포니아에 있는 뉴저지 공과대학이 운영하는 빅베어 태양관측소의 굿 솔라 망원경은 2016년에 금성이 태양의 쌀알무늬(텍사스 크기의 태양 기체가 끓고 있는 부분) 앞을 지나가는 모습을 놀랍도록 자세하게 잡아냈다(그림 271).

훨씬 더 야심찬 행성 연구가 진행되고 있다. 그런 연구들 중에는 유럽 우주국이 2018년에 수성에 보낸 베피콜롬보 미션BepiColumbo mission(6년 이상의 여행 기간을 가지고 진행되는), 처음에는 잃어버린 것으로 생각했지만 현재는 금성을 돌고 있는 일본의 금성 기상 궤도선, 지구와 화성을 돌고 있는 다양한 우주 탐사선들, 화성 위에 보낸 로버들과 같은 것들이 있다. 여기에 앞에서 이야기했던 NASA가 진행하고 있는 2개의 프로젝트가 포함된다. 현재 목성을 돌고 있는 주노 탐사선과 가까운 마래에 발사될 JUICE 탐사선이 그것이다. 그러나 2017년에 NASA의 카시니 탐사선이 임무를 마친 다음에는 이들 외에 또 다른 태양계 근접 탐사 프로그램이 계획되어 있지 않다. 천왕성과 해왕성은 허블 우주 망원경을 이용해 어느 정도 조사했지만 궤도선이나 근접 비행을 통한 자세한 관측은 아니었다. 아마도 2020년대에 이 외행성들에 보낼 탐사선들이 많은 것을 새롭게 알아내게 될 것이다. 화성과 목성 사이에 있는 소행성대를 조사하는 NASA의 프시케 궤도선Psyche orbiter과 이 궤도선과 함께 가서 목성의 앞과 뒤에서 태양을 돌고 있는 다양한 형태의 소행성 6개 정도를 조사할 루시 탐사봉Lucy probe이 2020년대 초반에 발사될 예정이다. 그러나 루시는 2027년에서 2033년까지는 이미지나 자료를 보내 오지 않을 것이다. 그리고 프시케는 2030년 이전에는 소행성에 도달할 수 없을 것이다. 적어도 우리는 특정한 탐사선이나 우주 관측 프로그램을 예상할 수 있다. 그러나 우주에 고무된 예술가들에게는 하늘만이 한계다. 우리는 그들의 창조적인 작품들을 보기 위해 그리 오래 기다릴 필요가 없을 것이다.

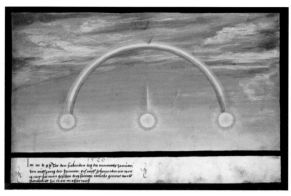

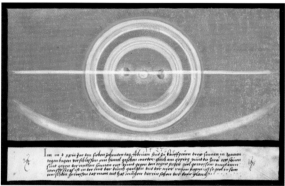

272~275 작자 미상. 1520/1527/1528?/1533년에 나타난 광륜. 『기적에 관한
아우크스부르크의 책Augsburg Book of Miracles』 106/112/113/131쪽.
1550~1552년경. 종이에 수성 물감·과슈·검은 잉크. 카틴 컬렉션.

Chapter 9

—

오로라:
자기장이 만들어 내는 우주의 불꽃놀이

천체 현상에 대한 가장 오래된 기록들은 황도광이나 환일 또는 '선 도그sun dogs'와 같이 지구 대기와 관련된 것들이다. 16세기에 출판된 영향력 있는 저서 『징조와 예언의 연대기』(1557년)에서 콘래드 리코스테네스는 이 현상을 비롯해 다른 불길한 사건들에 대한 고대 로마의 보고들을 수집해 놓았고, 형식화된 목판화 삽화를 반복적으로 사용했다. 기원전 4세기에 아리스토텔레스는 기상학 논문에서 태양의 양쪽에 보이는 환일에 대해 설명했다. 17세기가 끝나기 전에는 혜성이나 유성의 경우와 마찬가지로 이 현상들도 임박한 사건에 대한 신의 징조라고 생각했다. 종교개혁으로 인한 종교적 긴장이 증대하는 가운데 16세기 중반에 있었던 인쇄술의 발전으로 전단지나 낱장 신문들이 '괴물의 탄생'에서 하늘에 나타난 칼이나 불과 같이 이상한 지구적 현상들이나 천체 현상들의 소식을 널리 전파시켰다. 이런 인쇄물들은 특히 개혁의 중심에 있던 개신교 신자들에 의해 널리 보급되었다. 당시 가톨릭교회는 아직 성인들의 기적에 초점을 맞추고 있었다. 미신적인 요소가 많았지만 자연 현상에 대한 이런 보고들은 과학적 관측과 보고의 초보적인 시도를 나타냈다. 그들이 광고한 많은 불길한 사건들의 대부분은 당시에 쓰인 원고들에 기록되었고, 『기적에 관한 아우크스부르크의 책』에 실린 출판된 연대기나 전단지에 의존했던 이름이 알려지지 않은 독일인 아마추어 화가가 그린 수채화 안에 담겼다. 그가 그린 천체 현상들 중에는 환일도 있다. 그는 흥미롭게 변화를 준 십여 장의 수채화를 그렸는데 여기에는 그중 네 장만 나타나 있다(그

276 작자 미상, 1542년의 오로라, 『기적에 관한 아우크스부르크의 책Augsburg Book of Miracles』 144쪽, 1550~1552년경, 종이에 수성 물감·과슈·검은 잉크, 카틴 컬렉션.

림 272~275).

이 매우 밝은 선 도그는 태양 양쪽에 나타나는 밝은 점들로 이루어진 대기의 광학적 현상이다(달의 경우에도 나타난다.). 세계 어디에서나 1년 내내 일어날 수 있지만 추운 북쪽 지방이나 남쪽 지방에서 더 자주 일어난다. 환일은 태양이 지평선 부근에 있을 때 가장 밝고, 때로는 '기적에 관한 책'에서 발췌한 네 장의 그림 중 첫 번째 그림에 나타난 것과 같이 22도 후광이라고 알려진 빛나는 고리를 동반한다(그림 272). 선 도그는 빛이 대기 중에 있는 육각형 모양의 얼음 결정과 상호작용해 만들어 내는 여러 가지 후광들에 속하는 것으로 태양이 3개로 나누어진 것처럼 보이게도 한다. '기적에 관한 책'에서 발췌한 두 번째 그림

에 나타난 것과 같은 추운 날씨에 나타나는 무지개라고 할 수 있는 1527년에 나타났던 선 도그는 2개의 환일과 환일 원을 가지고 있으며, 태양과 같은 높이에 흰 줄과 다른 후광이 보이고 있다. 네 장의 수채화 중 세 번째 그림에는 매우 다른 광학적 구조를 가지고 있던 1528년의 환일이 그려져 있다. 네 번째 수채화와 함께 있는 글에는 다음과 같은 내용이 적혀 있다.

1533년에 똑같이 밝은 3개의 태양이 동시에 빛났다. 이들은 마치 불타는 구름에 싸여 있는 것 같았다. 그리고 뮌스터 시 위에 정지해 있는 것 같았다. 이 그림에 보이는 것처럼 도시와 집들은 불타고 있는 것처럼 보였다.

Aprilis 24. Halberltadii in Saxonia uilus eit globus atri colo *1547*
ris, ex luna media, uerfus Septentrionê magno impetu ferri.
Hamburgenses nautae 15. Decembris in medio noctis glo-
bum ardentem inftar Solis ad meridiem properantem ui-
dere, qui tantum radijs aestum emifit, ut nauigātes nequaquā fer-
re potuerint, sed procidentes in faciem, nauis etiam incendium
metuerint. Haec lobus Fincelius in miraculis suis post renatum
Euangelium recitat.
IN Heluetijs in aëre conspecti duo exercitus, duo etiam leones
inter se grauiter concertantes, quorum alter alteri caput mor-

277 콘래드 리코스테네스Conrad Lycosthenes, 1547년 12월 15일 함부르크 하늘에서 관측된 전투. 『징조와 예언의 연대기Prodigiorum ac ostentorum chronicon』(바젤, 1557년) 595쪽의 일부. 목판화.

앞에서 지적했듯이 이 현상은 달에서도 나타날 수 있다. 이것은 아우크스부르크 원고에도 기록되어 있고, 리코스테네스의 연대기에도 여러 번 보고되었다. 여기에는 로마의 역사를 쓴 고대의 역사가 디오 카시우스Dio Cassius가 기원전 223년에 이탈리아의 여러 지방에서 3개의 달을 보았다고 기록한 것도 포함된다. 때로는 형식화된 초승달로 표현되기도 하지만 대개는 보름달인 3개의 달은 때로 실제로 일어났거나 가상의 다른 천체 현상과 연계되었다. 리코스테네스의 '기적에 관한 책'에서 알 수 있는 것과 같은 자연 현상을 관찰하고 기록하는 16세기의 새로운 경향은 과학의 시대를 예고하는 것이었다.

하늘에 나타나는 가장 장관을 이루는 빛의 쇼는 오로라다. 영어로는 북극 지방에 나타나는 오로라를 북극광aurora borealis이라고 부르고 남극 지방에 나타나는 오로라를 남극광aurora australis이라고 부른다. 두 오로라는 나타나는 지방만 다를 뿐 모든 것이 동일하다. 아리스토텔레스는 오로라를 기상 현상이라고 생각하고, '발산' 또는 '공기

유성'이라고 불렀다. 프랑스 천문학자 피에르 가상디는 종종 1621년에 로마 신화에 등장하는 새벽의 여신인 오로라와 북쪽 바람의 신 보레아스에서 따서 '오로라 보레알리스' 또는 '북쪽 여명northern dawn'이라는 말을 처음 사용한 사람으로 알려져 있다. 그러나 가상디는 1621년에 관측한 것을 1649년까지 출판하지 않았다. 일부 역사가들은 갈릴레이가 1619년에 이 말을 처음 사용했다고 믿고 있다. 오로라는 북극과 남극의 지구 자기장의 영향을 받은 태양풍 속에 있는 전하를 띤 플라스마 입자가 공기 분자들과 충돌해 만들어진다. 북극과 가까운 지역에는 남극과 가까운 지역보다 더 많은 사람들이 살고 있기 때문에 북반구에서 관측되는 오로라가 남반구에서 관측되는 오로라보다 많다.

혜성이나 유성, 다른 징조들과 마찬가지로 오로라도 동양과 서양 문명에서 고대부터 관측이 기록되었다. '기적에 관한 책'의 이름이 알려지지 않은 삽화가는 가장 극적인 오로라 그림을 컬러로 그리고(그림 276), "1542년 밤 12시 구름 안에 커다란 불 냄비가 있는 것처럼 큰 불이 타올랐다.… 아우크스부르크에서"라는 설명을 달아놓았다. 이 화가는 1531년에 나타났던 칼을 만들고 있는 붉은 거인과 같은 오로라로 보이는 더 이상한 현상들도 그렸다. 리코스테네스의 연대기에 포함된 흑백 목판화 삽화에는 때로 천체적인 난기류를 만들어 내는 오로라가 나타나기도 하고, 때로는 많은 상상력을 가미한 오로라가 그려져 있기도 하다. 『자연의 역사』(77~79년)에서 오로라를 하늘의 전투(그림 277)로 규정한 플리니우스의 설명에 따라 그린 오로라는 상상력이 많이 가미

278 작자 미상. 보헤미아에서 관측된 오로라(하늘의 촛불로 표현된)의 일부. 1570년. 목판화.

279 미상의 벨기에 화가. 하늘에 나타난 불과 말을 탄 사람에게 나오는 빛. 1587년경. 종이에 과슈. 13.6
×11.5cm. 원고 FMH 1290. 55쪽. 바르부르크 연구소. 런던.

된 오로라다. 오로라를 직접 목격한 사람들은 오로라가 큰 소리나 폭발적인 불꽃과 함께 나타났다고 설명했다. 오로라를 좀 더 문학적으로 표현한 또 다른 인쇄물에서는 오로라를 보헤미아 상공에서 타고 있는 일렬로 늘어선 촛불로 묘사했다(그림 278). 반면에 주로 혜성을 다룬 원고에서는 하늘의 군대와 불꽃놀이처럼 나선 운동을 하는 빛살로 나타냈다(그림 279).

추운 겨울밤에 온 하늘에 펼쳐져 춤을 추고 있는 휘황찬란한 오로라 커튼보다 더 아름다운 것이 있을까? 수천 년 동안 북반구 사람들은 밤하늘을 밝히는 숨 막히는 빛의 향연에 매료되었다. 이 놀라운 현상은 많은 문화에 전해 오는 신화 속에 깊이 각인되었다. 오로라는 춤을 추고 있거나 싸우고 있는 영혼, 발키리, 분노의 신과 연관 지어졌다. 기원전 3만 년에 그린 동굴 벽화에도 오로라가 등장하기는 하지만 서양에서 오로라에 대한 가장 이른 시기의 기록은 베를린 별 박물관에 보관되어 있는 기원전 567년에 제작된 바빌로니아 점토판에 기록된 것이다.(중국에서는 기원전 2600년에 쉬안위안 황제의 어머니인 푸파오가 오로라에 대해 기록했다고 전해진다.) 사람의 마음을 사로잡는 아름다운 오로라에 대한 이야기는 아이슬란드의 전설, 그리고 9월부터 4월까지 매년 오로라를 볼 수 있는 북쪽 지방에 있는 노르웨이의 신화나 전설에도 등장한다. 이누이트와 일부 미국 원주민들은 오로라를 죽은 사람이나 사냥에서 포획한 동물들의 영혼이 나타난 것이라고 해석했다. 휘파람 소리나 부서지는 것 같은 소음은 이 영혼들의 목소리라고 했다. 오로라로 인한 지구 자기장의 교란이 실제로 생명체들에게 영향을 주

기도 했다. 예를 들면 고래는 오로라로 인해 행동을 바꾸는 것으로 알려져 있다.

오로라의 원인은 신화의 주제가 되었을 뿐만 아니라 과학적 연구의 대상이 되었다. 특히 계몽주의 이후 영국에서 오로라에 대한 연구가 활발하게 이루어졌다. 이 시기는 혜성이나 유성의 성격에 대한 논의가 뜨겁게 진행되던 시기였다. 이 시기에 오로라에 대한 토론이나 보고서도 「왕립협회 철학 회보」와 대중적인 잡지인 「젠틀맨 매거진」에 실렸다. 18세기 초에는 많은 사람들이 오로라가 지구에서 발생하는 수증기로 인해 발생한다고 믿었다. 그러나 에드먼드 핼리는 지하의 자석이 오로라를 만들어 낸다는 이론을 제안했다. 이것은 사실에서 그리 멀리 벗어난 것이 아니었다. 그리고 1733년에 프랑스 과학자 장-자크 도르투 드 메랑Jean-Jacques d'Ortous de Mairan이 오로라가 태양에서 오는 물질과 관련이 있다고 주장하는 논문을 발표했다. 삼각 측량법을 이용한 영국의 물리학자 헨리 캐번디시Henry Cavendish는 1790년 오로라를 처음으로 과학적으로 연구했다. 그는 오로라가 지상 약 100킬로미터에서 발생한다고 결론지었다. 이 문제는 1830년대에도 열띤 토론의 주제가 되었다. 전자기학에 대해 많은 연구를 했던 영국의 과학자 마이클 패러데이Michael Faraday가 다음과 같이 말했기 때문이었다.

나는 지극히 가설적인 형태라도 오로라가 전기적인 방전이 아니라고 감히 말할 수 없다. 지구의 극을 향해 빠르게 달려갔다가 그곳에서 자연적인 방법으로 방향을 바꾸어 적도 지방으로 향한다.

280 조지 롬니George Romney, 〈티타니아와 그녀의 수행원들, 셰익스피어의 '한여름 밤의 꿈', 2막 2장Titania and Her Attendants, Shakespeare's 'A Midsummer Night's Dream', Act Ⅱ, Scene 2〉, 1790년경, 캔버스에 유채, 119.4×149.9cm.

281 옌스 유울Jens Juel, 〈오로라가 있는 풍경Landscape with the Northern Lights〉, 1790년대, 캔버스에 유채, 31.2×39.5cm.

282 살바토레 페르골라Salvatore Fergola, 〈카포디몬테의 레알레 천문대가 찍은 10월 17일 나폴리에서 관측된 오로라Aurora Observed from Naples on 17 October, from the Osservatorio Reale of Capodimonte〉, 1848년, 캔버스에 유채, 44×72.3cm.

역동적이고 잊을 수 없는 시각적 장관은 오로라를 시적인 이미지의 가장 바람직한 후보가 되게 했다. 특히 윌리엄 워즈워스, 랠프 월도 에머슨, 앨프레드 테니슨-오로라를 '마법사의 번개'라고 불렀던(《인 메모리엄》 1849년)-이 오로라의 아름다움을 언어 속에 담아내던 낭만주의 시대에는 특히 그랬다. 보스턴 음악 아카데미의 교수였던 로웰 메이슨Lowell Mason이 1840년에 '오로라 보레알리스'라는 노래를 작곡했고, 그것을 「팔리스 매거진」에 발표했다. 미국의 시인 에밀리 디킨슨의 아버지 에드워드 디킨슨은 이 잡지를 알고 있었다. 이 노래는 에밀리가 〈청동의-그리고 불꽃-Of Bronze - and Blaze -〉(1862년)이라는 제목의 시에서 오로라를 언급하게 하는 데 영향을 주었을 것이다. 존 그린리프 휘티어John Greenleaf Whittier의 〈대기의 징조The Aerial Omens〉(1857년)와 허먼 멜빌의 기념비적인 시 〈오로라 보레알리스〉(1865년)는 모두 남북전쟁이 끝나 군대가 해산된 것에 대한 승리의 노래로 하늘의 군대가 하늘을 건넌다는 전조로 오로라를 펼쳐 보이고, 흔들리는 커튼은 군대의 진군을 의미한다는 전통을 언급하고 있다. 1864년 12월 23일 남쪽에 있는 버지니아의 프레더릭스버그에서 오로라를 목격한 멜빌은 이것이 북군 승리의 전조라고 믿었다. 그는 시에서 "어떤 힘이 북쪽의 빛을 해체할 것인가?"라고 반문하고 있다.

북쪽의 빛이 시와 산문에서 생생한 문학적 이미지로 나타난 것과는 달리 소수의 시각 예술가

283 하랄드 몰트케Harald Moltke, 〈1899년 9월 23일의 오로라Aurora, 23 September 1899〉, 1899년, 캔버스에 유채, 지름 58cm.

들에게만 영감을 주었다. 예외에 속하는 사람들이 영국의 화가 조지 롬니George Romney(그림 280)와 네덜란드 화가 옌스 유울Jens Juel(그림 281)이다. 두 사람은 모두 오로라의 성격에 관한 열띤 논의가 진행 중이던 1790년대에 오로라의 저녁 불꽃 쇼를 그렸다. 유울은 산책을 하다가 오로라를 보았고, 신중하게 캔버스에 담고자 노력했다. 그가 그린 작품의 원래 제목이 〈오로라를 그리려는 시도Attempt to Paint the Aurora Borealis〉인 것은 충분히 이해가 되는 일이다. 그는 오로라를 자연주의적인 일상적 풍경 위에 배치했다. 그의 정서는 독일의 작가이자 정치가였던 요한 볼프강 폰 괴테가 독일 바이마르에 있는 그의 집 정원 위에 나타난 오로라를 어두운 푸른색 종이에 흑백 분필로 그린 정서와 조화를 이룬다(1804년경, 괴테 국립 박물관, 바이마르). 이와는 대조적으로 롬니는 오로라에 대한 자신의 경험을 윌리엄 셰익스피어의 희곡 『한여름 밤의 꿈』에 나오는 한 장면을 나타내는 환상적인 이미지의 완전하면서도 마술 같은 배경으로 바꾸어 놓았다.

가장 특별한 오로라는 1848년 10월 17일에 남쪽에 있는 이탈리아의 나폴리에서도 관측되던 것이다. 나폴리의 '포실리포 화단'에 속해 있던 화가 살바토레 페르골라Salvatore Fergola가 이 오로라를 그렸다(그림 282). 오로라가 나폴리와 같이 남쪽에 있는 곳에서도 관측되기 위해서는 태양이 매우 활동적이어야 한다. 태양의 흑점활동에 대한 보고를 통해 그것이 확인되었다. 페르골라가 이 주제로 그린 그림이 적어도 세 점 이상 존재한다는 것은 이 놀라운 오로라에 대한 사람들의 관심이 그만큼 컸다는 것을 나타낸다. 이 오로라

284 조지 마스턴George Marston, 『남극광Aurora Australis』의 표제, 어니스트 섀클턴 편집(영국 남극 탐사대의 겨울 숙영지, 1908년), 채색판화.

의 핏빛 같은 붉은색이 북이탈리아에 있는 마조레 호수의 하늘을 물들였다고 보고되었다. 이 오로라는 로마에서도 관측되었고, 더 북쪽에 있는 런던에서도 관측할 수 있었다.

1899년까지도 과학자들은 오로라의 수수께끼를 풀기 위해 오로라의 성격과 효과를 조사하기 위한 탐사단을 파견했다. 사진 기술은 아직 초기 단계에 있었고, 분광기나 다른 분석 장비들은 아직 오로라를 분석할 수 없었기 때문에 덴마크 기상학 연구소는 덴마크의 화가 하랄드 몰트케Harald Moltke를 아이슬란드에 보낸 겨울 탐사단의 공식 데생 화가로 초대했다(다음 해에는 핀란드에 보

285 프레더릭 에드윈 처치[Frederic Edwin Church, 〈북극광Aurora Borealis〉, 1865년, 캔버스에 유채, 142.3×212.2cm.

내는 조사단의 일원으로). 오로라를 '초자연적인' 그리고 '춤추는 계시'라고 말했던 몰트케는 탐사 여행 도중 그림을 그리기 위한 기초 자료로 사용하기 위해 연필로 많은 스케치를 했다(그림 283). 후에 그는 그의 그림들 중에서 골라 열한 장으로 이루어진 석판인쇄물을 발행하기도 했다. 몰트케의 작품들은 변화무쌍하고 빠르게 사라지는 오로라의 효과를 비디오와 비슷한 수준으로 그린 가장 중요한 예술 작품들 중 하나로 꼽히고 있다.

100여 년 전에는 아무도 오로라와 태양 사이의 복잡한 관계를 의심하지 않았다. 1896년 노르웨이의 과학자 크리스티안 비르셸란Kristian Birkeland은 약 300년 전에 영국의 내과 의사 윌리엄 길버트가 처음으로 만든 구형 자석, '테렐라terrella'를 이용해 지구의 자기장과 유사한 자기장을 만들어 인공 오로라를 발생시켰다. 그 후 엑스선의 발견에 고무된 비르셸란은 대기권에 흐르는 전류를 조사하기 위해 노르웨이 극 탐사단을 조직했고, 1902~1903년에는 대기 중에 흐르는 전류에 대한 자신의 이론을 오로라의 문제에 적용할 수 있었다. 그는 태양에서 많은 입자들이 지구로 날아오고 있으며 오로라는 우리가 오늘날 사용하고 있는 네온사인이 작동하는 것과 비슷한 원리로 대기 상층부의 기체를 통해 흐르는 전류에 의해 발생한다고 결론지었다.

그 후 수십 년 동안의 연구를 통해 지구 자기

282

장의 영향을 받아 극지방으로 방향을 바꾼 태양에서 날아온 전하를 띤 입자들이 대기 상층부의 기체 분자들과 상호작용해 오로라를 만들어 낸다는 것을 알게 되었다. 따라서 태양의 활동을 조사하면 오로라의 강도나 위치를 예측할 수 있다. 일식이나 월식과 마찬가지로 우주에서 오는 전하를 띤 입자들과 지구 자기장(지구는 내행성들 중에서 가장 강한 자기장을 가지고 있는 행성이다.)이 만들어 내는 대기 현상인 이 화려한 빛의 쇼는 많은 관광객들의 인기를 끌고 있다. 북극과 남극 지역에서 주로 관찰되는 오로라는 대기 상층부에 있는 이온화된 질소와 산소 분자가 다시 전자를 얻고 광

자를 방출할 때 만들어진다. 특히 태양활동이 활발할 때는 오로라의 활동이 성난 폭풍으로 변한다. 역사상 가장 크게 사람들을 흥분시켰던 오로라는 1859년에 있었던 오로라 폭풍이다. 8월 말에서 9월 초 사이에는 오로라가 매우 밝아 보스턴에 살고 있던 사람들도 한밤중에 밖에서 신문을 읽을 수 있었다. 1848년의 경우처럼 태양의 흑점활동이 절정을 이룰 때는 훨씬 더 남쪽에서도 오로라를 볼 수 있다. 그러나 태양 폭풍이 없는 경우에도 태양에서 오는 태양풍이 계속적으로 오로라를 만들어 내고 있다.

어니스트 섀클턴Ernest Shackleton이 이끄는 영국

286 에티엔 레오폴드 트루블로Étienne Léopold Trouvelot, 1872년 3월 1일에 관측된 오로라. 『트루블로 천문학 드로잉 매뉴얼The Trouvelot Astronomical Drawings Manual』(뉴욕, 1881년)의 네 번째 판화, 다색 석판인쇄, 71×94cm.

287 하워드 러셀 버틀러Howard Russell Butler, 〈오로라, 오건킷, 메인Northern Lights, Ogunquit, Maine〉, 1925년, 캔버스에 유채, 125.5×100cm.

남극 탐사단(1908~1909년. 님로드 탐사단이라고도 불렸던)의 조사원들은 『남극광』이라는 제목의 탐사기를 발행했다. 이 책은 현장에 있던 임시 출판사인 '펭귄들의 사인'에서 어니스트 조이스Ernest Joyce와 프랭크 와일드Frank Wild에 의해 조지 마스턴George Marston이 그린 삽화와 함께 인쇄되었다 (그림 284). 이 희귀한 책은 그들이 '극지방의 권태'의 유령이 절대 나타나지 않는다는 것을 확인하기 위해 맥머도 만에 있는 로스아일랜드의 케이프 로이드에서 겨울을 보내고 있던 동안 새클턴이 추진했던 문화활동의 하나였다.

오로라에 관한 비르셸란의 이론을 완벽하게

증명한 것은 우주에 탐사선을 보낸 이후의 일이었다. 핵심적인 측정 결과는 자기장 측정 장치를 전리층 위로 가져간 1963년에 발사된 미 해군의 1963-38c 인공위성에 의해 수집되었다. 그러나 일반인들에게는 오로라가 아직도 신비감을 갖게 하고, 장엄함을 느끼게 하고 있다. 그들은 오로라가 인공위성과 파워그리드의 작동에 나쁜 영향을 미칠 수도 있다는 사실에 대해 그다지 걱정하지 않는다.

대부분의 화가들이 천체 현상에 관심을 가지고 있는 것처럼 허드슨 리버 화단의 2세대 화가인 프레더릭 에드윈 처치(그의 혜성, 별, 폭발 유성

288 루이지 루솔로Luigi Russolo, 〈북극광Aurora Borealis〉, 1938년. 캔버스에 유채. 60×91cm.

289 페카 파르비아이넨Pekka Parviainen, 북극광, 2015년 3월 17일, 핀란드 남서부 제도.

의 그림에 대해 6장에서 이야기했던)도 마술을 거는 것 같은 변화무쌍한 오로라를 캔버스에 담았다(그림 285). 저명한 그림 수집가 윌리엄 T. 블로젯이 후원한 이 그림을 위해 처치는 그의 친구이자 북극 탐험가였던 아이작 이스라엘 헤이스Isaac Israel Hayes에게 스케치와 설명문에 대한 자문을 받았

다. 헤이스가 1860~1861년 북극 탐험을 떠나기 전에 처치는 그에게 그림 그리는 법을 가르친 적이 있었다. 1877년 이전에는 오로라에 대한 조심스런 기록이 보존되어 있지 않았지만 처치는 19세기 중반에 오로라의 빛쇼를 직접 관찰했다. 앞에서 언급했던 초대형 태양풍에 의해 만들어지는

특별한 오로라는 500년 만에 한 번 볼 수 있을 정도로 드물게 나타난다. 1859년 8월과 9월 사이에 캐나다와 쿠바에서도 관측할 수 있었던 오로라는 9월의 처음 2일 동안 발생한 역사상 가장 거대했던 태양 플레어와 시기가 일치한다.

처치가 캔버스 그림을 그리기 시작하던 1864년 역시 뉴욕에서도 관측할 수 있었던 오로라가 발생해 언론 매체들의 집중적인 관심을 끌었다. 이 오로라는 말세적 이미지를 가지고 앞에서 이야기한 멜빌의 시에 영감을 주어 오로라(여러 세기 동안 하늘의 군사적 이미지와 함께 전쟁의 전조로 생각되어 온)를 미국의 남북전쟁과 연관시키게 했다. 그의 시는 또한 오로라가 우주의 밧줄로부터 풀려나온 무지개라는 전통적인 생각과 연결되었다. 처치는 메인 주의 래브라도와 뉴욕 시에서 그가 본 오로라의 유화 스케치를 적어도 두 장 이상 그렸다. 메인 주에서 1860년에 그린 푸른색과 분홍색의 흐름이 보이는 스케치와 그린 날짜가 알려지지 않은 또 다른 스케치에는 널찍한 붉은 빛살이 통과하는 투명한 녹색 커튼이 나타나 있다. 이 작은 작품들은 블로젯으로부터 받은 기념비적 임무를 확실하게 수행하기 위해 야외에서 그렸거나 관측 직후 스튜디오에서 그렸다.

〈북극광〉은 자연 현상에 대한 처치의 마지막 놀라운 작품이었다. 이 그림은 헤이스의 범선인 SS 유나이티드 스테이츠 호가 추운 겨울 동안 얼음이 언 그린란드 알렉산더 곶의 해안에 정박해 있는 풍경을 보여 주었다. 헤이스는 그 겨울에 북극해에 도달해 북극점으로 가는 루트를 개척하려고 했지만 성공하지는 못했다. 오로라가 만들어 내는 푸른색과 녹색, 노란색과 붉은색의 역동적인 커튼이 얼음에 갇혀 작게 보이는, 그러나 불이 켜져 있어 사람이 있다는 것을 알 수 있는 배와 벌레처럼 보이는 썰매팀 위에서 장엄하게 흔들리면서 서브라임의 교향곡을 연주하고 있다. 후에 헤이스는 그가 쓴 『열린 극해The Open Polar Sea』(1867년)에서 오로라를 뛰어나게 묘사해 처치의 그림을 연상하게 했다. 처치는 뉴욕 허드슨의 '올라나Olana'에 있던 자신의 집에 있는 도서관에 휘티어의 시 〈대기의 징조〉가 포함된 시집을 가지고 있었다고 전해진다. 이 그림을 더 이해하기 위해서는 두 사람 모두 미국 지리 및 통계학회의 회원이었던 헤이스와 처치가 과학, 종교, 자연, 예술의 연합을 주도했던 프로이센의 자연과학자 겸 지리학자 알렉산더 폰 훔볼트의 저서들에서 영감을 받았다는 것을 알아야 한다. 당시의 비평가들이 자연 현상에 대한 처치의 연구와 작품에 나타난 과학적인 면을 높게 평가한 것은 놀라운 일이 아니다.

많은 스칸디나비아의 화가들 역시 오로라가 만들어 내는 강력한 하늘의 경치를 기록했지만 프랑스의 화가 겸 천문학자 에티엔 레오폴드 트루블로는 처음에는 파스텔화로 그리고 후에는 다색 석판인쇄에 오로라의 부드럽고 투명한 모습과 오로라의 빛살이 뻗어 나가는 지평선에서 흔히 볼 수 있는 어둠의 아크를 극적으로 표현했다(그림 286). 그는 이 오로라를 관측한 시점(1872년 3월 1일 오후 9시 25분)을 정확하게 명시했지만 그의 그림에 나타난 빛살의 대칭적인 모습은 역동적으로 빠르게 변하는 오로라의 비대칭적 춤에 비하면 형식화되고, 시간 안에 얼어붙어 있는 것처럼 보인다. 따라서 북쪽 하늘의 별들까지 나타나 있

290 허블 우주 망원경. (자외선으로 찍은) 목성 북극 주변의 오로라. 2016년.

는 트루블로의 그림은 그의 관측을 증류한 것으로 보인다. 처치의 그림에도 보이는 트루블로가 잡아낸 어둠의 아크는 지구의 자북을 향하고 있는 관측 방향 때문에 나타난다.

처치와 마찬가지로 미국의 물리학자이며 화가였던 하워드 러셀 버틀러도 오로라를 관측하고

컬러 사진이 등장하기 이전에 작품 속에 담았다 (그림 287). 버틀러는 달이 태양을 가리는 것을 2 분 동안 관측해 빼어난 일식 그림(불타는 코로나가 빠져 있는)을 그렸고(그림 88), 오로라가 빠르게 변하는 모습을 잡아내는 데도 사용된 컬러 노트를 이용한 스케치 기법을 완성했다. 러시아 출신의

화가이자 작가, 철학자, 이론가, 평화와 예술 활동가였던 니콜라스 로에리치는 러시아와 핀란드에서 진행했던 오로라 관측을 여러 장의 시각적인 그림을 그리는 데 이용했다. 작품들의 특징은 러시아의 민속 예술과 이 현상에 대한 직접적 경험의 영향을 받은 단순화된 형식과 대담한 색채다. 천체 현상에 매료되었던 로에리치는 혜성과 일식의 상징성을 여러 작품에 이용했다(그림 89).

좀 더 정밀한 사진이 등장하면서 오로라를 그릴 필요가 줄어들었다. 그러나 이탈리아의 화가 루이지 루솔로Luigi Russolo는 오로라의 활동적인 힘을 형식화된 패턴으로 고정시켰다(그림 288). 그가 그린 정적인 빛살들은 이상하게도 관측을 바탕으로 공간에서의 물체의 운동을 그려 내려고 했던 루솔로와 같은 미래파 예술가들을 위한 장식처럼 느껴진다. 이 그림의 뒷면에는 '1938년 1월 25일에 세로 디 라베노(남부 알프스 마조레 호수 부근에 있는)에서 본 것을 그린 북극광'이라는 글이 쓰여 있다. 다중 노출과 다중 필터 기법을 사용한 페카 파르비아이넨Pekka Parviainen을 비롯한 핀란드 사진 작가들은 오로라의 미묘한 색깔의 변화와 빛으로 이루어진 베일을 잡아낼 수 있었다(그림 289). 오로라가 가지고 있는 역동성으로 인해 오로라를 제대로 감상하는 방법은 최면을 거는 것 같은 오로라의 춤을 비디오 영상을 통해 감상하는 것이다. 그러나 그것보다 더 좋은 것은 현장에 가서 직접 보는 것이다.

지구와 마찬가지로 목성과 토성도 강력한 자기장과 대기를 가지고 있다. 따라서 이 행성에도 오로라가 나타난다. 허블 우주 망원경은 목성의 북극 주변에 생긴 오로라의 모습을 자외선으로 찍어 가시광선으로 찍은 목성 사진과 합성했다(그림 290). 목성의 오로라는 지구의 오로라보다 수백 배 더 강력하다. NASA가 주노 탐사선을 목성 궤도에 진입시키던 2016년에 공개된 이 합성 사진은 목성의 자기장과 내부를 조사하기 위해 만든 것이었다.

여러 세기 동안 지구의 북극 풍경은 자연의 장엄함을 보여 주고 있다. 오늘날 이 지역은 생명이 살아갈 수 없는 곳으로 인식되고 있다. 침범할 수 없는 야생성과 함께 우리가 잃어버린 것은 처치가 그린 북쪽의 얼어붙은 음울한 바다의 장엄함(그림 285)을 공감할 수 있는 가능성이다. 숭고함에 대한 낭만주의자들의 개념과 일치하는 이 그림은 그것을 보는 사람들에게 자신의 유한성과 대결하도록 강요한다. 이전의 화가들은 극지방의 삭막한 아름다움과 도처에 존재하는 위험에서 영웅적인 드라마를 발견했지만 우리는 현재 이 지역에서 위협받고 있는 위험한 상태에 직면해 있다. 이는 행성 지구가 겪고 있는 전체적인 비극의 또 한 장면이다.

291 존 애덤스 휘플John Adams Whipple/W. C. 본드W. C. Bond/조지 P. 본드George P. Bond. 1852년 2월 26일 달의 모습. 다게레오타입.

Chapter 10

새로운 지평선:
우주의 사진들

더 크고 더 나은 망원경뿐만 아니라 세상을 놀라게 할 만한 사진 기술도 현대 천문학의 발전에 크게 기여했다. 1839년 루이 다게르가 발표한 현재 다게레오타입이라고 알려져 있는 최초의 사진 기술은 프랑스 천문학자로 파리 천문대장과 프랑스 과학 아카데미의 서기였던 프랑수아 아라고François Arago와 관련이 있다. 종종 사진의 아버지라고 불리는 다게르는 화가와 물리학자가 되기 위한 공부를 했다. 그는 이전에 다게르보다 앞선 1826~1827년경에 사진을 찍는 데 성공했다고 알려져 있는 프랑스의 발명가 니세포르 니에프스Nicéphore Niépce와 함께 일했다.

다게레오타입으로 사진을 찍는 데는 20분에서 30분 정도가 걸렸고, 하나의 사진만 만들 수 있어 (다시 사진을 찍기 전에는) 복사할 방법이 없었

다. 비슷한 시기에 영국의 발명가 윌리엄 헨리 폭스 탤벗William Henry Fox Talbot이 종이에 영상을 만드는 데 성공했다. 그의 네거티브 영상은 다게레오타입의 경우처럼 단 한 장의 사진이 아니라 여러 장의 사진을 복사하는 데 사용할 수도 있었다. 처음에는 사진을 찍기 직전 사진 건판에 화학물질을 바르는 '습식 건판'이 사용되었다. 1880년에는 사진을 찍기 전에 '건식 건판'을 만들어 보관하는 방법이 표준 사진 기술이 되었다.

천문학자들은 새로운 기술을 이용하는 데 민감하다. 그들은 세계에서 가장 큰 망원경이 다게레오타입을 이용해 천체 사진을 찍는 데 가장 좋을 것이라고 생각했다. 그러나 사실은 그렇지 않았다. 당시 세계에서 가장 큰 두 대의 망원경은 게오르크 메르츠Georg Merz와 조지프 말러Joseph

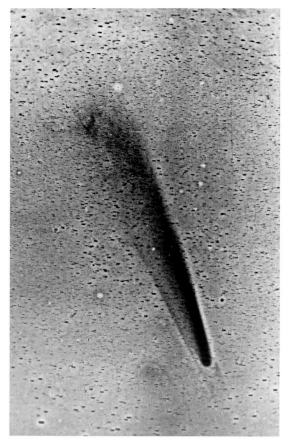

292 데이비드 길David Gill, 〈1882년 9월의 대혜성Great September Comet of 1882〉, 1882년, 강화된 사진 음화.

Mahler가 만든 러시아의 풀코보 천문대와 매사추세츠 케임브리지에 있는 하버드 칼리지 천문대에 있던 38센티미터짜리 망원경이었다. 1851년에 보스턴에서 주로 인물 사진을 찍던 다게레오타입 사진사 존 애덤스 휘플이 하버드 칼리지 천문대 대장이었던 윌리엄 크랜치 본드의 요청을 받고 찰스 강을 건너와 천체 사진을 찍으려고 시도했다. 그들은 푸른색에 민감한 다게레오타입의 초점이 우리 눈이 보는 초점과 다르다는 것을 알아낸 후에야 달의 사진을 찍을 수 있었다(그림 291). 그러나 당시에 일반적이던 하버드가 가지고 있던 초점거리가 긴 굴절 망원경은 희미한 천체의 사

진을 찍기에는 적당하지 않았다.

1858년 영국의 인물 사진사 윌리엄 어셔우드 William Usherwood는 초점거리가 짧고 구경비(렌즈 지름과 초점거리의 비)가 좋은 인물 사진용 카메라를 사용해 성공적으로 혜성의 사진을 찍어 하버드 천문대보다 더 많은 상을 받기도 했다. 그가 찍은 혜성은 도나티 혜성(그림 173~175)이었다. 그러나 불행히도 어셔우드가 찍은 사진은 단 한 점도 전해지지 않는다. 본드도 콜로디온 사진 건판과 하버드의 대형 굴절 망원경을 이용해 이 혜성의 사진을 찍으려고 시도했지만 혜성의 핵과 약간의 구름만 찍을 수 있었다. 본드는 그의 관측 노트에 혜성을 그려 놓고 작은 망원경인 '혜성 탐색기'로 이것을 보았다고 기록해 놓았다. 앞에서 이야기했듯이 이때까지도 천문학적 그림이 관측을 기록하는 기본적인 방법이었다.

습식 건판이나 건식 건판과 같은 기술의 발전으로 1882년 대혜성(그림 177)이 나타났을 때는 남아프리카의 희망봉에 있는 왕립 천문대에서 일하던 천문학자 데이비드 길이 그 지역 사진사와 함께 혜성의 꼬리가 나타난 사진을 찍을 수 있었다(그림 292).

최초로 일식 사진을 찍은 사람은 프로이센 쾨니히스베르크(현재 러시아의 칼리닌그라드)의 '베르코비츠Berkowitz'(성은 알려져 있지 않지만 때로 요한 율리우스 프리드리히라고 불리기도 했던)라고 불리던 사람이다. 그는 1851년 일식 사진을 찍었다(복사본만 남아 있다.). 그러나 1882년 개기일식이 일어날 때는 천문학적 현상을 찍는 사진 기술이 널리 알려져 있었다. 한 일식 사진에는 혜성이 나타나 있기도 했다(그림 293). 20세기 말과 21세기

293 W. H. 웨슬리W. H. Wesley, 1882년 5월 17일 튜픽 혜성과 함께 보이는 태양 코로나. 아서 슈스터Arthur Schuster가 찍은 사진에 색을 입힌 이미지.

초반에 NASA와 유럽 우주국이 공동 프로젝트를 추진했다. 여기에서 미국 해군 천문대가 제작한 SOHOSolar and Heliospheric Observatory의 코로나 관측용 망원경인 코로나그래프를 이용해 수행한 집중적인 조사를 통해 일부 '일식 혜성'은 실제 혜성이지만 일부는 태양에서 분출된 물질인 '코로나 질량 분출'이라는 것이 밝혀졌다.

수십 년 동안 필름이 가장 파장이 짧은 빛인 파란색에만 민감했다. 파장이 짧은 파란빛은 노란빛이나 붉은빛보다 더 큰 에너지를 가지고 있기 때문이다. 1930년대와 1940년대에 개발된 팬크로매틱 필름은 노란빛과 녹색 빛에서 붉은빛까지를 포함해 사람의 눈이 감지할 수 있는 모든 파장 영역의 빛에 민감한 필름이었다. 1939년에

294 안드로메다은하. 1950년대. 빌 밀러Bill Miller의 감독 하에 제작된 최초의 컬러 하늘 사진 중 하나. 윌슨 산 천문대.

295 제이 M. 파사초프Jay M. Pasachoff와 데이비드 말린David Malin, 게성운, 팔로마 천문대에서 찍은 사진을 이용해 만든 컬러 합성 사진.

296, 297 아폴로 17호의 달 착륙 모습: 달 로버, EVA-3과 함께 있는 해리슨 슈미트와 스플릿 록 옆에 있는 해리슨 슈미트, 1972년 12월 13일.

제작된 컬러 영화 〈오즈의 마법사The Wizard of Oz〉
는 놀라운 것이었다. 이 영화는 3개의 단색 영상
을 적당한 파장의 컬러 필터를 이용해 합성해 원
래의 색을 구현해 내는 테크니컬러Technicolor라고
부르는 특허를 받은 기술을 사용해 제작되었다.

1950년대 캘리포니아에 있는 윌슨 산 천문
대와 팔로마 천문대의 특수 사진작가 빌 밀러Bill
Miller가 일반인들에게 제공하기 위한 컬러 슬라이
드를 만들었다. 그가 찍은 광각 안드로메다은하
(M31) 사진을 포함해 천체를 찍은 컬러 사진들은
세계의 표준이 되었다(그림 294).

1960년대에 오스트레일리아 사이딩 스프링
에 있는 앵글로-오스트레일리아 망원경을 이용
해 천체 사진을 찍기 위해 앵글로-오스트레일리
아 천문대는 데이비드 말린을 고용했다. 시드니
에 있는 그의 실험실에서 그는 개개의 단색(RGB)
사진 건판을 다른 필터를 통과시켜 천체의 원래

색깔을 만들어 내는 3색 부가 기술을 이용했다.
그는 팔로마 천문대에서 게성운을 찍은 사진 건
판들을 이용해 게성운의 컬러 이미지를 만들기도
했다(그림 295). 또한 성운의 자기장에 의한 편광
효과를 보여 주기 위해 팔로마 천문대에서 다른
각도로 편광판을 통과시켜 찍은 3개의 이미지를
합성해 하나의 이미지를 만들기도 했다(그림 247).
말린이 사용한 방법은 매우 간단했다. 그는 컬러
이미지를 만들기 위해 표준 확대경과 쉽게 구할
수 있는 것들을 이용했다. 그는 오래전에 제임스
클러크 맥스웰James Clerk Maxwell이 1861년에 실험
했던 방법을 사용했다.

대부분의 사람들은 달과 태양 사이의 거리가
기본적으로 지구와 태양 사이의 거리와 같기 때
문에 달에서 사진을 찍기 위한 카메라 세팅이 지
구상의 풍경을 찍을 때의 카메라 세팅과 같다는
것을 잘 모르고 있다. 예를 들면 지구에서 ASA(미

298, 299 허블 우주 망원경. 화성의 두 모습. 1999년 4월 27일~5월 6일과 2003년 8월 26일.

국 표준협회)가 25인 코다크롬(1935~2002년) 필름을 이용해 낮에 사진을 찍을 때는 셔터 속도를 125분의 1초에 맞추고 조리개는 f/8에 놓으면 된다.(ASA 필름-속도 스케일은 1974년 독일의 DIN 스케일과 통합되어 현재의 국제 표준기구 ISO 필름 속 스케일이 되었다.) 오늘날 스마트폰에 내장되어 있는 디지털 카메라에서도 같은 표준을 사용하고 있다. 만약 이런 카메라로 지구상의 풍경 사진을 찍을 수 있다면 달 표면의 사진도 찍을 수 있다. 우주 비행사들이 핫셀블라드 필름 카메라를 이용해 달에서 사진을 찍을 때 그들은 지구에서 사진을 찍을 때와 같은 노출 시간을 이용했다(핫셀블라드 카메라는 좀 더 널리 사용된 카메라인 35mm 카메라보다 더 큰 네거티브를 만들 수 있다.). 여기 있는 사진들은 여섯 번째이자 마지막 달 착륙 미션이었던 1972년에 발사된 아폴로 17호가 임무를 수행하는 도중에 찍은 사진들이다(그림 296, 297).

화성은 모든 해상도의 카메라를 이용해 사진을 찍었다. 허블 우주 망원경의 해상도는 지상에 설치된 망원경의 해상도보다 일곱 배 정도 좋기 때문에 화성 표면을 자세히 볼 수 있게 해준다(그림 298, 299). 따라서 우리는 스키아파렐리의 '카날리'가 퍼시벌 로웰이 생각했던 운하가 아니라는 것을 확실하게 알 수 있다.

NASA가 1989년에 발사한 목성 탐사선 갈릴레오는 내행성을 여러 번 지나가면서 그들의 중력을 이용해 목성까지 날아가는 데 필요한 속력으로 가속했다. 갈릴레오 탐사선은 금성을 한 번 지나가고 지구를 두 번 지나가면서 이들 행성의 에너지를 얻어 빠른 속력으로 목성을 향해 날아갔지만 목성까지 도달하는 데는 6년이 걸렸다. 갈릴레오 탐사선이 지구를 지나갈 때 아름다운 지구와 달의 사진을 찍었다(그림 300). 목성 궤도에 2003년까지 머물러 있었던 이 탐사선과 함께

300 지구와 달. 1992년 12월 16일. 갈릴레오 탐사선.

301 뉴허라이즌스 탐사선이 찍은 명왕성. 2015년 7월 14일.

302 2014년 8월 로제타 탐사선이 찍은 추류모프–게라시멘코 혜성의 근접 사진.

목성에 간 목성 대기 탐사봉은 1995년 목성 궤도에 진입하고 몇 달 후 목성의 구름 속으로 투하되었다.

좀 더 멀리까지 갔던 더 놀라운 탐사선은 갈릴레오의 주력 탐사선보다 훨씬 작은(따라서 덜 비싼) 탐사선인 NASA의 뉴허라이즌스New Horizons 탐사선이었다. 2006년에 발사된 뉴허라이즌스는 9년의 여행 끝에 명왕성에 도착했다. 이 탐사선이 명왕성을 향해 가고 있는 동안 국제천문연합은 최근 계산을 통해 명왕성의 질량이 처음 알려져 있던 것의 90% 정도로, 지구 질량의 500분의 1밖에 안 되어 명왕성이 해왕성 바깥 천체(TNOS) 또는 카이퍼 벨트 천체(KBOS)에 속하는 천체라는 것을 알게 되었다. 이로 인해 명왕성은 행성이 되기에는 충분하지 못한 질량을 가지고 있지만 둥근 형태를 유지하기에 충분한 중력을 가지고 있는 천체를 지칭하는 '왜소 행성'으로 분류되었다. 뉴허라이즌스 탐사선은 명왕성의 자세한 모습을 찍어서 전송했다(그림 301). 밝은색으로 나타난 거대한 하트 모양의 평원은 1930년에 명왕성을 발견한 클라이드 톰보Clyde Tombaugh의 이름을 따서 톰보 레지오라고 이름 붙였다. 이 평원을 둘러싸고 있는 산들은 경사가 매우 가팔라 얼음만으로는 만들어질 수 없다. 따라서 내부에 암석이 있는 것이 확실하다. 이 사진에는 NASA의 연구용 비행기를 타고 지구 상공을 비행하면서 명왕성의 대기를 발견한 MIT의 짐 엘리엇Jim Elliot의 이름을 따서 엘리엇 크레이터라고 이름 붙인 크레이터를

303 2018년 1월 3일 좌측과 우측에 게일 크레이터의 가장자리가 보이고 샤프 산이 멀리 보이는 베라 루빈 리지에 가 있는 화성 로버 큐리오시티.

포함한 일부 크레이터들도 나타나 있다. 그러나 더 놀라운 것은 카론을 관찰한 것이다. 이 탐사선은 카론이 자체로 놀라운 세상이라는 것을 밝혀 냈다. 카론에 대한 자료가 수집되기 며칠 전까지만 해도 많은 사람들은 카론이 매우 작아 크레이터로만 덮여 있는 단조로운 장소일 것이라고 생각했다. 그러나 카론은 거대한 골짜기들과 유기 분자인 톨린에 의해 어둡게 보이는 넓은 북극 지역을 가지고 있었다. 이 지역은 톨킨J. R. R. Tolkien 의 〈반지의 제왕The Lord of the Rings〉에 나오는 모르도르의 불길한 영역을 따라 명명되었다. 뉴허라이즌스 탐사선은 2019년 1월 1일 가장 가까이 지나가면서 크기 30킬로미터 이하의 작은 천체인 울티마 툴레Ultima Thule라고도 부르는 2014

MU69의 사진도 찍었다. 이 책의 저자들 중 한 사람이 2017년 MU69이 별빛을 가리는 것을 측정해 이 천체의 위치를 정확하게 결정하기 위해 아르헨티나에 파견한 탐사대의 일원으로 활동했다.

탐사선들의 경로는 매우 복잡하다. 유럽 우주국은 혜성을 향해 로제타 탐사선을 발사했다. 로제타라는 이름은 로제타스톤(이집트에서 발견되어 현재 런던 소재 영국 박물관에 보관된)이 고대 이집트의 상형 문자를 해독할 수 있게 했던 것처럼 이 탐사선이 수집한 자료가 태양계의 기원을 밝혀내는 데 도움을 줄 수 있을 것이라는 바람을 담고 있다. 67번째로 궤도가 계산된 주기 혜성이어서 67P라는 코드 번호가 부여된 이 혜성은 러시아의 발견자 이름을 따서 추류모프-게라시멘코

304 허블 우주 망원경. 상호작용하고 있는 은하들 IRAS 21101+5810. 2008년 4월.

혜성이라고도 부른다. 로제타 탐사선은 2004년에 발사되어 이 혜성과 함께 근일점을 통과하면서 기체 제트(승화된 얼음)의 활동이 증가하는 것과 먼지가 분출되는 것을 관찰한 후 2017년에 의도적으로 혜성 표면에 충돌했다. 이 탐사선은 서로 다른 거리에서 여러 가지 해상도로 수천 장의 사진을 찍는 커다란 성공을 거두었다(그림 302).

1971년 이후 화성에 일곱 대의 로버가 보내졌다. 가장 최근에 보낸 로버는 2011년 11월 26일 발사되어 2012년 8월 6일 화성에 착륙한 큐리오시티다. 이 로버는 2018년 1월 31일 베라 루빈 리지에서 샤프 산을 배경으로 해 자신의 사진을 찍었다(그림 303). 이 글을 쓰고 있는 동안에도 큐리오시티는 활동하고 있다. NASA가 발사한 인

사이트InSight 탐사선은 지진계를 설치하고, 화성 내부의 열 흐름을 측정하기 위해 2018년 말에 화성에 착륙했다.

허블 우주 망원경이 찍은 사진들이 커다란 성공을 거둠에 따라 미래 사람들의 높아진 기대를 만족시키는 것이 더욱 어렵게 되었다(그림 304). 허블 우주 망원경이 찍은 사진 중 하나를 보면, 가운데에서 좌측 위쪽에 상호작용하고 있는 한 쌍의 은하가 보인다. 두 은하의 상호작용으로 인해 두 은하는 불규칙한 모습을 보이고 있다. 이 은하들은 미국, 영국, 네덜란드가 공동으로 수행한 적외선 천문위성IRAS의 탐사활동에 의해 처음 발견되었다. NASA는 오랫동안 허블 우주 망원경의 2.4미터짜리 거울보다 훨씬 큰 지름 6미터의 거울을 자랑하는 제임스 웹 우주 망원경을 준비하고 있다. 그러나 제임스 웹 우주 망원경은 적외선 영역에서만 작동하기 때문에 허블 우주 망원경이 찍었던 것 같은 사실적인 이미지들은 찍지 못할 것이다. 지름이 6미터나 되는 거울은 현재의 우주선으로 발사하기에는 너무 커서 작은 거울을 펼쳐서 만들 수 있도록 설계되었고, 금속이 적외선을 쉽게 반사하는 것을 막기 위해 금으로 코팅할 것이다. 3개 이상 되는 다른 파장의 적외선을 이용해 만든 가상 컬러 사진은 21세기에 고화질의 천체 사진들을 제공해 줄 것이다. 이 책을 쓰고 있는 동안에 제임스 웹 우주 망원경의 발사가 2021년으로 예정되었다. 다른 적외선 컬러 사진들이 가시광선의 영역으로 번역되는 것을 보면서 예술가들이 어떤 생각을 하게 될지는 두고 보아야 할 일이다.

아마추어 천문학자들이나 전문적인 천문학자들 모두 하늘의 이미지를 사진으로 찍지만 필름을 사용하는 사람은 거의 없다. 현재 사용되고 있는 전자 감지기의 민감도는 필름의 민감도보다 100배는 더 좋다. 따라서 다양한 전자 장비들이 천문 관측에 폭넓게 사용되고 있다. 더구나 전자 장비의 민감도가 적외선 영역으로 급속하게 확장되고 있다. 수십 년 전만 해도 적외선 이미지는 한 점 한 점의 적외선 세기를 측정해 만들었지만 오늘날에는 적외선에 민감한 어레이를 이용하고 있고, 어레이를 구성하는 화소 수도 계속 증가하고 있다.

일부 아마추어 천문학자들이 망원경으로 본 것을 스케치하고 있지만 전문적인 영역에서는 눈으로 직접 보고, 관측한 것을 그림으로 기록하던 전통이 오늘날의 전자적인 이미지로 완전히 전환되었다. 2018년에 제작된 가이아 스카이 맵Gaia all-sky map은 우리 은하의 구조를 예전보다 훨씬 자세하게 보여 주고 있다. 여기에는 유럽 우주국의 가이아 탐사위성이 2014년 이후 관측한 17억 개의 별이 포함되어 있다. 우리 은하는 수평으로 퍼져 있으며 남쪽 하늘에는 대마젤란은하와 소마젤란은하가 있다. 가이아 탐사위성은 2개의 카메라로 13억 개 별의 색깔과 운동을 측정했다. 각각의 사진은 1.5기가픽셀 이루어져 있다(다시 말해 1,500메가픽셀, 이것은 보통 디지털 카메라로 찍은 사진의 화소 수보다 100배 더 많은 것이다.). 미래 이미지 기술은 더 깊이 감추어져 있는 우주의 신비를 우리 앞에 보여 줄 것이 틀림없다.

305 조르조 데 키리코Giorgio de Chirico, 〈메피스토펠레스와 코스모스Mephistopheles and the Cosmos〉, 라 스칼라에서 공연된 아리고 보이토의 〈메피스토펠레 Mefistofele〉 서막 커튼을 위한 디자인, 1952년, 아마 섬유로 만든 종이에 유채, 40×30cm.

결론: 무한대

―

천체 현상에 대한 여행을 마치면서 우리는 컴퓨터와 사진을 더 많이, 아울러 과학과 예술을 더 긴밀하게 연결하는 새로운 기술적 승리와 예술적 사색을 기대하고 있다. 지구에서의 도전이 관심을 필요로 하는 것처럼, 우주가 예술의 탐구를 격려하는 것처럼 무한대가 우리를 기다리고 있다.

미래에는 새로운 세상이 계속적으로 과학과 예술을 위해 펼쳐질 것이다. 2019년은 NASA의 찬드라 엑스선 관측위성의 발사 20주년이 되는 해였다. 이 관측위성이 조사한 첫 번째 천체들 중 하나인 게성운은 아직도 가장 자주 망원경으로 관찰되는 천체로 남아 있다. 게성운은 폭발 시기에 대한 확실한 증거를 가지고 있는 몇 안 되는 천체들 중 하나다. 황소자리 방향에서 1054년(SN 1054)에 폭발이 목격된 이 성운은 천문학자들과

별바라기들을 위한 시금석이 되고 있다. 오늘날 천문학자들은 게성운이 커다란 별이 연료를 모두 소모한 후 붕괴할 때 만들어진 강한 자기장을 가지고 빠르게 회전하고 있는 '펄사'라고 부르는 중성자성으로부터 에너지를 공급받고 있다는 것을 알고 있다. 이 중성자성은 극으로부터 분출되는 물질과 반물질의 강한 제트 흐름과 강력한 바람을 만들어 내는 강한 자기장을 가지고 있다. 찬드라 관측위성이 만들어 낸 최근의 게성운 사진(그림 306)은 찬드라 관측위성이 찍은 엑스선 사진과 NASA의 허블 우주 망원경과 스피처 우주 망원경이 찍은 사진들을 합성하고 지난 20년 동안 축적된 과학적 지식을 결합해 만든 것이다.

여러 세기 동안 에셔와 같은 화가들은 사람들의 마음을 발견으로 유도하는 우주의 신비를 표

306 게성운의 중심 부분, 2000~2013년. NASA의 찬드라 엑스선 관측위성, 허블 우주 망원경과 스피처 우주 망원경에서 찍은 사진을 바탕으로 2018년에 만든 합성 사진. 엑스선(파란색), 가시광선(보라색), 적외선(분홍색).

현하기 위해 눈에 보이는 것 너머에 있는 수학적으로 영감을 받은 세상을 기다려 왔다(그림 234). 에서의 환상은 1952년 밀란에 있는 라 스칼라에서 공연된 아리고 보이토가 연출한 오페라 〈메피스토펠레Mefistofele〉의 프롤로그를 위해 제작한 하늘 경치를 그린 커튼(그림 305)에 나타난 형이상회화파 화가 조르조 데 키리코의 환상과 마찬가지로 영국의 생물학자 홀데인의 "내 생각에 우주는 우리가 생각하는 것보다 이상한 것이 아니라 우리가 생각할 수 있는 것보다 이상하다."라는 말과 조화를 이룬다.

무엇보다 이 한 가지만은 확실하다. 예술가와 과학자들은 우주의 새로운 차원에 대한 그들의 탐구 영역을 지속적으로 넓혀 갈 것이다. 그들의 창조적인 영감이 틀림없이 새로운 세상의 발견과 사색으로 이끌어 갈 것이다.

참고자료

—

총론

Benson, Michael, *Cosmigraphics: Picturing Space through Time*(New York, 2014)

Blume, Dieter, et al., *Sternbilder des Mittelalters Der gemalte Himmel zwischen Wissenschaft und Phantasie*, 2 vols (Berlin and Boston, ma, 2016)

Borchert, Till-Holger, and Joshua P. Waterman, *The Book of Miracles – Das Wunderzeichenbuch – Le Livre des miracles*, 2 vols (Cologne, 2013)

Brashear, Ronald, and Daniel Lewis, *Star Struck: One Thousand Years of the Art and Science of Astronomy* (San Marino, ca, 2001)

Castellotti, Marco Bona, Enrico Gamba and Fernando Mazzocca, *La ragione e il metodo: Immagini della scienza nell'arte italiana dal xvi al xix secolo*, exh. cat., Centro culturale Sant'Agostino, Crema (Milan, 1999)

Clair, Jean, ed., *Cosmos: From Goya to De Chirico, from Friedrich to Keifer: Art in Pursuit of the Infinite*, exh. cat., Palazzo Grassi, Venice (Milan, 2000)

——, *Cosmos: From Romanticism to Avant-garde*, exh. cat., Montreal Museum of Fine Arts (Munich and New York, 1999)

Corbin, Brenda G., 'Étienne Léopold Trouvelot (1827 – 1895), the Artist and Astronomer', *Library and Information Services in Astronomy*, v, *Astronomical Society of the Pacific Conference Series*, CCL XXVII (2007), pp. 352 – 60

Cunningham, Clifford J., Brian G. Marsden and Wayne Orchiston, 'The Attribution of Classical Deities in the Iconography of Giuseppe Piazzi', *Journal of Astronomical History and Heritage*, XIV/2 (2011), pp. 129 – 35

Dekker, Elly, and Silke Ackermann, eds, *Globes*

at Greenwich: A Catalogue of the Globes and Armillary Spheres in the National Maritime Museum, Greenwich, exh. cat., National Maritime Museum, London (Oxford, New York and London, 1999)

Galluzzi, Paolo, ed., Galileo: Images of the Universe from Antiquity to the Telescope, exh. cat., Palazzo Strozzi, Florence (Florence, 2009)

Hadingham, Evan, Early Man and the Cosmos: Explorations in Astroarchaeology (New York, 1984)

Hess, Wilhelm, Himmels- und Naturerscheinungen in Einblattdrucken des xv. bis xviii. Jahrhunderts (Nieuwkoop, 1973; reprint of Leipzig, 1911)

Holländer, Eugen, Wunder, Wundergeburt und Wundergestalt in Einblattdrucken des fünfzehnten bis achtzehnten Jahrhunderts (Stuttgart, 1921)

Hoskin, Michael A., Cambridge Illustrated History of Astronomy (Cambridge 1997)

——, Caroline Herschel: Priestess of the New Heavens (Sagamore Beach, ma, 2013)

——, Discoverers of the Universe: William and Caroline Herschel (Princeton, nj, 2011)

——, William Herschel, Pioneer of Sidereal Astronomy (London, 1959)

Incerti, Manuela, Fabrizio Bonoli and Vito F. Polcaro, 'Transient Astronomical Events as Inspiration Sources of Medieval and Renaissance Art', The Inspiration of Astronomical Phenomena, vol. vi: Proceedings of a Conference Celebrating the 400th Anniversary of Galileo's First Use of the Telescope, ed. Enrico M. Corsini, asp Conference Series, CCCCXLI (San Francisco, ca, 2011), pp. 139–50

Krupp, E. C., Echoes of the Ancient Skies: The Astronomy of Lost Civilizations (Mineola, ny, 2003)

——, Skywatchers, Shamans and Kings: Astronomy

and the Archaeology of Power (New York, 1997)

Launay, Françoise, 'Trouvelot à Meudon Une "affaire" et huit pastels', L'Astronomie, cxvii (October 2003), pp. 452–60

MacDonald, Angus, and Alison D. Morrison, eds, A Heavenly Library: Treasures from the Royal Observatory's Crawford Collection, exh. cat., National Museums of Scotland, Edinburgh (Edinburgh, 1994)

MacDonald, John, The Arctic Sky: Inuit Astronomy, Star Lore and Legend (Toronto, 1998)

Millburn, John R., Benjamin Martin: Author, Instrument-maker, and 'Country Showman' (Leiden, 1976)

North, John David, Cosmos: An Illustrated History of Astronomy and Cosmology (Chicago, il, and London, 2008)

Olson, Donald W., Celestial Sleuth: Using Astronomy to Solve Mysteries in Art, History and Literature (New York, 2014)

Olson, Roberta J. M., and Jay M. Pasachoff, 'Comets, Meteors, and Eclipses: Art and Science in Early Renaissance Italy', Meteoritics and Planetary Science, XXXVII (2002), pp. 1563–78

Orchiston, Wayne, John Tebbutt: Rebuilding and Strengthening the Foundations of Australian Astronomy (Cham, 2017)

Pasachoff, Jay M., Peterson Field Guide to the Stars and Planets (Boston, ma, 2017)

——, and Alex Filippenko, The Cosmos: Astronomy in the New Millennium (Cambridge, 2019)

Reeves, Eileen, Painting the Heavens: Art and Science in the Age of Galileo (Princeton, nj, 1997)

Saxl, Fritz, Verzeichnis astrologischer und mythologischer illustrieter Handschriften des *lateinischen Mittelalters*, 3 vols in 4 (Heidelberg, 1915 – 53)

Schilling, Govert, *Atlas of Astronomical Discoveries* (New York, 2011)

Thorndike, Lynn, *A History of Magic and Experimental Science*, 8 vols (New York, 1923 – 58)

Chapter 1 천문학: 의인화와 관습

Cunningham, Clifford J., *Discovery of the First Asteroid, Ceres: Historical Studies in Asteroid Research* (Cham, 2016)

Cunningham, Clifford J., Brian G. Marsden and Wayne Orchiston, 'The Attribution of Classical Deities in the Iconography of Giuseppe Piazzi', *Journal of Astronomical History and Heritage*, XLI/2 (2011), pp. 129 – 35

Jones, Alexander, *A Portable Cosmos: Revealing the Antikythera Mechanism, Scientific Wonder of the Ancient World* (Oxford, 2017)

Joost-Gaugier, Christine L., 'Ptolemy and Strabo and their Conversation with Appelles and Protogenes: Cosmography and Painting in Raphael's School of Athens', *Renaissance Quarterly*, LI/3 (1998), pp. 761 – 87

Lippincott, Kristen, 'Raphael's "Astronomia": Between Art and Science', in *Making Instruments Count: Essays on Historical Scientific Instruments Presented to Gerard L'Estrange Turner*, ed. R.G.W. Anderson, J. A. Bennett and W. F. Ryan (Aldershot and Brookfield, vt, 1993), pp. 75 – 87

Chapter 2 우주의 역학: 성도, 별자리, 그리고 천구

Barentine, John C., *The Lost Constellations* (Chichester, 2016)

——, *Uncharted Constellations* (Chichester, 2016)

Bertola, Francesco, *Imago mundi* (Cittadella, 1997)

Blume, Dieter, Mechthild Haffner and Wolfgang Metzger, *Sternbilder des Mittelalters*, 2 vols (Berlin, 2012)

Canova, Giordana Mariani, 'Padua and the Stars: Medieval Painting and Illuminated Manuscripts', *The Inspiration of Astronomical Phenomena, vol. vi: Proceedings of a Conference Celebrating the 400th Anniversary of Galileo's First Use of the Telescope*, ed. Enrico M. Corsini, asp Conference Series, vol. CCCCXLI (San Francisco, ca, 2011), pp. 111 – 50

Condos, Theony, *Star Myths of the Greeks and Romans: A Sourcebook* (Grand Rapids, mi, 1997)

Forti, Giuseppe, et al., 'Un planetario del XV secolo nella sacrestia vecchia di S. Lorenzo in Firenze una cupola dipinta reproduce con grande precision il cielo diurno di un giorno d'estate del 1442: è forse la commemorazione di un evento cittadiano?', *L'Astronomia*, LXII (1987), pp. 5 – 14

Harris, Lynda, 'Visions of the Milky Way in the West: The Greco- Roman and Medieval Periods', *The Inspiration of Astronomical Phenomena*, vol. vii, ed. Nicolas Campion and Rolf Sinclair, *Culture and Cosmos* special issue, XVI/1 – 2 (2012), pp. 272 – 82

Helden, Albert van, *The Invention of the Telescope* (Philadelphia, pa, 1977)

Kanas, Nick, *Star Maps: History, Artistry, and Cartography* (New York, 2012)

King, Henry C., *The History of the Telescope* (New York, 1979)

Marshall, David Weston, *Ancient Skies: Constellation Mythology of the Greeks* (New York, 2018)

Mendillo, Michael, and Aaron Shapiro, 'Scripture

in the Sky: Jeremias Drexel, Julius Schiller and the Christianizing of the Constellations', in *The Inspiration of Astronomical Phenomena, vol. vi: Proceedings of a Conference Celebrating the 400th Anniversary of Galileo's First Use of the Telescope*, ed. Enrico M. Corsini, ASP Conference Series, CCCCXLI (San Francisco, ca, 2011), pp. 181 – 203

Metzger, Wolfgang, 'Stars, Manuscripts and Astrolabes: The Stellar Constellations in a Group of Medieval Manuscripts between Latin Literature and a New Science of the Stars', in *The Inspiration of Astronomical Phenomena, vol. vi: Proceedings of a Conference Celebrating the 400th Anniversary of Galileo's First Use of the Telescope*, ed. Enrico M. Corsini, asp Conference Series, CCCCXLI (San Francisco, ca, 2011), pp. 533 – 45

Molaro, Paolo, and Pierluigi Selvelli, 'On the Telescopes in the Paintings of Jan Brueghel the Elder', in *The Role of Astronomy in Society and Culture: Proceedings iau Symposium No. 260*, ed. David Valls-Gabaud and Alec Bokensberg (Cambridge and New York, 2011), pp. 327 – 32

Rowell, Margit, et al., *Miro and Calder's Constellations* (New York, 2017)

Schaefer, Bradley E., 'The Epoch of the Constellations on the Farnese Atlas and their Origin in Hipparchus's Lost Catalogue', *Journal for the History of Astronomy*, xxxvi/2 (2005), pp. 167 – 96

Stoppa, Felice, *Atlas coelestis, Il cielo stellato nella scienza e nell'arte* (Milan, 2006) (with appendix: E. H. Burritt, *The Geography of the Heavens, Atlas*, New York, 1835)

Stott, Carol, *Celestial Charts: Antique Maps of the Heavens* (London, 1995)

Stoyan, Ronald, et al., *Atlas of the Messier Objects: Highlights of the Deep Sky* (Cambridge and New York, 2010)

Chapter 3 태양과 일식

Alexander, David, *The Sun* (Santa Barbara, ca, 2009)

Aveni, Anthony, *In the Shadow of the Moon: The Science, Magic, and Mystery of Solar Eclipses* (New Haven, ct, 2017)

Berman, Bob, *The Sun's Heartbeat, and Other Stories from the Life of the Star that Powers Our Planet* (New York, 2011)

Bhatnagar, Arvind, and William C. Livingston, *Fundamentals of Solar Astronomy* (Singapore, 2005)

Brunier, Serge, and Jean-Pierre Luminet, *Glorious Eclipses: Their Past, Present, and Future*, trans. Storm Dunlop (Cambridge, 2000)

Carlowicz, Michael J., and Ramon E. Lopez, *Storms from the Sun: The Emerging Science of Space Weather* (Washington, dc, 2000)

Débarbat, Suzanne, 'Une retombée inattendue de l'éclipse du 11 août 1999', *Compt rendus de l'Académie des sciences Paris*, 4th ser. (2000), pp. 359 – 61

Espenak, Fred, *Fifty Year Canon of Solar Eclipses, 1986 – 2035* (Greenbelt, md, 1987)

Golub, Leon, and Jay M. Pasachoff, *Nearest Star: The Surprising Science of Our Sun* (New York, 2013)

——, *The Solar Corona* (Cambridge, 2010)

——, *The Sun* (London, 2017)

Lang, Kenneth R., *The Sun from Space* (New York, 2006)

Olson, Roberta J. M., and Jay M. Pasachoff, 'St Benedict Sees the Light: Asam's Solar Eclipses as Metaphor', *Religion and the Arts*, XI (2007), pp. 299 – 329

——, 'Blinded by the Light: Solar Eclipses in Art – Science, Symbolism, and Spectacle', in *The Inspiration of Astronomical Phenomena, vol. vi: Proceedings of a Conference Celebrating the 400th Anniversary of Galileo's First Use of the Telescope*, ed. Enrico M. Corsini, asp Conference Series, CCCCXLI (San Francisco, ca, 2011), pp. 205 – 15

——, 'The Solar Eclipse Mural Series by Howard Russell Butler', in *The Inspiration of Astronomical Phenomena, vol. viii: City of Stars*, ed. Brian Patrick Abbott, Astronomical Society of the Pacific Conference vol. DI (San Francisco, ca, 2015), pp. 13 – 20

——, 'The 1816 Solar Eclipse and Comet 1811 i in John Linnell's Astronomical Album', *Journal for the History of Astronomy*, XXIII (1992), pp. 121 – 33

Pasachoff, Jay M., *The Complete Idiot's Guide to the Sun* (Indianapolis, in, 2003)

Reaves, Mary Kerr, and Gibson Reaves, 'Antoine Caron's Painting *Astronomers Studying an Eclipse*', *Publications of the Astronomical Society of the Pacific*, LXXVII (1965), pp. 153 – 7

Schove, D. Justin, and Alan Fletcher, *Chronology of Eclipses and Comets ad 1 – 1000* (Woodbridge, Suffolk, and Dover, nh, 1984)

Sinclair, Rolf M., 'Howard Russell Butler: Painter Extraordinary of Solar Eclipses', *The Inspiration of Astronomical Phenomena*, vol. vii, ed. Nicolas Campion and Rolf Sinclair, *Culture and Cosmos* special issue, XVI/1 – 2 (2012), pp. 345 – 99

Zirker, Jack B., *Journey from the Center of the Sun* (Princeton, nj, 2001, paperback, 2004)

——, *Sunquakes: Probing the Interior of the Sun* (Baltimore, md, 2003)

——, *The Magnetic Universe: The Elusive Traces of an Invisible Force* (Baltimore, md, 2009)

Chapter 4 달과 월식

Ariew, R., 'Galileo's Lunar Observations in the Context of Medieval Lunar Theory', *Studies in the History and Philosophy of Science*, xv/3 (1984), pp. 213 – 27

Bambach, Carmen, *Leonardo da Vinci Rediscovered*, 4 vols (London, 2018), see vol. ii and iii

Barbieri, Cesare, and Francesca Rampazzi, eds, *Earth – Moon Relationships, Proceedings of the Conference held in Padova, Italy at the Accademia Galileiana di Scienze Lettere ed Arti* (Dordrecht, Boston, ma, and London, 2001)

Braham, Helen, and Robert Bruce-Gardner, 'Rubens's "Landscape by Moonlight"', *Burlington Magazine*, CXXX/1025 (1988), pp. 579 – 96

Brosche, Peter, 'Sie betrachten auch die Venus: Astronomisches zu Caspar David Friedrichs berühmtem Gemälde', *Sterne und Weltraum*, XXXIV /3 (1995), pp. 194 – 6

Bussey, Ben, and Paul D. Spudis, *The Clementine Atlas of the Moon* (New York, 2004)

Cocks, Elijah E., and Josiah C. Cocks, *Who's Who on the Moon: A Biographical Dictionary of Lunar Nomenclature* (Greensboro, nc, 1995)

Contini, Roberto, *Il Cigoli* (Soncino, 1991)

Crotts, Arlin, *The New Moon: Water, Exploration and Future Habitation* (Cambridge, 2014)

Drake, Stillman, 'Galileo's First Telescopic Observations', *Journal for the History of Astronomy*, VII (1976), pp. 153 – 68

Dupont-Bloch, Nicolas, *Shoot the Moon: A Complete Guide to Lunar Imaging* (Cambridge, 2016)

Edgerton, Samuel Y., 'Galileo, Florentine "Disegno" and the "Strange Spottednesse" of the Moon', *Art*

Journal, XLIV /3 (1984), pp. 225 – 32

——, *The Heritage of Giotto's Geometry: Art and Science on the Eve of the Scientific Revolution* (Ithaca, ny, and London, 1991)

Evans, James, *The History and Practice of Ancient Astronomy* (Oxford and New York, 1998)

Farago, Claire J., et al., *Codex Leicester: A Masterpiece of Science* (New York, 1996)

Faranda, Franco, *Ludovico Cardi detto il Cigoli* (Rome, 1986)

Galileo Galilei, *Sidereus nuncius magna, longeque admirabilia spectacula pandens, suspiciendaque propenens unicuique, praesertim vero* (Venice, 1610)

Galles, Carlos D., and Carmen J. Gallagher, 'The Enigmatic Face of the Moon', in *The Inspiration of Astronomical Phenomena*, vol. vi: *Proceedings of a Conference Celebrating the 400th Anniversary of Galileo's First Use of the Telescope*, ed. Enrico M. Corsini, asp Conference Series, CCCCXLI (San Francisco, ca, 2011), pp. 31 – 5

Heiken, G. H., D. T. Vaniman and B. M. French, *Lunar Sourcebook: A User's Guide to the Moon* (New York, 1991)

Lapi Ballerini, Isabella, 'Considerazioni a margine del restauro della "cupolina" dipinta nella Sagrestia Vecchia', in *Donatello-Studien*, ed. M. Cämmerer (Munich, 1989), pp. 102 – 12

——, 'Gli emisfero celesti della Sagrestia Vecchia e della Cappella Pazzi', *Rinascimento*, XXVIII (1988), pp. 321 – 55

——, 'Il planetario della Sagrestia Vecchia', in Umberto Baldini et al., *Brunelleschi e Donatello nella Sagrestia di S. Lorenzo* (Florence, 1989), pp. 113 – 21

Laurberg, M., et al., *The Moon: From Inner Worlds to Outer Space* (Copenhagen, 2018)

Le Conte, David, 'Warren De La Rue: Pioneer Astronomical Photographer', *Antiquarian Astronomer*, V (2011), pp. 14 – 35

Leonardo da Vinci, *The Codex Hammer of Leonardo da Vinci*, trans. Carlo Pedretti (Florence, 1987)

——, *Codex Leicester: A Masterpiece of Science*, ed. Claire Farago (New York, 1996)

——, *Leonardo da Vinci: The Codex Leicester – Notebook of a Genius*, ed. Michael Desmond and Carlo Pedretti (Sydney, 2000)

——, *Il Codice Atlantico della Biblioteca Ambrosiana di Milano*, 3 vols (Florence, 2000)

——, *The Literary Works of Leonardo da Vinci*, 2 vols, ed. J. P. Richter (London, New York and Toronto, 1939)

Matteoli, Anna, *Lodovico Cardi – Cigoli pittore e architetto* (Pisa, 1980)

Mendillo, Michael, 'Landscape by Moonlight: Peter Paul Rubens and Astronomy', in *The Inspiration of Astronomical Phenomena*, vol. viii: *City of Stars*, ed. Brian Patrick Abbott, Astronomical Society of the Pacific Conference vol. DI (San Francisco, ca, 2015), pp. 21 – 30

Montgomery, Scott L., 'The First Naturalistic Drawing of the Moon: Jan van Eyck and the Art of Observation', *Journal for the History of Astronomy*, XXV (1994), pp. 317 – 32

——, *The Moon and the Western Imagination* (Tucson, az, 2001)

Nicolson, Marjorie Hope, *Voyages to the Moon* (New York, 1948)

——, 'A World in the Moon: A Study of the Changing Attitude toward the Moon in the Seventeenth and Eighteenth Centuries', *Smith College Studies in Modern Languages*, XVII (1936), pp. 1–71

Olson, Roberta J. M., and Jay M. Pasachoff, 'Moon-struck: Artists Rediscover Nature and Observe', in *Earth–Moon Relationships. Proceedings of the Conference held in Padova, Italy at the Accademia Galileiana di Scienze Lettere ed Arti*, ed. Cesare Barbieri and Francesca Rampazzi (Dordrecht, Boston, ma, and London, 2001), pp. 303–41

Ostrow, Stephen F., 'Cigoli's Immacolata and Galileo's Moon: Astronomy and the Virgin in Early Seicento Rome', *Art Bulletin*, LXXVII (1996), pp. 218–35

Pigatto, Luisa, and Valeria Zanini, 'Lunar Maps of the 17th and 18th Centuries: Tobias Mayer's Map and its 19th-century Edition', in *Earth–Moon Relationships. Proceedings of the Conference held in Padova, Italy at the Accademia Galileiana di Scienze Lettere ed Arti*, ed. Cesare Barbieri and Francesca Rampazzi (Dordrecht, Boston, ma, and London, 2001), pp. 365–77

Price, Fred W., *The Moon Observer's Handbook* (Cambridge, 2009)

Reeves, Gibson, and Pedretti, Carlo, 'Leonardo da Vinci's Drawings of the Surface Features of the Moon', *Journal for the History of Astronomy*, XVIII (1987), pp. 55–8

Rükl, Antonín, *Atlas of the Moon* (Waukesha, wi, 1990)

Ryan, W. F., *John Russell, ra, and Early Lunar Mapping* (Washington, dc, 1966)

Scott, Elaine, *Our Moon: New Discoveries About Earth's Closest Companion* (New York, 2016)

Spudis, Paul D., *The Once and Future Moon* (Washington, dc, 1996)

Stone, E. J., 'Note on a Crayon Drawing of the Moon by John Russell, ra, at the Radcliffe Observatory, Oxford', *Monthly Notices of the Royal Astronomical Society*, LVI (1896), pp. 88–95

Verwiebe, Birgit, 'Erweiterte, Wehrnehmung: Licht – Evscheinungen Transparent – Bilder Synästhesie', in *Casper David Friedich: Die Erfindung der Romantik*, exh. cat, Hamburger Kunsthalle (Munich, 2006), pp. 338–44

Wells, Gary N., 'The Long View: Light, Vision, and Visual Culture after Galileo', in *The Inspiration of Astronomical Phenomena*, vol. vi: *Proceedings of a Conference Celebrating the 400th Anniversary of Galileo's First Use of the Telescope*, ed. Enrico M. Corsini, asp Conference Series, CCCCXLI (San Francisco, ca, 2011), pp. 89–97

——, 'The Moon in the Landscape: Interpreting a Theme of Nineteenth Century Art', *The Inspiration of Astronomical Phenomena vii*, ed. Nicolas Campion and Rolf Sinclair, *Culture and Cosmos* special issue, XVI/1–2 (2012), pp. 373–84

Whitaker, Ewen A., 'Galileo's Lunar Observations and the Dating of the Composition of 'Sidereus Nuncius', *Journal for the History of Astronomy*, IX (1978), pp. 155–69

——, *Mapping and Naming the Moon: A History of Lunar Cartography and Nomenclature* (Cambridge, 1999)

Wilhelms, Don E., *To a Rocky Moon: A Geologist's History of Lunar Exploration* (Tucson, az, 1993)

Wlasuk, Peter T., *Observing the Moon* (London, 2000)

Wood, Charles, 'Lunar Hall of Fame', *Sky and Telescope*, cxx iv/6 (2017), pp. 52–4

Chapter 5 혜성: '방랑자 별들'

Altfeld, H.-H., *Bibliographical Guide for Cometary Science* (Munich, 1983)

Bond, G. P., *Account of the Great Comet of 1858* (Cambridge, ma, 1862)

Freitag, Ruth, *Halley's Comet: A Bibliography* (Washington, dc, 1984)

Hellman, C. Doris, *The Comet of 1577: Its Place in the History of Astronomy* (New York and London, 1944)

Hughes, David, *The Star of Bethlehem: An Astronomer's Confirmation* (New York, 1979)

Kapoor, R. C., 'Nuruddin Jahangir and Father Kirwitzer: The Independent Discovery of the Great Comets of November 1618 and the First Astronomical Use of Telescope in India', *Journal of Astronomical History and Heritage*, XIX (2016), pp. 264 – 97

Karam, P. Andrew, *Comets: Nature and Culture* (London, 2017)

Kronk, Gary W., et al., Comets: A Descriptive Catalogue, vol. i: *Ancient – 1799*; vol. ii: *1800 – 1899*; vol. iii: *1900 – 1932*; vol. iv: *1933 – 1959*; vol. v: *1960 – 1982*; vol. vi: *1983 – 1993* (Cambridge and New York, 1999 – 2017)

Levy, David H., *The Quest for Comets: An Explosive Trail of Beauty and Danger* (New York, 1994)

Littmann, Mark, and Donald K. Yeomans, *Comet Halley: Once in a Lifetime* (Washington, dc, 1985)

Marsden, Brian G., and Gareth V. Williams, *Catalog of Cometary Orbits* (Cambridge, ma, 2003)

Massing, Jean-Michel, 'A Sixteenth-century Illustrated Treatise on Comets', *Journal of the Warburg and Courtauld Institutes*, XL (1977),
pp. 318 – 22

Olson, Roberta J. M., 'The Comet of 1680 in Dutch Art', *Sky and Telescope*, LXXVI/6 (1988), pp. 706 – 8

——, 'The Comet in Moreau's Phaeton: An Emblem of Cosmic Destruction and a Clue to the Painting's Astronomical Prototype', *Gazette des beaux-arts*, CI (1983), pp. 37 – 42

——, 'The Draftsman's Comet', *Drawing*, VII /3 (1985), pp. 49 – 55

——, *Fire and Ice: A History of Comets in Art* (New York, 1985)

——, 'Giotto's Portrait of Halley's Comet', *Scientific American*, CCXL/5 (1979), pp. 160 – 70

——, 'Much Ado about Giotto's Comet', *Quarterly Journal of the Royal Astronomical Society*, XXXV (1994), pp. 145 – 8

——, 'Quand passent les comètes', *Connaissance des Arts*, 380 (October 1983), pp. 72 – 7

——, '. . . And They Saw Stars: Renaissance Representations of Comets and Pretelescopic Astronomy', *Art Journal*, XLIV /3 (1984), pp. 216 – 24

——, 'A Water-colour by Samuel Palmer of Donati's Comet', *Burlington Magazine*, CXXXII /1052 (1990), pp. 795 – 6

——, and Jay M. Pasachoff, 'The Comets of Caroline Herschel (1750 – 1848), Sleuth of the Skies at Slough', *The Inspiration of Astronomical Phenomena vii*, ed. Nicolas Campion and Rolf Sinclair, *Culture and Cosmos* special issue, XVI/1 – 2 (2012), pp. 53 – 76

——, *Fire in the Sky: Comets and Meteors, the Decisive Centuries in British Art and Science* (Cambridge, 1998)

—, 'Historical Comets over Bavaria: The Nuremberg Chronicle and Broadsides', in *Comets in the Post-Halley Era*, vol. II, ed. R. C. Newburn Jr et al. (Dordrecht, Boston, ma, and London, 1991), pp. 1309–41

—, 'Is Comet P/Halley of ad 684 Recorded in the Nuremberg Chronicle?', *Journal for the History of Astronomy*, XX (1989), pp. 171–4

—, 'Letter: Comets and Altdorfer's Art', *Art Bulletin*, XXXII /2 (2000), p. 600

—, 'New Information on Comet Halley as Depicted by Giotto di Bondone and Other Western Artists', *Proceedings of the 20th eslab Symposium on the Exploration of Halley's Comet*, vol. III (Paris, 1986), pp. 201–13 (reprinted with new information in *Astronomy and Astrophysics*, CLXXXVII /1–2 (1987), pp. 1–11; *Exploration of Halley's Comet*, ed. M. Grewing, F. Praderie and R. Reinhard, Berlin and Heidelberg, 1988)

—, and Margaret Hazen, 'The Earliest Comet Photographs: Usherwood, Bond, and Donati 1858', *Journal for the History of Astronomy*, XXVII (1996), pp. 129–45

Schechner, Sara, *Comets, Popular Culture and the Birth of Modern Cosmology* (Princeton, nj, 1999)

Schilling, Diebold, *Diebold Schilling Luzerner BilderChronik, 1513*, ed. Robert Durrer and Paul Hilber (Geneva, 1932)

Thorndike, Lynn, ed., *Latin Treatises on Comets between 1238 and 1368 ad* (Chicago, il, 1950)

Verschuur, Gerrit L., *Impact! The Threat of Comets and Asteroids* (New York, 1996)

Vsekhsvyatskii, S. K., *Physical Characteristics of Comets* (Jerusalem, 1964)

Chapter 6 폭발하는 유성과 유성우

Bias, Peter V., *Meteors and Meteor Showers: An Amateur's Guide to Meteors* (Cincinnati, oh, 2005)

Burke, John G., *Cosmic Debris: Meteorites in History* (Berkeley, ca, and London, 1986)

Dick, Steven J., 'Observation and Interpretation of the Leonid Meteors over the Last Millennium', *Journal of Astronomical History and Heritage*, I/1 (1998), pp. 1–20

Hughes, David. W., 'The History of Meteors and Meteor Showers', *Vistas in Astronomy*, XXVI/4 (1982), pp. 325–45

—, 'The World's Most Famous Meteor Shower Picture', *Earth, Moon, and Planets*, LXVII /1–3 (1995), pp. 311–22

Imoto, Susumu, and Ichiro Hasegawa, 'Historical Records of Meteor Showers in China, Korea and Japan', *Smithsonian Contributions to Astrophysics*, II/6 (1958), pp. 131–44

Jenniskens, Peter, *Meteor Showers and their Parent Comets* (Cambridge, 2006)

Kronk, Gary W., *Meteor Showers: An Annotated Catalogue* (New York, 2014)

—, *Meteor Showers: A Descriptive Catalog* (Hillside, nj, 1988)

Larsen, Jon, *In Search of Stardust: Amazing Micro-meteorites and their Terrestrial Imposters* (Minneapolis, mn, 2017)

Marvin, Ursula B., 'The Meteorite of Ensisheim: 1492 to 1992', *Meteoritics and Planetary Science*, XXVII (1992), pp. 28–72

Newton, H. A., 'The Fireball in Raphael's Madonna di Foligno', *Publications of the Astronomical Society of the Pacific*, III/15 (1891), pp. 91–5

315

Olson, Donald W., and Marilynn S. Olson, 'William Blake and August's Fiery Meteors', *Sky and Telescope*, LXXVIII /2 (1989), pp. 192 – 9

Olson, Donald W., et al., 'Walt Whitman's "Year of Meteors"', *Sky and Telescope*, CXX/1 (2010), pp. 28 – 33

Olson, Roberta J. M., 'First Light: Pietro Lorenzetti's Meteor Showers', *The Sciences*, XXVIII /3 (1988), pp. 36 – 7

——, 'Pietro Lorenzetti's Dazzling Meteor Showers', *Apollo*, CXLIX/447 (1999), pp. 3 – 10

——, and Jay M. Pasachoff, 'The "Wonderful Meteor" of 18 August 1783, the Sandbys, "Samuel Scott", and Heavenly Bodies', *Apollo*, CXLVI /429 (1997), pp. 12 – 19

——, 'Letters: Dürer's bolide', *Apollo*, CXLIX/453 (1999), p. 58

Paffenroth, Kim, 'The Star of Bethlehem Casts Light on Its Modern Interpreters', *Quarterly Journal of the Royal Astronomical Society*, XXXIV /4 (1993), pp. 449 – 60

Romero, James, 'Halley's Comet and Mayan Kings', *Sky and Telescope*, CXXXV (April 2018), pp. 36 – 40

Stothers, Richard B., 'The Roman Fireball of 76 bc', *The Observatory*, CVII (October 1987), pp. 211 – 13

Wasson, John T., *Meteorites: Their Record of Early Solar-system History* (New York, 1985)

Chapter 7 빅뱅의 원시 물질: 신성, 성간운, 은하

Adams, Fred, and Greg Laughlin, *The Five Ages of the Universe* (New York, 1999)

Bartusiak, Marcia, *Einstein's Unfinished Symphony: The Story of a Gamble, Two Black Holes, and a New Age of Astronomy* (New Haven, ct, and London, 2017)

Begelman, Mitchell, and Martin Rees, *Gravity's Fatal Attraction: Black Holes in the Universe* (New York, 1996)

Berendzen, Richard, Richard Hart and Daniel Seeley, *Man Discovers the Galaxies* (New York, 1976)

Bloom, Joshua S., *What Are Gamma-ray Bursts?* (Princeton, nj, 2011)

Cavina, Anna Ottani, 'On the Theme of Landscape, ii: Elsheimer and Galileo', *Burlington Magazine*, CXVIII /876 (1976), p. 139

Clark, David H., and F. Richard Stephenson, *The Historical Supernovae* (Oxford and New York, 1977)

Clegg, Brian, *Gravitational Waves: How Einstein's Spacetime Ripples Reveal the Secrets of the Universe* (London, 2018)

Couper, Heather, and Nigel Henbest, *Encyclopedia of Space* (New York, 2009)

Danielson, Dennis, *The Book of the Cosmos: Imagining the Universe from Heraclitus to Hawking* (New York, 2000)

Ferris, Timothy, *Coming of Age in the Milky Way* (New York, 2003)

——, *The Whole Shebang: A State-of-the-Universe(s) Report* (New York, 1997)

Finkbeiner, Ann, *A Grand and Bold Thing: An Extraordinary New Map of the Universe Ushering in a New Era of Discovery* (New York, 2010)

Friedlander, Michael, *A Thin Cosmic Rain: Particles from Outer Space* (Cambridge, ma, 2000)

Gates, Evalyn, *Einstein's Telescope: The Hunt for*

Dark Matter and Dark Energy in the Universe (New York, 2010)

Giacconi, Riccardo, *Secrets of the Hoary Deep: A Personal History of Modern Astronomy* (Baltimore, md, 2008)

Gingrich, Mark, 'Great Comets, Novae and Lady Luck', *Sky and Telescope*, LXXXIX/6 (1995), pp. 86–9

Goldsmith, Donald, *The Astronomers* (New York 1991)

——, *The Runaway Universe: The Race to Find the Future of the Cosmos* (Cambridge, ma, 2000)

Greene, Brian, *The Hidden Reality: Parallel Universes and the Deep Laws of the Cosmos* (New York, 2011)

——, and Erik Davies, *The Elegant Universe: Superstrings, Hidden Dimensions, and the Quest for the Ultimate Theory* (New York, 1999)

Griffiths, Martin, *Planetary Nebulae and How to Observe Them* (New York, 2012)

Guth, Alan H., and Alan Lightman, *The Inflationary Universe: The Quest for a New Theory of Cosmic Origins* (New York, 1997)

Harrison, Edward, *Darkness at Night: A Riddle of the Universe* (Cambridge, ma, 1989)

Hawking, Stephen, *A Brief History of Time: From the Big Bang to Black Holes* (London, 1988)

——, *A Brief History of Time*, updated and expanded edition (New York, 1998)

——, *The Illustrated Brief History of Time* (New York, 1996)

——, and Leonard Mlodinow, *The Grand Design* (New York, 2010)

Hirshfeld, Alan W., *Parallax: The Race to Measure the Cosmos* (New York, 2001)

Hoskin, Michael, 'Rosse, Robinson and the Resolution of the Nebulae', *Journal for the History of Astronomy*, XXI/4 (1990), pp. 331–44

——, 'William Herschel and the Nebulae, Part 1: 1773–1784', *Journal for the History of Astronomy*, XLII/2 (2011), pp. 177–92

——, 'William Herschel and the Nebulae, Part 2: 1785–1818', *Journal for the History of Astronomy*, XLII/3 (2011), pp. 321–38

Howard, Deborah, and Malcolm S. Longair, 'Elsheimer, Galileo, and *The Flight into Egypt*', in *The Inspiration of Astronomical Phenomena*, vol. vi: *Proceedings of a Conference Celebrating the 400th Anniversary of Galileo's First Use of the Telescope*, ed. M. Corsini, asp Conference Series, CCCCXLI (San Francisco, ca, 2011), pp. 23–9

Kaku, Michio, *Hyperspace: A Scientific Odyssey through Parallel Universes, Time Warps and the 10th Dimension* (New York, 1994)

Kaler, James B., *Heaven's Touch: From Killer Stars to the Seeds of Life, How We Are Connected to the Universe* (Princeton, nj, 2009)

——, *Hundred Greatest Stars* (New York, 2002)

——, *Stars and their Spectra: An Introduction to the Spectral Sequence* (New York, 2011)

Katz, Jonathan I., *The Biggest Bangs: The Mystery of Gamma-ray Bursts, the Most Violent Explosions in the Universe* (New York, 2002)

Kirshner, Robert P., *The Extravagant Universe: Exploding Stars, Dark Energy, and the Accelerating Cosmos* (Princeton, nj, 2002, paperback 2004)

Krauss, Lawrence M., *A Universe from Nothing: Why There Is Something Rather Than Nothing* (New York, 2012)

Krupp, E. C., 'Crab Supernova Rock Art: A Comprehensive, Critical, and Definitive Review', *Journal of Skyscape Archaeology*, i/2 (2015), pp. 167–97

Kwok, Sun, *Stardust: The Cosmic Seeds of Life* (New York, 2013)

Lederman, Leon M., and David N. Schramm, *From Quarks to the Cosmos: Tools of Discovery* (New York, 1995)

Lemonick, Michael, *Echo of the Big Bang* (Princeton, nj, 2003)

Levin, Janna, *Black Hole Blues and Other Songs from Outer Space* (New York, 2017)

Lightman, Alan, and Roberta Brawer, *Origins: The Lives and Worlds of Modern Cosmologists* (Cambridge, ma, 1990)

Livio, Mario, *The Accelerating Universe: Infinite Expansion, the Cosmological Constant, and the Beauty of the Cosmos* (New York, 2000)

Loeb, Abraham, *How Did the First Stars and Galaxies Form?* (Princeton, nj, 2010)

Malin, David, and Timothy Ferris, *The Invisible Universe* (Boston, ma, 1999)

Mather, John, and John Boslough, *The Very First Light: The True Inside Story of the Scientific Journey back to the Dawn of the Universe* (New York, 2008)

Mazure, Alain, and Vincent LeBrun, *Matter, Dark Matter, and Anti-matter: In Search of the Hidden Universe* (New York, 2011)

Melia, Fulvio, *The Black Hole at the Center of Our Galaxy* (Princeton, nj, 2003)

——, *The Edge of Infinity: Supermassive Black Holes in the Universe* (Cambridge, 2003)

——, *The Galactic Supermassive Black Hole* (Princeton, nj, 2007)

——, and Roy Kerr, *Cracking the Einstein Code: Relativity and the Birth of Black Hole Physics* (Chicago, il, 2009)

Murdin, Paul, and Lesley Murdin, *Supernovae* (Cambridge and New York, 2011)

NASA Astrobiology Program, *Astrobiology: The Story of Our Search for Life in the Universe* (Moffett Field, ca, 2010–18)

Ostriker, Jeremiah, and Simon Mitton, *Heart of Darkness: Unraveling the Mysteries of the Invisible Cosmos* (Princeton, nj, 2013)

Overbye, Dennis, *Lonely Hearts of the Cosmos: The Scientific Quest for the Secret of the Universe* (New York, 1991)

Pasachoff, Jay M., and Alex Filippenko, *The Cosmos: Astronomy in the New Millennium* (New York, 2019)

Pasachoff, Jay M., Hyron Spinrad, Patrick Osmer and Edward S. Cheng, *The Farthest Things in the Universe* (Cambridge, 1995)

Petersen, Carolyn Collins, and John C. Brandt, *Visions of the Cosmos* (Cambridge, 2003)

Rees, Martin, *Our Cosmic Habitat* (Princeton, nj, 2001)

——, *Universe: The Definitive Visual Guide* (New York, 2008)

Rieke, George H., *Measuring the Universe: A Multiwavelength Perspective* (New York, 2012)

Rosse, W. Parsons, Earl of, *The Scientific Papers of William Parsons, Third Earl of Rosse, 1800–1867*, ed. Sir C. Parsons (London, 1926)

Rowan-Robinson, Michael, *The Nine Numbers of the Cosmos* (Oxford, 1999)

Rubin, Vera C., *Bright Galaxies, Dark Matters* (Woodbury, ny, 1997)

Sandage, Allan, and John Bedke, *The Carnegie Atlas of Galaxies* (Washington, dc, 1994)

Schilling, Govert, *Flash! The Hunt for the Biggest Explosions in the Universe* (Cambridge, 2002)

——, *Ripples in Spacetime: Einstein, Gravitational Waves, and the Future of Astronomy* (Cambridge, ma, 2017)

Schultz, David A., *The Andromeda Galaxy and the Rise of Modern Astronomy* (New York, 2012)

Silk, Joseph, *The Infinite Cosmos: Questions from the Frontiers of Cosmology* (Oxford, 2006)

Smoot, George, and Keay Davidson, *Wrinkles in Time: The Imprint of Creation* (New York, 1994)

Sobel, Dava, *The Glass Universe: How the Ladies of the Harvard Observatory took the Measure of the Stars* (New York, 2017)

Stewart, Ian, *Flatterland: Like Flatland, Only More So* (New York, 2001)

Thorne, Kip, *Black Holes and Time Warps: Einstein's Outrageous Legacy* (New York, 1994)

Tucker, Wallace H., and Karen Tucker, *Revealing the Universe: The Making of the Chandra X-ray Observatory* (Cambridge, ma, 2001)

Waller, William H., *The Milky Way: An Insider's Guide* (Princeton, nj, 2013)

——, and Paul W. Hodge, *Galaxies and the Cosmic Frontier* (Cambridge, ma, 2003)

Weinberg, Steven, *The First Three Minutes: A Modern View of the Origin of the Universe* (New York, 1993)

Weintraub, David A., *How Old is the Universe?* (Princeton, nj, 2011)

Wheeler, J. Craig, *Cosmic Catastrophes: Supernovae, Gamma-ray Bursts, and Adventures in Hyperspace* (Cambridge, 2000)

Whitney, Charles A., 'The Skies of Vincent Van Gogh', *Art History*, IX/3 (1986), pp. 351–62

Wilford, John Noble, ed., *Cosmic Dispatches: The New York Times Reports on Astronomy and Cosmology* (New York, 2001)

Wolfson, Richard, *Simply Einstein: Relativity Demystified* (New York, 2003)

Zuckerman, Ben, and Matthew A. Malkan, *The Origin and Evolution of the Universe* (Boston, ma, 1996)

Chapter 8 태양계의 행성들

Alexander, Rachel, *Myths, Symbols and Legends of Solar System Bodies* (New York, 2015)

Baker, David, and Todd Ratcliff, *The 50 Most Extreme Places in Our Solar System* (London and Cambridge, ma, 2010)

Bartusiak, Marcia, *Archives of the Universe: A Treasury of Astronomy's Historic Works of Discovery* (New York, 2004)

Beatty, J. Kelly, Caroline Collins Petersen and Andrew Chaikin, *The New Solar System* (Cambridge, ma, and Cambridge, 1999)

Boime, Albert, 'Van Gogh's Starry Night: A History of Matter and a Matter of History', *Arts Magazine*, LIX/4 (1984), pp. 86–103

Boyce, Joseph M., *The Smithsonian Book of Mars* (Washington, dc, 2002)

Brown, Mike, *How I Killed Pluto and Why It Had It Coming* (New York, 2010)

Buratti, Bonnie, *Worlds Fantastic, Worlds Familiar:*

A Guided Tour of the Solar System (Cambridge, 2017)

Chaikin, Andrew, *A Passion for Mars* (New York, 2008)

De Pater, Imke, and Jack J. Lissauer, *Planetary Sciences* (Cambridge, 2010)

Grady, Monica M., Giovanni Pratesi and Vanni Moggi Cecchi, eds, *Atlas of Meteorites* (Cambridge, 2013)

Hargitai, Henrik, and Mateusz Pitura, *International Catalogue of Planetary Maps* (Budapest, 2018)

Jones, Barrie W., *Pluto: Sentinel of the Outer Solar System* (Cambridge, 2010)

Kluger, Jeffrey, *Moon Hunters: nasa's Remarkable Expeditions to the Ends of the Solar System* (New York, 2001)

Lang, Kenneth R., *The Cambridge Guide to the Solar System* (New York, 2011)

Lomb, Nick, *Transit of Venus: 1631 to the Present* (New York, 2011)

Lorenz, Ralph, and Jacqueline Mitton, *Titan Unveiled: Saturn's Mysterious Moon Explored* (Princeton, nj, 2010)

Maor, Eli, *June 8, 2004: Venus in Transit* (Princeton, nj, 2000)

Pasachoff, Jay M., and William Sheehan, 'Lomonosov, the Discovery of Venus's Atmosphere, and Eighteenth-century Transits of Venus', *Journal for the History and Heritage of Astronomy*, XV/1 (2012), pp. 1–12

Pasachoff, Jay M., Glenn Schneider and Leon Golub, 'The Black-drop Effect Explained', in *Transits of Venus: New Views of the Solar System and Galaxy*, ed. D. W. Kurtz and G. E. Bromage (Cambridge, 2005), pp. 242–53

Pyle, Rod, *Destination Mars: New Explorations of the Red Planet* (Amherst, ny, 2012)

Pyne, Stephen J., *Voyager: Seeking Newer Worlds in the Third Great Age of Discovery* (New York, 2010)

Rothery, David A., Neil McBride and Iain Gilmour, eds, *An Introduction to the Solar System* (Cambridge, 2011)

Sagan, Carl, *Pale Blue Dot* (New York, 1994)

Sobel, Dava, *The Planets* (New York, 2006)

Squyres, Steven, *Roving Mars: Spirit, Opportunity, and the Exploration of the Red Planet* (New York, 2005)

Stern, S. Alan, *Our Worlds: The Magnetism and Thrill of Planetary Exploration: As Described by Leading Planetary Scientists* (Cambridge, 1999)

——, and David Grinspoon, *Chasing New Horizons: Inside the Epic First Mission to Pluto* (New York, 2018)

Tyson, Neil deGrasse, and Donald Goldsmith, *Origins: Fourteen Billion Years of Cosmic Evolution* (New York, 2004)

Weintraub, David A., *Is Pluto a Planet? A Historical Journey through the Solar System* (Princeton, nj, 2009)

Yeomans, Donald K., *Near-Earth Objects: Finding Them before They Find Us* (Princeton, nj, 2012)

Chapter 9 오로라: 자기장이 만들어 내는 우주의 불꽃놀이

Angot, Alfred, *The Aurora Borealis* (London, 1896)

'Aurora Borealis [by Frederic Edwin Church]', Smithsonian American Art Museum, www. americanart.si.edu, accessed 1 December 2016

Brekke, Asgeir, and Alv Egeland, *The Northern Lights: Their Heritage and Science* (Oslo, 1994)

Brekke, Pål, and Fredrik Broms, *Northern Lights: A Guide* (Oslo, 2014)

Briggs, J. Morton, Jr, 'Aurora and Enlightenment: Eighteenth-century Explanations of the Aurora Borealis', *Isis*, LVIII /4 (1967), pp. 491 – 503

Eather, R. H., *Majestic Lights: The Aurora in Science, History, and the Arts* (Washington, dc, 1980)

Falck-Ytter, Harald, *Aurora: The Northern Lights in Mythology, History and Science*, trans. Robin Alexander (Hudson, ny, 1999)

Odenwald, Sten F., and James L. Green, 'Bracing for a Solar Superstorm: A Recurrence of the 1859 Solar Superstorm Would Be a Cosmic Katrina, Causing Billions of Dollars of Damage to Satellites, Power Grids, and Radio Communications', *Scientific American*, CC XCIX/2 (2008), pp. 80 – 87

Stephenson, F. Richard, David M. Willis and Thomas J. Hallinan, 'The Earliest Datable Observations of the Aurora Borealis', *Astronomy and Geophysics*, XLV/6 (2004), pp. 6.15 – 6.17

Chapter 10 새로운 지평선: 우주의 사진들

Audouze, Jean, and Guy Israël, *The Cambridge Atlas of Astronomy* (Cambridge, 1994)

Bartusiak, Marcia, *Einstein's Unfinished Symphony: The Story of a Gamble, Two Black Holes and a New Age of Astronomy* (New Haven, ct, and London, 2017)

Belloli, Jay, et al., *The History of Space Photography* (CreateSpace Independent Publishing Platform, 2014)

Bendavid-Val, Leah, *National Geographic: The Photographs* (Washington, dc, 1994)

Brunier, Serge, *Majestic Universe: Views from Here to Infinity* (Cambridge, 1999)

Covington, Michael A., *Astrophotography for the Amateur* (Cambridge, 1999)

Cox, Brian, and Andrew Cohen, *Wonders of the Universe* (London, 2011)

DeVorkin, David, and Robert W. Smith, *Hubble: Imaging Time and Space* (Washington, dc, 2008)

——, *The Hubble Cosmos: 25 Years of New Vistas in Space* (Washington, dc, 2017)

——, *The Space Telescope: Imaging the Universe* (Washington, dc, 2004)

Dickinson, Terence, *Hubble's Universe: Greatest Discoveries and Latest Images* (Richmond Hill, Ontario, 2017)

Friedl, Lawrence, and nasa, *Earth as Art* (Washington, dc, 2012)

Gendler, Robert, and R. J. GaBany, *Breakthrough! 100 Astronomical Images That Changed the World* (Basel, 2015)

Goodwin, Simon, *Hubble's Universe: A New Picture of Space* (London, 1996)

Hitchcock, Susan Tyler, and National Geographic Editors, eds, *Rarely Seen: Photographs of the Extraordinary* (Washington, dc, 2015)

Hughes, Stefan, *Catchers of the Light: The Forgotten Lives of the Men and Women who First Photographed the Heavens: Their True Tales of Adventure, Adversity and Triumph*, vol. i: *Catching Space: Origins, Moon, Sun, Solar System and Deep Space*; vol. ii: *Imaging Space: Spectra, Surveys, Telescopes, Digital and Appendices* (Paphos, 2013)

Lachièze-Rey, Marc, and Jean-Pierre Luminet,

Celestial Treasury: From the Music of the Spheres to the Conquest of Space (Cambridge, 2001)

Lankford, John, 'The Impact of Photography on Astronomy', in *The General History of Astronomy, vol. IV: Astrophysics and Twentiethcentury Astronomy to 1950, part A,* ed. Owen Gingerich (Cambridge, 1984), pp. 16–39

Malin, David, *Ancient Light: A Portrait of the Universe* (New York, 2009)

——, and Dennis di Cicco, 'Astrophotography: The Amateur Connection, the Roles of Photography in Professional Astronomy, Challenges and Changes', http://encyclopedia.jrank.org/articles

Murdin, Paul, and Phaidon editors, *Universe: Exploring the Astronomical World* (New York, 2017)

Nataraj, Nirmala, *Earth and Space: Photographs from the Archives of nasa* (San Francisco, ca, 2015)

Pasachoff, Jay M., Roberta J. M. Olson and Martha L. Hazen, 'The Earliest Comet Photographs: Usherwood, Bond, and Donati 1858', *Journal for the History of Astronomy*, XXVII (1996), pp. 129–45

Ressmeyer, Roger, *Space Places* (San Francisco, ca, 1990)

Schilling, Govert, *Atlas of Astronomical Discoveries* (New York, 2011)

Shayler, David J., with David M. Harland, *Enhancing Hubble's Vision: Service Missions That Expanded Our View of the Universe* (Basel, 2016)

Shostak, Anthony, ed., *Starstruck: The Fine Art of Astrophotography* (Lewiston, me, 2012)

Smith, Ian, 'The History of Space Photography: From the Beginnings to the Pinnacle of Astrophotography', www.thevintagenews.com, accessed 20 March 2016

Stephenson, Bruce, Marvin Bolt and Anna Felicity Friedman, *The Universe Unveiled: Instruments and Images through History* (Cambridge, 2000)

Time-Life Books, editors of, *Life Library of Photography: Photographing Nature* (New York, 1971)

Trefil, James, *Space Atlas: Mapping the Universe and Beyond* (Washington, dc, 2018)

감사의 말

—

우리의 감사 별자리에 있는 많은 사람들의 공헌에 감사를 전한다. 이 별자리에서 가장 밝게 빛나는 별은 뉴욕 역사학회 알렉산드라 마치텔리다. 그녀의 고무적인 연구와 이미지 사용 승낙에 대해 감사드린다. 윌리엄스 칼리지의 매들린 케네디와 미셸 렉은 유성과 같은 효율성 있는 여러 가지 방법으로 도움을 주었다.

우리가 깊은 감사를 전하는 다른 밝은 빛들은 대학과 박물관의 동료들, 지식과 친절한 도움을 제공한 개인적인 수집가와 딜러들이다. 알파벳 순서로 소개하면 다음과 같다. 브라이언 애벗, 미국 자연사 박물관; 게오르게 아브람스; 수잔 앤더슨; 토머스 바이오네, 미국 자연사 박물관 도서관; 미키 카틴; 글렌 카스텔라노, 뉴욕 역사학회; 브렌다 코빈; 제임스 파버; 엘리너 길러스, 뉴욕 역사학회; 오언 깅거리치, 하버드-스미스소니언 천체물리센터; 앨리스 골뎃; 스테파노 그란데소; 웨인 해먼드, 쇼팽 도서관, 윌리엄스 칼리지; 엘리너 하비, 스미스소니언 미국 미술관; 주디스 헌슈타트; 조나단 힐; 스티븐 홈스; 알렉산더 B. V. 존슨; E. C. 크루프, 그리피스 천문대; 프랑수아즈 로네, 파리 천문대; 로웰 립슨; 나이젤 린지-핀; 로리 마티 드 캄비아이레; 켄드라 메이어, 미국 자연사 박물관; 에바 올레즈카, 보들리 도서관, 옥스퍼드 대학; 나딘 M. 오렌슈타인, 메트로폴리탄 미술관; 우르술라 오버베리; 페카 파비아이넨; 나오미 파사초프; 마이리트마이어, 미국 자연사 박물관 도서관; 하인리히 시베킹; 로버트 사이몬; 프레이다 스피라 그리고 페린 스테인, 메트로폴리탄 미술관; 제니퍼 톤카비치 그리고 린지 타인, 모르간 도서관 박물관; 조니 야커; 카를로 버질리오; 톰 와이드만, 파리 천문대; 앤 울렛, J. 폴 게티 박물관. 아울러 사용료의 일부를 지원해 준 윌리엄스 칼리지의 사이언스센터와 천문학과에도 감사를 전한다.

이 프로젝트의 모든 국면에서 큰 도움을 준 리액션의 편집장 비비안 콘스탄티노풀로스, 편집인 에이미 솔터, 주임 편집인 에이미 셀비, 카피 편집인 존 K. 스노우, 디자이너 카티아 더피에게 깊은 감사를 전한다.

—

George Abrams Collection (photo courtesy George Abrams Collection): 146; Alana Collection: 56; Albright Knox Art Gallery, Buffalo, New York – © Robert Indiana / Morgan Art Foundation / Artists Rights Society (ars), New York: 226; Alte Pinakothek, Munich: 243; American Museum of Natural History, New York (images courtesy of American Museum of Natural History): 88, 124, 203; Amgueddfa Cymru-National Museum of Wales, Cardiff: 219; Peter Apian, *Astronomicum Caesareum*: 27 (photo Metropolitan Museum of Art, New York), 109 (photo John Carter Library Brown, Brown University, ri), 130 (photo Metropolitan Museum of Art, New York); Apostolic Palace, Vatican, Vatican City, Rome (photos Scala/Art Resource, New York): 66, 106; Atlas van Stolk, Schielandshuis, Rotterdam: 158; Australian Astronomical Observatory/David Malin: 236; Jakob Balde, *De Eclipsi Solari . . . libri duo* (photo courtesy Universität Mannheim and Deutschen Forschungsgemeinschaft): 69; Barber Institute of Fine Arts, The University of Birmingham / Bridgeman Images: 113; Johannes Bayer, *Uranometria*: 33, 34; Bayerische Staatsbibliothek, Munich: 64; Bayerisches Nationalmuseum, Munich (Basserman-Jordan Collection): 126, 127; Benediktiner-Kloster-und Pfarrkirche Sankt Georg und Sankt Martin, Weltenberg, Germany: 74; John Bevis, *Atlas Celeste* [Uranographia Britannica]: 38; Beyeler Foundation, Riehen, Switzerland – © ProLitteris, Zürich / Robert Bayer: 235; *Bible Readings for the Home Circle*: 203; Biblioteca Ambrosiana, Milan (© Veneranda Biblioteca Abrosiana-Milano / De Agostini Picture Library): 104; Biblioteca Angelica, Rome (Codex 123): 228; Biblioteca Nacional de España, Madrid: 31, 151; Biblioteca nazionale centrale, Florence: 51, 111 (photo courtesy of Canadian Royal Astronomical Society, Vancouver) 137; Bibliothèque Forney, Paris: 182; Bibliothèque nationale de France, Paris

(Département des manuscrits): 54, 55, 99, 100, 107, 172; Bibliothèque de l'Observatoire de Paris: 70; Birr Castle Archives (photo courtesy of Birr Scientific & Heritage Foundation): 239; Tycho Brahe, *De nova stella* (photo Houghton Library, Harvard University, Cambridge, ma): 232; The British Library, London: 57 (Yates Thompson MS 36), 61 (ms Harley 937); The British Museum, London: 77, 78, 97, 195, 215; photos The British Museum, London (© The Trustees of the British Museum): 165, 166, 167, 197, 214, 218; Brooklyn Museum Costume Collection at the Metropolitan Museum of Art, New York: 262; *Buch der Natur* (photo Rosenwald Collection Rare Books and Special Collections, Library of Congress, Washington, dc): 23; © 2018 Calder Foundation, New York / Artists Rights Society (ars), New York (photograph by Tom Barratt, courtesy Pace Gallery, New York): 46; Carlsberg Glyptotek, Copenhagen (photo courtesy Carlsberg Glyptotek): 281; The Cartin Collection: 67, 140, 141, 142, 143, 144, 145, 209, 210, 211, 212, 272, 273, 274, 275, 276 (courtesy the Cartin Collection); Casa Barbarella, Castelfranco: 26; Andreas Cellarius, *Harmonia Macrocosmica* (photo Linda Hall Library, Kansas City, mo): 36, 37; Central Library of Istanbul University: 150; *Le Charivari*, 1853 (photo Bibliothèque nationale de France, Paris): 172; City Museums and Art Gallery, Birmingham: 159; Collection of hm The Queen – Royal Collection Trust (© Her Majesty Queen Elizabeth ii 2018): 169; Collection of Historical Scientific Instruments, Harvard University, Cambridge, ma: 40, 162; James Cook, 'Observations . . . : 267; Courtauld Institute Galleries, London (Princes Gate Collection): 194; Crawford Library, Royal Observatory, Edinburgh, Scotland (photo courtesy nasa [National Aeronautics and Space Administration]: 278; Dallas Museum of Art, Dallas, tx (© Estate of the artist in support of Fundación Olga y Rufino Tamayo, image courtesy Dallas Museum of Art): 2; Danish Meteorological Institute, Copenhagen: 288; J. P.

Loys de Chéseaux, *Traité de la Comète* (photo New York Public Library): 163; David Malin / Caltech, Photograph by Bill Miller: 294; David Malin / Jay M. Pasachoff / Caltech (courtesy of Robert Brucato): 247, 295; S. Deiries / eso [European Southern Observatory]: 191; Derby Museum and Art Gallery (photo John Mclean/Derby Museums and Art Gallery): 39; Diözesanmuseum, Bamberg: 229; Fray Diego Durán, *Historia de las Indias de Nueva España*: 151; esa (European Space Agency): 129, 302; © 2018 The M. C. Escher Company – The Netherlands: 234; eso: 125; James Ferguson and Jeremiah Horrocks, *Astronomy Explained Upon Sir Isaac Newton's Principles* (photo Royal Ontario Museum Library & Archives): 75; Joseph Fraunhofer, *Bestimmung des Brechungs- und Farbenzerstreuungs-Vermögens verschiedener Glasarten*: 44; gallica. bnf.fr / Bibliothèque Nationale de France: 54, 55, 99, 100, 255; Brad Goldpaint/nasa: 193; Hally State Museum of Prehistory, Querfurt: 18; Bill Yidumduma Harney: 20; Heckscher Museum of Art, Huntington, New York / © Estate of George Grosc/Artists Rights Society (ars), New York: 87; Collection of Judith Filenbaum Hernstadt: 222; Herschel Archives, Royal Astronomical Society, London: 42; Johannes Hevelius, *Cometographia* (photo New York Public Library): 156; Johannes Hevelius, *Machinae Coelestis* (photo Bayerische Staatsbibliothek, Munich): 53; Johannes Hevelius, *Selenographia*: 115; Hunan Provincial Museum, Changsha: 128; The Huntington Library, San Marino, ca – Art Collections (© 2014 Fredrik Nilsen – Estate of John and Paul Manship) courtesy of the Huntington Art Collections, San Marino, ca: 50; photo courtesy Huntington Library, San Marino, ca: 49; courtesy Les Images du Globe dans L'Espace Public / ceri [Centre d'Etudes et de Recherches Internationales]: 17; Institute for Astronomy, University of Hawaii, Honolulu: 240; courtesy Aleksandr Ivanov: 199; J. Paul Getty Museum, Los Angeles: 68; Steve Lee (University of Colorado),

Jim Bell (Arizona State University), Mike Wolff (Space Science Institute), and nasa: 298, 299; Library of Congress, Washington, dc (Geography and Map Division): 76; ligo [Laser Interferometer Gravitational-wave Observatory] (photo ligo / A. Simonnet): 249; Cyprian Lvovický (Leowitz), *Eclipses luminarium*: 64; Konrad Lycosthenes, *Prodigiorum ac ostentorum chronicon* (photo Münchener DigitalisierungsZentrum Digitale Bibliothek, Bayerische Staatsbibliothek): 139, 277; Colección malba [Museo de Arte Latinoamericano, Buenos Aires]: 85, 86; Manchester City Art Galleries: 178; courtesy Matthew Marks Gallery, New York, and the artist (Vija Celmins) − © Vija Celmins: 263; Metropolitan Museum of Art, New York: 27, 101, 120, 245; Metropolitan Museum of Art, New York (The Elisha Whittelsey Collection): 45, 114; photos Metropolitan Museum of Art, New York: 22, 130, 147, 196, 205; courtesy Middlebury College, Middlebury, vt: 291; Musée Condé, Chantilly (ms 65): 206; Musée du Louvre, Paris: 12 (photo © rmn-Grand Palais), 176; Musée National d'art modern − Centre de Création industrielle, Paris: 92; Museo Archeologico Nazionale, Naples: 19; Museo Civico, Viterbo: 110; Museo Guggenheim, Venice (Peggy Guggenheim Collection): 269; Museo Nazionale Romano, Palazzo Altemps, Rome: 4; Museo dell'Opera, Santa Croce, Florence: 65; Museo dell'Opera del Duomo, Florence: 5; Museo del Prado, Madrid (photo © Museo Nacional del Prado): 35, 242; Museo della Specola, Università di Bologna: 257; Museo Thyssen-Bornemisza, Madrid: 58; Museum of Fine Arts, Boston (© Museum of Fine Arts): 223; Museum of Jurassic Technology: 82, 286; Museum of Modern Art, New York: 190 (© Russell Crotty), 237 (© 2018 Jasper Johns / Artists Right Society [ars], New York), 246; Museum of the Observatoire de Paris (photo J-M. Kollar): 72; nasa: 296, 297; nasa/Ames Research Center: 266; nasa / cxc [Chandra X-ray Center]/ sao [Smithsonian Astrophysical Observatory]: 306 (X-ray photography); nasa, esa, S. Beckwith (stsci [Space Telescope Science Institute]), and The Hubble Heritage Team (stsci / aura): 238; nasa, esa, and the Hubble Heritage Team (stsci / aura [Association of Universities for Research in Astronomy]): 248; nasa, esa, J Nichols (University of Leicester): 290; nasa / Johns Hopkins University Applied Physics Laboratory / Southwest Research Institute: 301; nasa / jpl [Jet Propulsion Laboratory]-Caltech: 300, 306 (infra-red photography); nasa / jpl-Caltech / msss [Malin Space Science Systems]: 303; nasa / jpl-Caltech / Space Science Institute: 251, 261; nasa / jpl-Caltech / SwRI [Southwest Research Institute] / Gerald Eichstadt: 254; nasa / jpl-Caltech / SwRI / msss / Betsy Asher Hall / Gervasio Robles: 252; nasa / jpl-Caltech / SwRI / msss / Gerald Eichstadt: 254; nasa / sdo [Solar Dynamics Observatory] / lmsal [Lockheed Martin Solar and Astrophysics Laboratory]: 270; nasa / stsci: 304, 306 (optical photography); National Archaeological Museum, Athens: 3; National Gallery, London: 28, 200, 241; National Gallery of Art, Washington, dc: 6 (Samuel H. Kress Collection, 59, 102; National Library of Australia: 171; Ed Sweeney, Navicore, CC by 3.0: 192; New-York Historical Society, New York: 213; New York Public Library (Prints Division): 81, 170, 208 (© Fondazione Giorgio e Isa de Chirico / Artists Rights Society (ars), New York); Roberta J. M. Olson and Alexander B. V. Johnson Collection: 121, 122, 161, 164, 175, 177, 180; Osservatorio, Palermo: 15; courtesy Pekka Parviainen: 289; Jay M. Pasachoff, with David Malin: 295; Jay M. and Naomi Pasachoff Collection, courtesy of Chapin Library, Williams College: 29, 30, 33, 34, 41, 43, 44, 63, 71, 95, 115, 131, 255, 256; Jay M. Pasachoff, Glenn Schneider, Dale Gary, Bin Chen, with the Big Bear Solar Observatory, New Jersey Institute of Technology: 271; Jay M. Pasachoff and the Williams College Eclipse Expedition: 48, 268; Jay Pasachoff and the Williams College Solar Eclipse Expedition / NSF [National Science Foundation] / National Geographic / nasa Massachusetts Space Grant /

Clare Booth Luce Foundation: 73; Pennsylvania Academy of the Fine Arts, Philadelphia (John S. Phillips Fund and Exchange, courtesy of Gene Locks) – photo courtesy of the Pennsylvania Academy of the Fine Arts, Philadelphia and the artist (Jody Pinto): 227; Pinacoteca Vaticana, Vatican City, Rome: 52, 116, 201; Princeton University Art Museum, Princeton, nj: 265, 287; private collections: 13, 14, 79, 84 (formerly Alexander Gallery, New York), 93 (© Estate of Roy Lichtenstein), 105 (image courtesy ©bgC3), 173, 181, 217, 280 (photo courtesy of Lowell Libson and Jonny Yarker Ltd), 282, 288; Johannes Regiomontanus [Johannes Müller], *Epytoma in Almagestum Ptolemaei* (photo Library of Congress, Washington, dc): 7; Rijksmuseum, Amsterdam (Rijksprenetenkabinet): 157; Röhsska Museet, Göteborg (courtesy Röhsska Museet): 11; Royal Astronomical Society: 293; Royal Greenwich Museums, National Maritime Museum, London: 221; Rylands Collection, University of Manchester: 62; Johannes de Sacrobosco, *Sphaera Mundi* (photos University of Oklahoma History of Science Collections, University of Oklahoma Libraries, Norman, ok): 9, 108; San Francesco, Assisi: 207; San Lorenzo, Florence: 21, 103; San Pietro in Valle, Ferentillo: 231; Santa Croce, Florence (Baroncelli Chapel): 47; Santa Maria del Fiore, Rome: 136; Santa Maria Maggiore, Rome: 112; La Scala Opera House Museum, Milan – © Fondazione Giorgio e Isa de Chirico / Artists Rights Society (ars), New York: 305; Hartmann Schedel, *Liber Chronicarum / Nuremberg Chronicle*: 24 (photo Cambridge University Library), 132 (photo Chapin Library, Williams College, Williamstown, ma); The Schoen Collection: 91; Science Museum, London: 117, 118 (photo Science and Society Picture Library); Scrovegni Chapel, Padua: 98, 135; Ernest Shackleton, *Aurora Australis* (photo Houghton Library, Harvard University, Cambridge, ma): 284; Smithsonian American Art Museum, Washington, dc: 285; Staatliche Museen, Berlin (Kupferstichkabinett): 25; Städische Galerie im Lenbachhaus, Munich: 179; State Pushkin Museum, Moscow (photo Pushkin Museum, Moscow/Bridgeman Images): 1; State Russian Museum, St Petersburg: 89; courtesy Peter Stättmayer (Munich Public Observatory) and eso: 185; The Sterling and Francine Clark Art Institute, Williamstown, ma: 258, 259; courtesy J. A. Storer, Brandeis University: 224; Tate, London: 119, 168; courtesy Juraj Tóth: 202; Town Hall, Bayeux, France: 133; Universitätsbibliothek Heidelberg (Cod. Pal. germ. 149): 230; University of California: 184; University of Michigan, Ann Arbor, mi – photos courtesy the artist (Dorothea Rockburne) and Artists Rights Society (ars), New York: 186, 187, 188, 189; Vatican Museums, Vatican City, Rome: 8, 10, 32 (Vincenzo Pinto / afp / Getty Images); Victoria and Albert Museum, London: 90; Villa Boncompagni-Ludovisi, Rome: 250; Von Lintel Gallery, Los Angeles and New York (photo courtesy Von Lintel Gallery and the artist [Rosemarie Fiore]): 94; Vrouwekathedraal, Antwerp: 60; Wadsworth Atheneum Museum of Art, Hartford, ct: 16; The Warburg Institute, London (ms fmh 1290) – photos courtesy the Warburg Institute, London: 152, 153, 154, 155, 279; whereabouts unknown: 80 (photo courtesy Sotheby's); Whitney Museum of American Art, New York (gift of Sara-Jane Roszak – © Estate of Theodore Roszak / Artists Rights Society (ars), New York): 225; Wilhelm-Hack Museum, Ludwigshafen am Rhein – © 2018 The Pollock-Krasner Foundation / Artists Rights Society (ars), New York: 183; Wren Library, Trinity College Library, Cambridge: 134; Yale Center for British Art, New Haven, ct (Paul Mellon Collection): 174, 216; Yale University Art Gallery, New Haven, ct: 220; James Zang Collection, London – © Katie Paterson (photo courtesy James Cohan, New York): 96; Zentralbibliothek, Lucerne (ms S.23): 138, 198; Zentralbibliothek Zürich: 148, 149.

찾아보기

—

COSMOS
우주에 깃든 예술

초판 인쇄 : 2021년 11월 15일
초판 발행 : 2021년 11월 20일

지은이 : 로베르타 J. M. 올슨 · 제이 M. 파사쇼프
옮긴이 : 곽영직
펴낸이 : 조승식
펴낸곳 : 도서출판 북스힐
등록 : 1998년 7월 28일 제22-457호
주소 : 서울시 강북구 한천로 153길 17
전화 : 02-994-0071
팩스 : 02-994-0073
홈페이지 : www.bookshill.com
이메일 : bookshill@bookshill.com

정가 : 25,000원
ISBN : 979-11-5971-378-1